U0017012

AMAZON

無限擴張的零售帝國

雲端×會員×實體店，
亞馬遜如何打造新時代的致勝生態系？

How the world's most relentless retailer
will continue to revolutionize commerce

NATALIE BERG　　**MIYA KNIGHTS**
娜塔莉・伯格　　　　米雅・奈茲

陳依亭　譯

國際媒體一致讚譽

如果您認同「知己知彼」的哲學，那麼《Amazon無限擴張的零售帝國》是所有全通路零售商必讀的一本書。

——提姆・梅森（Tim Mason），Eagle Eye Solutions 執行長

娜塔莉・伯格（Natalie Berg）和米雅・奈茲（Miya Knights）寫出了有關 Amazon 崛起及其帶給零售業的巨大影響的權威著作之一。作為關注 Amazon 超過二十年的金融分析師，我在此書中發現豐富的見解和數據資料。伯格和奈茲對為何 Amazon「實體化」（推出 Amazon Go 商店、收購全食超市）的說明，特別令人激賞。本書為投資人和零售商，特別是為希望在 WACD —— Amazon 做不到的事（What Amazon Can't Do）上脫穎而出的公司提供了珍貴的經驗。我強烈推薦這本書。

——馬克・馬哈尼（Mark S Mahaney），
加拿大皇家銀行（RBC Capital Markets）總經理暨分析師

Amazon 令人歎為觀止——不懈地聚焦於顧客，不斷地大量投資以推進成長，不使對長期願景的關注被當下的干擾分散。對於任何電商企業家來說，伯格和奈茲對 Amazon 積累二十五年一舉成名的作為提供豐富的洞察。本書不但解構 Amazon 的成長，還適時地提醒了顧客行為中令人感到震撼又激動的變化，幫助像 Missguided 這樣的新零售商發揮影響力。

——尼丁・帕西（Nistin Passi），Missguided 執行長暨創辦人

伯格和奈茲對 Amazon 的深度觀點，使本書成為希望了解 Amazon 影響的零售商的入門手冊。由於她們對此產業以及 Amazon 在美國和歐洲的同業有既全面又近距離的了解，故本書有著豐富的客觀洞見。但本書又不止於一本關於 Amazon 的書，它還是描述因科技帶動導致顧客產生空前期望之影響的社評。購物者明白，過去不可能的事現在已成為可能；原不可行的現已可行；曾經的夢想已化為現實。伯格和奈茲提醒我們，對所有零售商而言，為這些全新的顧客重新打造服務是絕對必要的。

——安迪·邦德（Andy Bond），Pepkor 歐洲執行長

除了闡述對 Amazon 模式如何持續演進以創造更多 Amazon 式成功的詳盡且可靠的看法之外，此書還針對購物的未來和零售業應如何調適自身，以維持對隨時可購物者的價值，提供不可或缺的見地。

——羅賓·菲利普（Robin Phillips），The Watch Shop 執行長

伯格和奈茲以綜觀全局的方式鋪墊出關於 Amazon 的基礎內涵。書中所描述的 Amazon 過去和發展進程，精準剖析孕育出這個網路巨擘成功要素的關鍵變化和轉捩點。最重要的是，書中提出的見解和涵義將啟發所有與 Amazon 同在「萬物產業」（Industry of Everything）較勁的業者，重新評估和改進自己的策略。像我就是其中之一。

——安·努文·盧（Anh Nguyen Lue），
寶僑北美開放創新和電子商務品類管理負責人

目次

這是Amazon式的世界

$$\left[\begin{array}{l} \text{有關的（Relevant）/ˈrɛləv(ə)nt/} \\ \text{合時宜的；有實際價值的。} \end{array} \right.$$

　　零售業正在轉型。懷疑論者說零售業末日已至；而對其他人來說，這是數位變革。不過所有人一致認同的是——現在是深度結構轉變的時期。

　　網路購物的興起，加上消費者重視的價值和消費習慣的劇變，暴露出零售店面過剩的狀況。商店正以破紀錄的速度關閉，而零售商破產的速度也如同蕭條時期一般。傳統的商業模式正被取代且每個人都苟延殘喘。世界最大的零售商甚至在2018 年時將沿用近半世紀的公司名稱：沃爾瑪商店（Wal-Mart Stores），刪去商店（Stores）一詞來反映嶄新的數位時代。這是零售業的達爾文主義——進化或消亡。

　　但有件事在這末日迫近論調的探討中常被忽略——相關性（relevance）。零售業一等一的教條就是對顧客有價值。若零售商無法達成滿足顧客所需或在市場競爭中脫穎而出的這些基本準則，就毫無立足之地。對這些零售商來說，當然末日的倒數計時已經開始。

　　對那些樂於改變的人，這則是進入零售業的一個大好時機。未來是屬於少數但是更有影響力的商店的。未來是能提供購物者（shoppers）揉合線上和線下的消費體驗，而且未來是在能超越 Amazon，做到它做不到的事（What Amazon Can't Do，簡稱 WACD）。

　　Amazon 這個 21 世紀的商業巨擘已經從網路書商變成世上

極具價值的上市公司之一。在筆者撰寫此書時，全美有將近一半的電子商務透過 Amazon 完成。[1] 2010 年 Amazon 有三萬名雇員，到 2018 年時已經躍升為五十六萬名。[2] Amazon 已無庸置疑地成為從雲端運算到語音技術等一切的市場領導者。透過 Google 搜尋產品時，Amazon 占據頁面最前端的搜尋結果；[3] 而當讀者閱讀本書時，Amazon 很可能已成為美國最大的服飾零售商。[4] 2018 年在筆者寫此書之際，Amazon 的市值是沃爾瑪、家得寶（Home Depot）、好市多（Costco）、CVS 藥局（CVS）、沃爾格林（Walgreens）、Target 百貨公司、克羅格公司（Kroger）、百思買（Best Buy）、柯爾百貨公司（Kohl's）、梅西百貨（Macy's）、諾德斯特龍百貨公司（Nordstrom）、傑西潘尼（JC Penney）、西爾斯（Sears）等企業的加總。[5] Amazon 的配送包裹絕對改寫原有的零售業版圖。

不僅如此，Amazon 一直積極擴增全球營運版圖。2008 年時 Amazon 僅有六個全球據點：加拿大、英國、德國、法國、日本和中國。十年後，美國境外的海外營運交易量已占三分之一強，營運據點由墨西哥城的繁華區域擴張到喜瑪拉雅山的偏遠地帶，共十八個海外市場。[6]

僅僅三年 Amazon 的營業坪數擴增超過雙倍；2018 年時，Amazon 在全球擁有或租賃超過兩億五千萬平方英尺的空間。[7] 從網站上線以來，Amazon 新增超過三十種產品類別，[8] 現在更揚言自己在全球有超過一億名的 Prime 會員，願意每年花大約一百美金在 Amazon 購物。[9]

如同大多數顛覆者，Amazon 是一個局外人。它們雖然以顧客至上，但本質上是一間科技公司。它們不斷擴張零售業務，

不僅透過增加產品類別——在這過程中顛覆了整個零售業，也加強娛樂製作、物流配送和技術能力，為消費者創造獨特、順暢和完全內嵌的體驗。

Amazon成功的其中一個根本理由，是它堅守自己超過二十年前擘畫出的願景的承諾：不斷創新以求為顧客創造長期價值。Amazon的成功源於它對常規經常感到不滿足、對顛覆的欲求，以及希望購物者能建立終身品牌忠誠度的渴望。Amazon充滿驚喜，但每一步始終是被其自始未變的願景所引導。

對競爭者來說，Amazon既無情又令人害怕。對顧客，Amazon好上手又逐漸不可或缺。它們藉統合數以百萬計的產品項目和越來越快的物流配送服務，已經達到終極的購物者甜蜜點。而那只是開始。利用其品牌優勢和商譽，Amazon正將觸角伸入全新的產業。僅僅是Amazon可能進入某一產業的風聲就足以讓股價波動。而且Amazon不只滿足於做個零售業者的意圖更日益明顯，它也想成為基礎建設提供者。筆者相信到2021年，Amazon的銷量會以服務占大宗而不是商品，比如雲端運算、訂閱、廣告和金融服務的比重都越來越高。

但Amazon也處在一個轉折點。這個電子商務龍頭逐漸了解，就算網路購物再怎麼方便，只有線上服務是不夠的。實體和數位零售正在加速整合，如果Amazon想突破食品雜貨業和時尚業，它就需要實體商店；如果Amazon想彌補配送和顧客購買成本，它就需要實體商店。而如果Amazon希望更進一步推動Prime會員制度、採用語音技術和一小時內到貨配送呢？沒錯，它需要實體商店。

藉由併購全食超市（Whole Foods Market），Amazon釋放

出非常明確的訊息——零售業的未來是結合電子商務和實體店鋪的虛實整合模式（clicks and mortar）。Amazon 將會為 21 世紀的購物者重新定義超級市場——省去結帳櫃檯、發揮行動裝置特性至極致、利用商店加速物流配送，以及最關鍵的，以線上服務不可能達成的方式與購物者互動。未來的商店將往更體驗式和更服務導向的方向邁進。

食品雜貨將為 Amazon 突破一道非常困難的關卡：頻率。就像一位前全食超市的老闆所言：「食物是為了賣出其他東西的平台。」[10] 這就是為什麼不只超級市場，所有零售商都應該擔心 Amazon 涉足食品雜貨業的原因。這讓 Amazon 主宰零售業又推進一步。

如同筆者將在此書闡述的，Amazon 從很多方面來看都難以捉摸。它們擁有取得便宜資本的管道和一個幾乎不可能複製出來的堅實生態系，和同業完全不在同一水平競爭。但 Amazon 會是零售業提高產業水準的一個助力，我們將見證贏家和輸家的分歧。沒特色和績效差的零售商將被淘汰，留存的業者會因為確保相關性和最重要的生存策略，故能重新改造自身而變得更強大。

1. Danny Vena (2018) Amazon dominated e-commerce sales in 2017, *The Motley Fool*, 12 January. 連結：https://www.fool.com/investing/2018/01/12/amazon-dominated-e-commerce-sales-in-2017.aspx [最後瀏覽日：2018 年 6 月 12 日]。

2. YouTube (2018) Jeff Bezos on breaking up and regulating Amazon (Online video). 連結：https://www.youtube.com/watch?time_continue=85&v=xVzkOWxd7uQ [最後瀏覽日：2018 年 6 月 12 日]。

3. Monica Nickelsburg (2017) Chart: Amazon is the most popular destination for shoppers searching for products online, *Geekwire*, 6 July. 連結：https://www.geekwire.com/2017/chart-amazon-popular-destination-shoppers-searching-products-online/ [最後瀏覽日：2018 年 6 月 12 日]。

4. Lauren Thomas (2018) Amazon's 100 million Prime members will help it become the No. 1 apparel retailer in the US, *CNBC*, 19 April. 連結：https://www.cnbc.com/2018/04/19/amazon-to-be-the-no-1-apparel-retailer-in-the-us-morgan-stanley.html [最後瀏覽日：2018 年 6 月 12 日]。

5. 作者研究；Google 財經。

6. 作者研究；Amazon 10-K 年度報告；截至 2018 年 6 月有十八個海外市場，經與 Amazon 企業公關 Angie Quenell 查證。

7. 美國證券交易委員會（無日期）Amazon 10-K 年度財報，會計年度結束日 2017 年 12 月 31 日。連結：https://www.sec.gov/Archives/edgar/data/1018724/000101872418000005/amzn-20171231x10k.htm [最後瀏覽日：2018 年 6 月 12 日]。

8. Hanna Sender, Laura Stevens and Yaryna Serkez (2018) Amazon: the making of a giant, *Wall Street Journal*, 14 March. 連結：https://www.wsj.com/graphics/amazon-the-making-of-a-giant/ [最後瀏覽日：2018 年 6 月 12 日]。

9. Rachel Siegel (2018) The Amazon stat long kept under wraps is revealed: Prime has over 100 million subscribers, *Washington Post*, 18 April. 連結：https://www.washingtonpost.com/news/business/wp/2018/04/18/the-amazon-stat-long-kept-under-wraps-is-revealed-prime-has-over-100-million-subscribers [最後瀏覽日：2018 年 6 月 12 日]。

10. Beth Kowitt (2018) How Amazon is using Whole Foods in a bid for total retail domination, *Fortune*, 21 May. 連結：http://fortune.com/long-form/amazon-groceries-fortune-500/ [最後瀏覽日：2018 年 6 月 12 日]。

為什麼Amazon
不是普通的零售商：
初探Amazon零售策略

[
飛輪（Flywheel）

機器中重要的旋轉裝置，用來增加機器的動能，

故能提供更好的穩定度或提供預備能量。
]

　　Amazon 充滿矛盾。這個曾經以「很長一段時間不賺錢」為策略的零售商，已成為當今世上最有價值的公司的第二名。而 Amazon 並未擁有自己賣的大部分商品。它是令人生畏的敵手，但也逐漸成為零售的合作對象。「Amazon 效應」（The AmazonEffect）一詞是代表讓公司倒閉，或是代表大幅地提升顧客體驗，完全取決於你問的對象。

■ 市場價值：選定的美國零售商

（2018 年 6 月 7 日），單位：10 億美元

❶ Target 百貨公司 $42；❷克羅格公司 $20；❸百思買 $20；❹柯爾百貨公司 ❺梅西百貨；❻諾德斯特龍百貨公司；❼傑西潘尼；❽西爾斯

資料來源：作者研究／NBK 零售顧問公司；Google 財經。

從尿布到跑步機，Amazon 無所不賣，它也製作叫座的電視節目和提供美國政府雲端運算服務。它是硬體製造商、付款處理系統商、廣告平台商、海運業者、出版商、物流運輸網絡、時尚設計師、自有品牌賣家、居家保全系統業者和航空公司。還不只這樣。它還想成為超級市場、銀行、健康照護服務提供者，而當讀者閱讀本書時，Amazon 大概已開始顛覆至少一個新的產業。

Amazon 了解，對於旁觀者來說，這樣的分散經營看起來既零散又不合邏輯。難道 Amazon 只是樣樣懂但樣樣不通？2018年 Amazon 的官網刊載這段敘述：「開發新業務時，我們知道自己會被誤解很長的一段時間。」[1]為正確理解 Amazon，我們必須先了解其策略架構：飛輪（the flywheel）。

為賺錢先賠錢

由管理學家詹姆・柯林斯（James C. "Jim" Collins）提出，飛輪效應是一個能讓企業更成功的良性循環。柯林斯在官網上說明：「不是單一個關鍵性的行為、一場大型活動、一項殺手級創新、一次純粹的好運或是一個神奇的時刻。這個過程反而像持續地推動一個巨大、沉重的飛輪，不停滾動，給予機器動能直到達到一個突破點，然後一切將繼續自行推進。」[2]

Amazon 如何應用飛輪效應？布拉德・史東（Brad Stone）在 2003 年《什麼都能賣！：貝佐斯如何締造亞馬遜傳奇》一書中闡述最初的思維：「貝佐斯和他的屬下描繪他們有信心能推動業務的良性循環。像這樣：較低的價格吸引更多顧客造訪，

更多顧客提升銷售成績，讓更多支付佣金給 Amazon 的第三方賣家使用 Amazon 網站。這使它能攤提較多固定成本，像是履行中心（fulfilment center，為履行廠商和客戶的交易所設置，具體業務包含倉儲、接單、包裝、配送和交付。）和維持網站運作的伺服器。效率的提升能再壓低價格。他們盤算加強飛輪中的任一部分，都應使整個循環加速。」[3]

■ 飛輪：Amazon 成功的關鍵

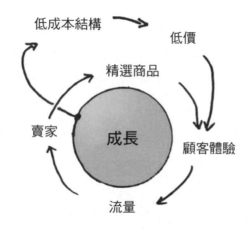

經過二十年的投資，飛輪已開始轉動。Amazon 持續多角化它的業務，眼光放遠至零售業的疆界之外，以強化飛輪。Amazon 並不滿足於成為包山包海的商店，它也想成為隨處可見的商店。顛覆像是銀行和健康照護等全新產業的意圖可能看似與核心的零售業務格格不入，但我們必須記得兩件事：

一、所有新服務都是飛輪上的另一根輻條。Amazon 的成功不能單以其中一項事業體來衡量。

二、所有 Amazon 看似不理性的行動，追本溯源就是為了提升顧客體驗，進一步在購物過程中讓 Amazon 與購物者產生緊密連結。

2018 年，貝恩公司（Bain & Company）預測由 Amazon 提供的一項銀行服務能在五年內吸引超過七千萬顧客註冊——此規模等同於美國第三大銀行富國銀行集團（Wells Fargo）。[4] 對於 Amazon 品牌的信賴度和忠誠度已成功建立，並能轉化到 Amazon 的其他業務，而且不代表其他標準會被放寬。

現在我們來細看 Amazon 的價值如何在其策略中體現，使其成為 21 世紀極具顛覆性和影響力的零售商之一。

Amazon 的核心教條

> 我們是一間充滿先驅者的企業。下大膽的賭注是我們的職責，而且我們為顧客創新並從過程中獲取能量。成功是用一或零來衡量，而不是用百分比。
>
> **Amazon，2018 年**[5]

◎勝利配方：顧客至上和熱衷創造

大多零售商認為自己有創新精神、以顧客為重和成果導向。Amazon 和它們的差別是—— Amazon 是玩真的。

Amazon 靠賣書起家，但經過十年後，現在 Amazon 的明

確使命已是成為「地球上最以顧客為中心的企業」，沒有第二句話。而 Amazon 仍固守對此目標的承諾，確保其做的每個決定最終都會為顧客增加價值。畢竟零售業的重中之重，就是服務購物者。

> 若你想探究是什麼讓 Amazon 與眾不同，真相在此。我們真摯地以顧客為重心，我們真實地以長期效益為導向，而且我們真切地喜歡動腦創造。大多企業不是這樣。
>
> 傑夫・貝佐斯（Jeff Bezos），2013 年[6]

很明顯地 Amazon 不是世上第一間極度重視其顧客的零售商。事實上，這個啟示可以說是取自已故的沃爾瑪創辦人——山姆・沃爾頓（Sam Walton）。他全心信奉「顧客為王」的教條，並曾說過：「老闆只有一位，那就是顧客。顧客可以讓一間公司裡上至董事長，下至員工們都捲鋪蓋走路，只要他到其他店家消費。」[7]

而讓 Amazon 與眾不同的是，它們對於常規的持續（relentless）感到不滿，Amazon 持續地尋找更好的方法來服務顧客和創造更便利的購物體驗。當零售商提到創新，通常講的是像快閃店（pop-up store）和數位告示牌（digital displays）。而對 Amazon 來說，是水底倉儲和機器郵差。

傑夫・貝佐斯在他 2016 年的致股東信中寫道：「以顧客為中心的策略有很多好處，而最大的好處是：顧客總是非常出色

地感到不滿足，就算他們自己回覆感到滿意而且公司生意很好。即使顧客自己還沒發現，他們總是追求更好的事物，所以你希望取悅顧客的想望會繼續驅使你代表他們創新。」

貝佐斯說得有道理，沒人要求 Amazon 推出 Prime 會員服務，「但結果顯示顧客確實想要」。[8] Amazon 在顧客需求存在前，就先有解決方案了。

2017 年 Amazon 在研發上花費超過兩百億美金——比美國其他的企業都來得多。[9]然而儘管 Amazon 能在研發上砸很多錢，它仍把節儉當作是一個重要的領導原則，可以為能隨機應變的彈性、自給自足的自立性和創造力做準備。

節儉是世上成功的零售商家的一個普遍特徵。Amazon 早期利用門板當桌子的故事廣為流傳；沃爾瑪採用這個名字是因為 Walmart 只有七個英文字母，比其他選項更短，在做外牆霓虹燈招牌時的安裝和材料費用更便宜；還有據傳西班牙最大的零售商梅爾卡多納（Mercadona）的管理階層會在口袋裡放一枚一分錢歐元硬幣來提醒他們要為購物者節省成本。[10]

同樣地，Amazon 只會在對顧客有明確效益的時候花錢。「除非你能向傑夫清楚說明能帶給顧客什麼改變，不然他不會考慮改變一個像素、一個按鈕、一個結帳櫃檯的配置或網站上的任何東西。」ASOS 董事長與前 Amazon 英國老闆布萊恩・麥克布萊德（Brian McBride）在 2018 年一場零售業科技大會上說。「除非對顧客有價值，不然為何要做？」[11]

■ 身為 Amazon 領導者的原則

❶ 以顧客至上
❷ 認為一切盡其在我
❸ 要能創新和精簡
❹ 非常公正
❺ 總是持續學習並常保好奇心
❻ 聘用和培育最好的人才
❼ 堅守最高標準
❽ 應把眼界放寬
❾ 偏好快速行動
❿ 應節約
⓫ 能贏得信任
⓬ 能追根究柢
⓭ 要有骨氣、提出歧見並承擔決策後果
⓮ 能交付成果

◎有規模地創新

Amazon 如何創造以敏捷而發達的文化？它們如何有規模地創新？

一個例子是「反向思考」法。Amazon 總是不客氣地批評用投影片簡報的方式（因其方便簡報者說明，但不易觀眾理解）；相反地，每場會議在正式開始前會透過大約六頁的文章，讓每個人各自安靜地閱讀。貝佐斯說明，這種備忘錄形式會迫

使人們更有深度和更明確地表達他們的意思，特別在開發新產品的時候。它被設計成像一篇模擬新聞稿，用淺顯易懂的文句公布成品和向顧客傳達效益——或是像時任 Alexa 國際（Alexa International）總經理伊恩·麥克阿里斯特（Ian McAllister）說的「歐普拉語」（Oprah-speak）而不是「極客語」（Geek-speak）。

> 反向思考法讓你對顧客的反饋負責。
>
> 保羅·邁森納（Paul Misener），
> Amazon 全球創新政策和溝通副董事長，2017 年 [12]

　　這些文件描述「對於顧客問題的相關探討，現有解決方案如何（無論在公司在內部或外部）招致失敗，且新產品如何突破既存解決方案」。如果效益聽起來並不吸引人，那產品經理會繼續調整該份文件。「不斷修改一份新聞稿可是比修改產品本身便宜非常多！（也快多了！）」麥克阿里斯特在 2012 年的一篇部落格文章裡寫到。[13]

　　結果呢？極速地創新。一個很棒的實際例子是 Prime Now——Amazon 一到兩小時內到貨的服務，從產品概念成形到實施推展僅花一百一十一天。[14] 這就是 Amazon 如何做出差異化：對產品開發的獨特策略讓其新創心態和大企業坐擁的規模和資源並行不悖。

◎世界上最適合失敗的地方

Amazon 重視好奇心和承受風險，但不是它們點的每顆石頭都能變成黃金。Fire phone 智慧型手機可說是最大的敗筆——它無法跟 iPhone 或安卓（Android）手機競爭，最終 Amazon 沖銷一億七千萬美元的呆帳。其他短暫的實驗包括：旅遊網站 AmazonDestination、類似團購網站 Groupon 的交易網站 AmazonLocal，以及 AmazonWallet ——一個能讓購物者將禮物卡（gift card）和會員卡（loyalty card）資料儲存在手機裡的應用程式。

> 生活中的許多失敗，是因為當人們放棄時沒發覺他們曾離成功多近。
>
> 湯瑪斯‧愛迪生（Thomas Edison）[15]

貝佐斯描述，創新和失敗兩者是無法分離的攣生子。是 Amazon 把失敗當經驗學習的心胸，讓它與其他企業不同。「我們已做的每項要務都需要承擔很大的風險、需要堅持和膽識，結果有些事情成功了，大部分則沒有。」貝佐斯說。明確來說，那些成功的——像 Prime、Amazon 雲端服務（Amazon Web Service，簡稱 AWS）和 Amazon Echo 智慧音箱，為公司帶來巨大的勝利。

◎二十年的賭注和維持一致的重要

> 我們將有很長一段時間不賺錢，而這是我們的策略。
>
> 傑夫·貝佐斯，1997 年 [16]

　　華爾街本質上是短視近利主義，使大多數上市公司專注在極大化每一季的利潤和股價表現上。Amazon 完全相反。

　　從公司創辦初始，Amazon 就將成長率定為優先指標而非獲利率，用顧客和營收成長、顧客再度消費的頻率和品牌權益來衡量成功。計畫一直都是發展成市場領導者，而後回頭強化其

■ 看長線：Amazon 銷售額與利潤對照（譯注：單位為十億）

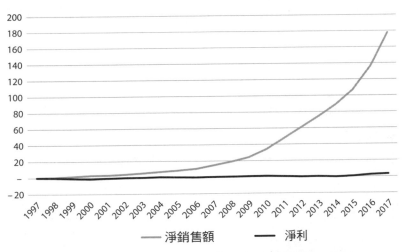

資料來源：作者研究；Amazon 10-Ks。

經濟模式。飛輪概念不是設計能一夜致富，而是與顧客建立長期永續的關係。

不能忽略的還有 Amazon 策略中保持一致的重要：1997 年第一封致股東信的內容仍記憶猶新。貝佐斯沒有預測未來，他創造了未來。二十年前他擘畫出願景，不斷地專注在顧客上，為了替購物者和股東雙方創造長期價值。別忘了 1997 年 Amazon 還只是間網路書商，完全不像它今日零售巨頭的樣子，但無論如何它們的策略已然奏效。

為了讓 Amazon 的計畫奏效，貝佐斯克盡厥職。他是全世界最有錢的人，不過很多的淨值都與 Amazon 的股價掛勾。有貝佐斯掌舵超過二十年讓 Amazon 能不忘初衷，只有夠厚的臉皮和超群的專注力才能對批評置之不理和平息股東的疑懼。在 2018 年撰寫此書之際，Amazon 公布了二十一年以來才有的第十三次年度獲利，甚至到今天利潤率仍無起色也不穩定，離金融市場期待的線性上揚還很遠。零售業中大多的執行長早就會因此下台，但貝佐斯訓練他的股東們要有耐心。

> 我對 Amazon 能做的最好形容是，它是為了消費者福利，以投資社群的元素來運作的慈善組織。
>
> 馬修・伊格萊西亞斯（Matthew Yglesias），
>
> **Vox 媒體執行編輯，2013 年** [17]

然而在早年，一堆人選擇和 Amazon 對賭。在 2000 年時網

路泡沫爆發，也是 Amazon 開張的第六年，這間零售商還沒申報過一次利潤甚至承受數百萬美元的鉅額損失。華爾街分析師認為貝佐斯在打造空中樓閣，[18] 雷曼兄弟（Lehman Bros）分析師拉維・蘇利亞（Ravi Suria）甚至預測除非 Amazon 能「化腐朽為神奇」，不然大概會在數月後花光現金。[19] 蘇利亞並不是唯一一個這樣認為的。同年，財經雜誌《巴倫週刊》（*Barron's*）提出一份清單，有關可能會在 2000 年底破產的五十一間網路公司。清單中包含已被世人遺忘的當代光碟（CDNow）、Infonautics 公司——和 Amazon。

各種標題像「Amazon 能否存活？」[20] 和「Amazon：龐式騙局或網路世界的沃爾瑪？」[21] 描繪對 Amazon 未來的疑慮。人們預期 Amazon 會是另一個網路泡沫下的受害者。

儘管對於 Amazon 非傳統的商業模式有廣泛的質疑和實際的困惑，Amazon 設法用令人信服的說法說服足夠的股東。貝佐斯要求股東們要有耐心，而令人驚訝的是他們同意了。「我認為這歸因於有從一而終的訊息和對應的策略，一個不隨股價起舞而轉向的策略。」投資管理公司 Miller Value Partners 投資長比爾・米勒（Bill Miller）說。[22] 今天，當 Amazon 偶爾宣布獲利時，投資人常感到困惑——他們已經習慣 Amazon 將所有獲利回收用以投資公司。

前 Amazon 主管布里德・拉德（Brittain Ladd）相信企業不是在玩有限就是無限遊戲，當玩的是有限遊戲，企業相信自己可以擊敗其競爭對手。這種遊戲的特徵是有一套公認的規則和清楚定義的得分機制。

拉德與筆者對談時評論：

然而 Amazon 玩的是無限遊戲，目的是比對手存活更久。它知道競爭對手來來去去，也明白它不可能所有項目都拿第一。Amazon 採取一項策略就是聚焦在創造一個生態系，不斷擴張囊括眾多產品品項、服務和科技，以無瑕疵地滿足和服務顧客需求，讓自己比競爭對手活得更久。

◎便宜的資本和永續的門檻

Amazon 很明顯地有一套自己的規則，若沒有貝佐斯的願景，Amazon 不會贏得投資社群的信心。沒有股東的信心，它們沒辦法投資必需的基礎建設於其核心的電子商務，或跨過零售業的邊界成功創新，並將這些關鍵的零件加入飛輪中。那就不會有 Amazon 雲端服務、沒有 Prime 會員服務、沒有 Alexa 語音助理。Amazon 就不再是 Amazon。

德本漢姆公司（Debenhams）董事長伊恩‧切斯爵士（Sir Ian Cheshire），在 2018 年一場物流大會上演講，說到零售商平均會投資其營收的 1% 至 2% 到營運中；而 Amazon 是再投資 6%。「那是一個五比一的倍數，投資可以再轉換成更精良的工具組、測試驗證和基礎設施的費用。」他說。[23]

紐約大學教授史考特‧蓋洛威（Scott Galloway）更進一步主張 Amazon 是「不公平的競爭並且勝利」。他解釋：「Amazon 比任何現代史上的公司都還有能力取得較便宜的資金。Amazon 現在的借貸成本甚至比中國能借到的還低，結果就是 Amazon 比其他公司更有能力可以投入更多。」[24]

身為競爭者，你怎麼可能趕得上一間完全沒有義務要申報獲利的公司？一間公司其投資者的首要期待是持續將大筆資金投入能帶來成長的新領域？

「當你能靠很低的利潤率營運時，你真的在這門生意周圍建立起非常永續的門檻。」馬克·馬哈涅（Mark Mahaney）RBC 資本管理公司總裁說，他從 1998 年就負責網際網路的股票。「非常少公司想進入 Amazon 的核心業務，且在 1% 或 2% 的利潤率下與之競爭。」[25]

而這就是零售業。許多 Amazon「非核心」的業務實際上是虧損的主要來源。Prime 服務的費用可能是現在健康的金雞母，但大多數的分析師同意 Amazon 可能為了刺激購買頻率而持續在運費虧本。[26] 同時，Amazon 的設備像 Kindle 閱讀器和 Echo 智慧音箱，[27] 通常以成本價或賠錢販售。就像 Google，Amazon 的目標是用設備掌握盡可能多的購物者，然後透過設備裡購買的內容來賺錢 [28]（同時獲得有關購買習慣的珍貴數據）。相對於一般的 Amazon 購物者，購買 Echo 智慧音箱的人會在 Amazon 購物多花 66%，所以 Amazon 有非常明顯的動機來補貼設備銷售。[29]

不公平的競技場：稅金

我們不能討論 Amazon 的競爭優勢卻忽略稅賦。在過去十五年（2002 至 2017 年）間，沃爾瑪繳納一千零三十億美元的公司所得稅，是同時期 Amazon 繳的四十四倍。[30]

從營收來看，Amazon 現在是世界上第三大零售商，而且在 2018 年已經成為美國第二間市值達一兆美元的公司（第一是

Apple）。[31]

　　但是公司繳稅並不是以營收計算——而是以利潤。Amazon 非傳統式的利潤犧牲策略讓它們極小化稅賦，有時甚至不必繳稅。在 2017 年，因多樣稅額抵免和執行股票選擇權後的減稅優惠，Amazon 申報了美金五十六億的利潤卻不需支付聯邦稅。[32]

　　身為一間網路零售商，Amazon 歷史性的——同時是極具爭議的，從 1992 年最高法院的裁決——奎爾辦公用品公司與北達科他州的訴訟案（Quill Corp. vs North Dakota）中獲利。該法案讓州政府不得向電子商務公司徵收銷售稅，除非公司在該州有一實體據點（可以是辦公室或者倉儲空間）。這是貝佐斯一開始選擇在華盛頓州建立 Amazon 總部的原因之一：該州人口稀少，而且它的首府西雅圖正逐漸成為一個科技產業樞紐。值得說明的是據說貝佐斯當時的首選是一個靠近舊金山的美國原住民保留區，若沒有州政府介入，Amazon 將在該地享有極大的減稅優惠。

　　Amazon 早期在如內華達（Nevada）和堪薩斯（Kansas）等小州建立倉庫，讓它們可以運送商品到鄰近像加州和德州等人口稠密的大州，但不需要被徵收銷售稅。[33] 多年來與傳統實體零售競爭對手相比，這個銷售貨品卻不需繳稅的能耐帶給 Amazon 和其他網路零售商極大的優勢。但當 Amazon 持續擴張且焦點轉移到提供更快速的送貨服務時，它除了在距離顧客更近的地方開設更多履行中心外，並沒有太多選擇。「當 Amazon 的策略不再可行，並且希望能在更多州增設倉庫以因應成長中的 Prime 兩日到貨服務時，它常會於協調蒐集銷售稅時提出延遲、暫緩或減少支付稅金等條件。」[34] 彩衣傻瓜（the Motley

Fool）的傑瑞米・包曼（Jeremy Bowman）在 2018 年寫到。

　　許多州陸續簽訂允許零售商自願性地支付銷售稅的協定。
2017 年時，Amazon 已經從所有徵收銷售稅的四十五州裡收取
銷售稅了，[35] 也就是說當 2018 年美國最高法院總算推翻其 1992
年的裁決時，對 Amazon 的影響相對極輕。然而這代表 Amazon
網站上的第三方賣家必須開始收取其商品的銷售稅（Amazon 先
前只針對它的自有產品繳稅）。[36]

> 奎爾辦公用品公司並非解決，而是創造了市場扭曲。實
> 際上，它為企業合法地創造出稅務壁壘，最小化它們在
> 各州的實體據點，卻可以銷售產品和服務給該州的消費
> 者，當科技進步時，這個情況就變得更容易和普遍。
>
> **美國最高法院，2018 年** [37]

　　同時，在 2008 年尋找第二總部位址的過程中，Amazon
向北美各城市和區域徵求招商條件，並承諾在未來十年投資
五十億美元和創造五萬個工作機會。這個飢餓遊戲式的競爭結
果是收到超過兩百筆招商出價，優渥的條件包含從紐澤西州
七十億美元的稅務優惠到芝加哥承諾讓員工繳回部分薪水給
Amazon 當作「所得稅」。

　　在歐洲，Amazon 的稅務結構同樣飽受爭議。透過在盧森堡
的代表進行通路銷售逾十年後，2015 年起 Amazon 開始在英國、
德國、西班牙和義大利申報銷售成果並繳稅。歐盟也已經要求

Amazon 補繳兩億五千萬歐元的稅金，起因於 2003 年盧森堡提供給它的不公平稅務優惠，並提出向大型科技公司徵收新數位稅——營收的 3%，而不是淨利的 3%。

　　同時，在英國，2017 年時對於營業稅率的重新估值，讓 Amazon 與其他網路零售商不成比例地獲益。這個曾被許多人視為過時的稅率，將自 2008 年以來房地產的增值幅度考量進去；而因為 Amazon 的倉儲空間大多位於都市以外的區域，所以它們的房地產價值（意即營業稅賦）其實是減少的。相較於許多位於主要街道的零售商發現自己稅賦變重，有些甚至增加到四倍，這又是 Amazon 一個巨大的競爭優勢。

　　Amazon 的稅務爭議還不只如此。美國總統川普（President Trump）在 2016 年總統選舉辯論時說自己不繳稅是「聰明的」，現在卻對 Amazon 的合法避稅方式感到不對勁。諷刺的是，川普政府 2017 年的稅法將營業稅率從 35% 下降至 21%，是直接讓 Amazon 獲益的做法。2018 年時，Amazon 宣布有近八億美元臨時性的稅金盈利。[38] 不過更嚴密的審查仍不斷威脅著 Amazon，我們之後再說明。

Twitter

　　我在比總統大選更久以前就一直表達對 Amazon 的顧慮。不像其他企業，它們向州或地方政府繳交很少或不繳稅，將我們的郵政系統當它們自己的外送小弟一樣用（因此導致國家鉅額損失），而且也讓數千間的零售商破產！@realDonaldTrump2018 年 3 月 29 日，凌晨四點五十七分。

三樣支柱：市集、Prime、AWS

　　稅金漏洞和取得便宜資金的獨特管道給 Amazon 相對於傳統的實體零售對手一項永續的競爭優勢。如同我們先前談到的，這讓 Amazon 能更快速地投資在新的成長領域，成為它們形容的三樣支柱業務：市集（marketplace）、Prime 和 AWS。

　　這些業務對於 Amazon 的營收和加速其飛輪運轉扮演重要推手。上述業務都直接為顧客增加價值，除了 AWS（由於這是 Amazon 的主要利潤來源，或許可以被容忍）。更重要的是，它們在很大程度上是 Amazon 獨有的。

◎市集

　　身為其中一個最先開放自家網站給第三方賣家的零售商，Amazon 得以實現成為「世上最多選擇」（Earth's biggest selection）的夢想。帶給消費者的好處是他們只需動動手指頭點選，就能檢閱數十個產品分類中的數百萬項商品，而 Amazon 則可以減少倉儲成本和囤貨風險。市集讓 Amazon 成為搜尋古怪商品的首選──從矽膠酒杯到貓抓板都有，結合 Prime 送貨真的再有競爭力不過。

　　市集也是個豐富的利潤來源，Amazon 可從每項商品的售價抽取 15% 的費用。[39] 從 2015 到 17 年，從第三方賣家產生的服務費用營收增加近乎一倍，來到三百二十億美元，成為次於零售商品銷售的最大營收來源，也較 AWS 來得多。[40]

　　市集中越來越多的賣家不只透過 Amazon 銷售，也開始利

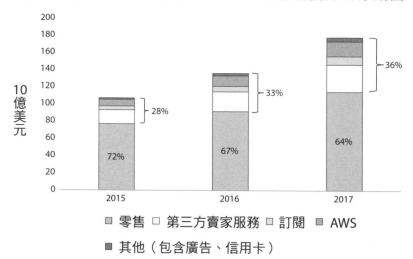

各服務重要性的增長：Amazon 以業務劃分的淨銷售

零售　第三方賣家服務　訂閱　AWS
其他（包含廣告、信用卡）

用 Amazon 的倉儲空間和當訂單成立後續的金流處理、揀貨、包裝和配送給用戶。這個稱為 Amazon 物流（Fulfillment by Amazon，FBA）的服務，意味這些商品適用快捷的 Prime 配送服務且有更高的機率贏得黃金購物車（Buy Box）（所以由這些賣家提供的商品在產品細節介紹頁上會成為「加入購物籃」的最優先選項）。對 Amazon 來說，Amazon 物流可以讓它們充分利用剩餘倉儲空間，同時增加物流運送量，從而能與 UPS 和 FedEx 等比肩。但說不定對 Amazon 來說最好的，是其他零售商需要花數十年來複製這個模式。

◎ Prime

Amazon 的會員方案已經證明是其生態系的黏著劑。當全

球會員突破一億名時，Prime 就已經不再只是一個顧客忠誠的方案，而是一種生活模式。Amazon 很明智地將 Prime 從起初針對到貨速度的誘因，轉換為一個包羅萬象的生猛會員服務，涵蓋內容串流、書籍借閱、相片儲存等。結果呢？刺激出更高額的消費、購物頻率和留客率。我們將在下個章節討論更多細節。

◎ AWS

Amazon 的雲端儲存服務也許沒有直接帶給用戶效益，但是它絕對是 Amazon 的救星。不僅營業利潤率經常維持高檔，2017 年 AWS 的營業利潤更占整體比例超過 100%。還記得布拉德・史東指出加強飛輪中「任何」一個部分來加速它嗎？Amazon 內唯一有利潤的業務意味著有更多可能重新投資在核心的零售事業上。

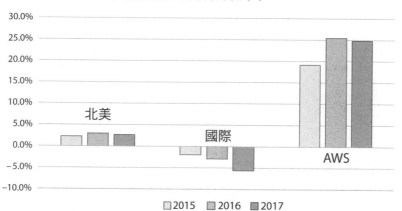

■ Amazon 依業務劃分的營業利潤率

> 我們剛起步時，許多人視 AWS 為一個大膽而且不尋常的賭注。「這跟賣書有什麼關係？」那時我們大可以走老路，但我很慶幸我們沒有。
>
> 傑夫・貝佐斯，2016 年 [41]

AWS 現在是公有雲端業務裡明顯的市場領導者，掌握全世界近兩百個國家裡成千上萬的業務，[42] 用分析師班・湯普森（Ben Thompson）的話來說，就是讓 Amazon「從所有經濟活動中分一杯羹」。[43] 不意外的是，像沃爾瑪和克羅格公司等主要競爭者極力和AWS劃清界線（歸功於Google和微軟〔Microsoft〕），但 Amazon 仍提供雲端運算服務給若干零售品牌。根據 2018 年的統計，包含布克兄弟（Brooks Brothers）、Eataly（譯注：義大利的食品雜貨零售品牌）和歐卡多（Ocado）。

AWS 可能是 Amazon 兼容並蓄、包山包海的業務組合中的一個極端值，但它仍保有所有 Amazon 式的傳統：顧客至上、獨創性與實驗性和長期效益導向。

Amazon 正探尋它第四樣（還有第五樣然後第六樣……）支柱的事情並不是祕密。Amazon 影視工作室（AmazonStudio）和 Alexa 語音助理成為下一個支柱的呼聲很高，尤其 Alexa 特別具有非凡，也許有點始料未及的成功相。我們相信作為飛輪中的硬體延伸，Alexa 是更加強大的，因其能增加既有三樣支柱的消費量。這並不表示 Alexa 無法在未來成為 Amazon 關鍵的成長領域，因貝佐斯已經承諾「加倍深耕」語音技術。

◎先是科技公司，才是零售商

如同我們先前在這章的說明，Amazon 的科技根基和對發明的熱情讓勁敵望塵莫及。事實上，許多 Amazon 過去的創新可能很容易被遺忘，因為那些在今日已經習以為常。讓我們的記憶回溯到 1990 年代晚期，那時完成網路購物的流程要費好大一番功夫。Amazon 透過一鍵購物、產品個人化推薦和使用者提供的評分和評論來減少過程中的阻力。

同時，物流配送在過去也不一定快速和免費。Prime 顯著地提高顧客期待，讓競爭者沒太多選擇，必須跟進投資自己的供貨能力。Amazon 還用 2011 年發行的置物櫃（Amazon Lockers）取貨服務處理了網路購物最大的障礙之一——無法投遞的包裹，今日，幾乎所有主要的歐美零售商都提供網路訂購、實體通路取貨（click & collect）服務。

在 Amazon Kindle 問世前，電子書閱讀器（E-readers）聽起來像科幻小說內容。雖然這類型的設備已經在銷量方面放緩成長（或可怪罪給螢幕疲勞〔screen fatigue〕），但能在單一設備裡儲存數百本書的方便發明本身就能重新制定遊戲規則。

> 我們可能是一間零售商，但骨子裡是科技公司。當傑夫創辦 Amazon 時，並不是設定要開間書店。
>
> 沃納・福各爾斯（Werner Vogels），
> Amazon 科技長，2016 年 [44]

Amazon 是終極的顛覆者，僅僅一部分的初步設計就已經為購物和消費習慣帶來革命。大多 Amazon 的創新讓競爭者只有接招的份，讓他們處在被動反應的不利地位，而不是領導變革。但絕對有一個角色受惠——顧客。Amazon 不停歇的創新能提高顧客期待，回頭帶領競爭對手提高水平，最終帶給購物者更好的體驗。在今日零售的世界裡，絕對沒有自滿的餘裕。

> 數位變革就像維多利亞女王時期興起的鐵路，但它會發生地更快。
>
> 道格·葛爾（Doug Gurr），
> Amazon 英國區總經理，2018 年[45]

最大的疑問是，所有正醞釀的實驗項目中，哪一個會留下且再次改變產業？Amazon 已經在例如物流配送、結帳付款和語音技術等領域成為驚人的觸媒，並且幾乎隻手形塑歐美零售業的未來。以下是我們的預測：

★ **Amazon 進入傳統實體商店的舉動將會給純電子商務經營者一個致命打擊。**當科技摧毀實體和數位的分野，沒有實體店鋪的零售商——已經處在擺平運送和顧客購買成本的壓力下，將會處於極度劣勢。更多數位原生電子商務品牌將透過旗艦店、快閃店、特許，以及成為傳統零售商的併購目標，就此跨入實體商店殿堂。

★**功能性的和娛樂性的購物將產生更大分歧。**未來消費者將會花費更少的時間購買必需品。我們家中所有日常的重覆性購買會由 Amazon 完成，所以購物者就不需要再到超市買漂白水或衛生紙，這些用品反而會自動補充——這是對品牌忠誠的終極試煉。Amazon 對於將購買食物的瑣事變得容易和促進無縫體驗的追尋會為競爭者創造一個機會來專注在 WACD：Amazon 做不到的事。

★**今日在零售產業獲勝代表能做到 Amazon 不能的事，也就是較少關注產品，聚焦更多在體驗、服務、社群和專業能力。**未來的商店將從交易式變成體驗式，因競爭者不從網路購物的實際層次來製造差異。Amazon 在執行購買很方便，但若是逛街購物則居劣勢。我們相信實體店鋪的設計、格局和其他更廣泛的意圖將演進成更能反映不斷變動的消費者優先順序。實體店鋪將不只是一個買東西的地方，也是吃、工作、玩樂、探索、學習甚至借用的地方。

★**由於科技去除傳統上與美國的雜貨電子商務連結的障礙，Amazon 將使網路雜貨採購民主化。**更多對抗 Amazon 的聯盟會產生，跟像 Google 或歐卡多一樣，特別從 Amazon 的雜貨野心獲益的廠商合作。一旦 Amazon 說服購物者它是超級市場之外可信賴的替代方案，那它就跨越了成為包山包海商店的最終障礙。掌握住高購買頻率項目讓交叉銷售和引誘用戶深入 Amazon 生態系中變得更簡單，而使得 Amazon 成為用戶預設的購物選擇。一旦如此，不只對於超市而是對整體零售業全部，事情都變得一發不可收拾：Amazon 用戶相對比較忠心、是終身的顧客。

★由於 Prime 服務轉換到傳統實體商店模式，零售商必須果斷地重新思考它們自己的忠誠方案。在結帳櫃檯掃描塑膠卡片用來換取點數的方式已經過時了，顧客忠誠的下一個演進將會拋棄「買得越多，賺得越多」的概念。當爭奪顧客忠誠的戰場從幫顧客省錢變成節省他們的時間、精力和負擔，點數方案將成為過去式，透過行動裝置的即時獎勵帶來的高客製化服務會成為常態。與用戶發展超越交易本身，既深入又富有感情的連結是十萬火急的事。

★一小時到貨服務將會成為都會區域的常態，當傳統零售商重新改裝他們最好的資產——既有店面，成為迷你倉庫。零售商也必須發揮實體據點的效用來應付今日「隨心所欲」（on-my-terms）的用戶，像是提供到店取貨和處理網路零售的致命痛點——退貨。就連對 Amazon，我們也預期看到更多整合，在這些層次上零售商們彼此合作以更妥善地服務顧客。實體商店的未來不會只是成為體驗，也是貨物流通的樞紐。

★ Amazon 會繼續不懈地代表顧客創新、使用戶驚嘆和在發展過程中顛覆更多產業。未來，略過結帳櫃檯的想法會很自然（而且沒有偷竊感）；送進家門裡（in-home delivery）、送進後車廂（in-car delivery）將成為處理傳統無法投遞的包裹時可被接受的配送選擇；在網路上買衣服的障礙——尺寸丈量和退貨，會大幅度減少。同時，結合更聰明的人工智慧和更深入家庭、個人手機的 Alexa 語音助理，能帶領我們進入真正個人化購物助理的時代。

★到 2021 年時，Amazon 將轉變成一個以服務為主要基礎

的公司。零售占整體銷售的比率持續下降（從 2015 年的 72% 至 2017 年的 64%）。我們相信，當 Amazon 主要的銷售額是來自服務而不是自家商品的臨界點在 2021 年。儘管跨國發展它的核心零售業務仍有很多機會，但 Amazon 正在為其供應商和其他業務（廣告、市場、AWS 雲端服務）、為其消費者（核心 Prime 會員服務、影音串流、居家安全裝置安裝、雜貨訂購等等），甚至為其他零售商，建立包羅萬象的服務方案。更甚者，當第三方銷售在整體付費項目中的比例持續增長，Amazon 聲稱的銷售額就更無法反映出透過其交易的貨物總量（因為第三方銷售僅能計算 Amazon 對該筆交易抽成的部分，而不是整筆訂單的價值）。Amazon 正從零售商轉變為不可取代的基礎設備提供者。

★**未來，更多零售商會照 Amazon 的規則走。** 越來越多零售商願意忍受 Amazon 帶來的巨大競爭威脅，並利用它的實體和數位基礎設備。有些人認為這是在玩火——對像是玩具反斗城（Toys R Us）、博德斯（Borders）和電路城（Circuit City）等零售商來說肯定會這麼想。上述零售商將自己的電子商務業務外包給 Amazon，是 Amazon 在 2000 年代早期的「敵友」（frenemies）——而三家也全都已經宣告破產。但我們相信越來越多的零售商向 Amazon 靠攏，若 Amazon 能幫助提升觸及率（市集）、導引流量到商店（Amazon 店中店、網路訂購後實體通路取貨、到店退貨）或改善顧客體驗（當日送達、聲控購物）。Amazon 身兼競爭者和服務提供者的特殊身分日益明顯，競合（Coopetition）是未來的主軸。

　　總結來說，Amazon 不是普通的零售商，因為它本質上不是零售商。它是一間以為顧客持續創新為唯一目的的科技公司，而剛好在發展過程中賣出一大堆商品。

1.2018 年 Amazon 官方網站。連結：https://www.amazon.jobs/en/principles [最後瀏覽日：2018 年 6 月 19 日]。

2. 連結：https://www.jimcollins.com/concepts/the-flywheel.html

3.Brad Stone (2013) *The Everything Store: Jeff Bezos and the Age of Amazon* (London: Bantam Press). 台灣中文繁體版請見布萊德·史東（Brad Stone）著，廖月娟譯，《什麼都能賣！：貝佐斯如何締造亞馬遜傳奇》（*The Everything Store: Jeff Bezos and the Age of Amazon*）（台北：天下文化，2014）；後改版書名為《貝佐斯傳：從電商之王到物聯網中樞，亞馬遜成功的關鍵》（2016）。

4.Scott Thompson (2018) We'll all be banking with Amazon in 10 years: agree? *Tech HQ*, 22 May. 連結：http://techhq.com/2018/05/well-all-be-banking-with-amazon-in-10-years-agree-or-disagree/ [最後瀏覽日：2018 年 6 月 19 日]。

5.2018 年 Amazon 官方網站。連結：https://www.amazon.jobs/en/principles [最後瀏覽日：2018 年 6 月 19 日]。

6.Brad Stone (2013) *The Everything Store*.

7.Andrew Tonner (2016) 7 Sam Walton quotes you should read right now, *The Motley Fool*, 8 September. 連結：https://www.fool.com/investing/2016/09/08/7-sam-walton-quotes-you-should-read-right-now.aspx [最後瀏覽日：2018 年 6 月 19 日]。

8.2016 年 Amazon 致股東信（2017），*Amazon.com*。連結：http://phx.corporate-ir.net/phoenix.zhtml?c=97664&p=irol-reportsannual [最後瀏覽日：2018 年 6 月 19 日]。

9.Rani Molla (2018) Amazon spent nearly $23 billion on R&D last year - more than any other US company, *Recode*, 9 April. 連結：https://www.net/recode.2018/4/9/17204004/amazon-research-development-rd [最後瀏覽日：2018 年 6 月 19 日]。

10.Cristina Delgado (2013) Butcher's boy who has discreetly risen to become Spain's second-richest man, *El Pais*, 11 November. 連結：https://elpais.com/elpais/2013/11/11/inenglish/1384183939_312177.html [最後瀏覽日：2018 年 6 月 19 日]。

11.Ben Sillitoe (2018) 10 tips from a UK retail stalwart: ASOS chairman Brian McBride, Retail Connections, 9 May. 連結：http://www.retailconnections.co.uk/articles/10-tips-uk-retail-boss-brian-mcbride/[最後瀏覽日：2018 年 6 月 19 日]。

12.Paul Misener (13 September 2017) Retail Innovation at Amazon presentation, Retail Week. Tech event, 2017 Agenda. 連結：http://rw.retail-week.com/Video/TECH/AGENDA/PDF/MAINSTAGE_AGENDA.pdf [最後瀏覽日：2018 年 4 月 2 日]。

13. Ian McAllister (2012) What is Amazon's approach to product development and product management? *Quora*, 18 May. 連結：https://www.quora.com/What-is-Amazons-approach-to-product-development-and-product-management [最後瀏覽日：2018 年 6 月 19 日]。

14. Angel Gonzalez (2016) For Amazon exec Stephenie Landry, the future is Now, *Seattle Times*, 21 May. 連結：https://www.seattletimes.com/business/amazon/for-amazon-exec-stephenie-landry-the-future-is-now/ [最後瀏覽日：2018 年 6 月 19 日]。

15. 連結：https://www.goodreads.com/quotes/6071-many-of-life-s-failures-are-people-who-did-not-realize

16. Rob MacLean (2000) What business is Amazon.com really in? *Inc.*, 21 February. 連結：https://www.inc.com/magazine/20000201/16854.html [最後瀏覽日：2018 年 6 月 19 日]。

17. Matthew Yglesias (2013) Amazon profits fall 45 percent, still the most amazing company in the world, *Slate*, 29 January. 連結：http://www.slate.com/blogs/moneybox/2013/01/29/amazon_q4_profits_fall_45_percent.html [最後瀏覽日：2018 年 6 月 19 日]。

18. Lina Khan (2017) Amazon's antitrust paradox, *Yale Law Journal*. 連結：https://www.yalelawjournal.org/note/amazons-antitrust-paradox [最後瀏覽日：2018 年 6 月 19 日]。

19. Kathleen Pender (2000) Scathing report of Amazon is a must-read for stock owners, *SF Gate*, 30 June. 連結：https://www.sfgate.com/business/networth/article/Scathing-Report-of-Amazon-Is-a-Must-Read-for-2750932.php [最後瀏覽日：2018 年 6 月 19 日]。

20. Anonymous (2000) Can Amazon survive? *Knowledge at Wharton*, 30 August. 連結：http://knowledge.wharton.upenn.edu/article/can-amazon-survive/ [最後瀏覽日：2018 年 6 月 19 日]。

21. Anonymous (2000) Amazon: Ponzi scheme or Wal-Mart of the web? *Slate*, 8 February. 連結：http://www.slate.com/articles/business/money-box/2000/02/amazon_ponzi_scheme_or_walmart_of_the_web.html [最後瀏覽日：2018 年 6 月 19 日]。

22. Michael Corkery and Nick Wingfield (2018) Amazon asked for patience. Remarkably, Wall Street complied, *New York Times*, 4 February. 連結：https://www.nytimes.com/2018/02/04/technology/amazon-asked-for-patience-remarkably-wall-street-complied.html [最後瀏覽日：2018 年 6 月 19 日]。

23. Caroline Baldwin (2018) Sir Ian Cheshire on how to compete with Amazon, *Essential Retail*, 30 January. 連結：https://www.essentialretail.com/news/sir-ian-cheshire-amazon/ [最後瀏覽日：2018 年 6 月 28 日]。

24. Nathaniel Lee, Shana Lebowitz and Steve Kovach (2017) Scott Galloway:

Amazon is using an unfair advantage to dominate its competitors, *Business Insider*, 11 October. 連結：http://uk.businessinsider.com/scott-galloway-why-amazon-successful-2017-10 [最後瀏覽日：2018 年 6 月 28 日]。

25.Justin Fox (2013) How Amazon trained its investors to behave, *Harvard Business Review*, 30 January. 連結：https://hbr.org/2013/01/how-amazon-trained -its-investo [最後瀏覽日：2018 年 6 月 28 日]。

26.Alex Hern (2013) How can Amazon pay tax on profits it doesn't make? *Guardian*, 16 May. 連結：https://www.theguardian.com/commentisfree/2013/ may/16/amazon-tax-avoidance-profits [最後瀏覽日：2018 年 6 月 28 日]。

27.Stephen Nellis and Paresh Dave (2018) Amazon, Google cut speaker prices in market share contest: analysts. Reuters, 3 January. 連結：https://www.reuters. com/article/us-amazon-alphabet-speakers/amazon-google-cut-speaker-prices-in-market-share-contest-analysts-idUSKBN1ES0VV [最後瀏覽日：2018 年 6 月 28 日]。

28.Alexis Santos (2012) Bezos: Amazon breaks even on Kindle devices, not trying to make money on hardware, *Engadget*, 12 October. 連結：https://www. engadget.com/2012/10/12/amazon-kindle-fire-hd-paperwhite-hardware-no-profit/ [最後瀏覽日：2018 年 6 月 28 日]。

29.Robert Williams (2018) Study: Amazon Echo owners are big spenders, *Mobile Marketer*, 4 January. 連結：https://www.mobilemarketer.com/news/study-ama zon-echo-owners-are-big-spenders/514050/ [最後瀏覽日：2018 年 6 月 28 日]。

30. 作者分析 Amazon 10-K 年度報告與年度財報。

31.Paul R La Monica (2018) Apple is leading the race to $1 trillion, *CNN*, 27 February. 連結：http://money.cnn.com/2018/02/27/investing/apple-google-ama zon-microsoft-trillion-dollar-market-value/index.html [最後瀏覽日：2018 年 6 月 28 日]。

32.Alex Shephard (2018) Is Amazon too big to tax? *The New Republic*, 1 March. 連結：https://newrepublic.com/article/147249/amazon-big-tax [最後瀏覽日： 2018 年 6 月 28 日]。

33.Spencer Soper, Matthew Townsend and Lynnley Browning (2017) Trump's bruising tweet highlights Amazon's lingering tax fight, *Bloomberg*, 17 August. 連結：https://www.bloomberg.com/news/articles/2017-08-17/trump-s-bruising -tweet-highlights-amazon-s-lingering-tax-fight [最後瀏覽日：2018 年 6 月 28 日]。

34.Jeremy Bowman (2018) Analysis: Trump is right. Amazon is a master of tax avoidance. *USA Today*, 9 April. 連結：https://www.usatoday.com/story/money /business/2018/04/09/trump-is-right-amazon-is-a-master-of-tax-avoidance/33653439/ [最後瀏覽日：2018 年 6 月 28 日]。

35.Chris Isidore (2017) Amazon to start collecting state sales taxes everywhere, *CNN*, 29 March. 連結：http://money.cnn.com/2017/03/29/technology/amazon-sales-tax/index.html [最後瀏覽日：2018 年 6 月 28 日]。

36.Klint Finley (2018) Why the Supreme Court sales tax ruling may benefit Amazon, *Wired*, 21 June. 連結：https://www.wired.com/story/why-the-supreme-court-sales-tax-ruling-may-benefit-amazon/ [最後瀏覽日：2018 年 8 月 27 日]。

37. 連結：https://www.supremecourt.gov/opinions/17pdf/17-494_j4el.pdf?mod=article_inline

38.Amazon 10-K 年度報告，會計年度結束日 2017 年 12 月 31 日。連結：https://www.sec.gov/Archives/edgar/data/1018724/000101872418000005/amzn-20171231x10k.htm [最後瀏覽日：2018 年 6 月 28 日]。

39.Shira Ovide (2018) How Amazon's bottomless appetite became corporate America's nightmare, *Bloomberg*, 14 March. 連結：https://www. bloomberg.com/graphics/2018-amazon-industry-displacement/ [最後瀏覽日：2018 年 6 月 28 日]。

40.Amazon 10-K 年度報告，會計年度結束日 2017 年 12 月 31 日。連結：https://www.sec.gov/Archives/edgar/data/1018724/000101872418000005/amzn-20171231x10k.htm [最後瀏覽日：2018 年 6 月 28 日]。

41.2015 年 Amazon 致股東信（2016），Amazon.com。連結：http://phx.corporate-ir.net/phoenix.zhtml?c=97664&p=irol-reportsannual [最後瀏覽日：2018 年 6 月 28 日]。

42.Amazon 官方網站（無日期）。連結：https://aws.amazon.com/about-aws/ [最後瀏覽日：2018 年 6 月 28 日]。

43.Ben Thompson (2017) Amazon's new customer, *Stratechery*, 19 June. 連結：https://stratechery.com/2017/amazons-new-customer/ [最後瀏覽日：2018 年 6 月 28 日]。

44.Ron Miller (2016) At Amazon the Flywheel Effect drives innovation, *TechCrunch*, 10 September. 連結：https://techcrunch.com/2016/09/10/at-amazon-the-flywheel-effect-drives-innovation/ [最後瀏覽日：2018 年 6 月 28 日]。

45.Sasha Fedorenko (2018) Doug Gurr of Amazon UK on four ways digital transformation is changing retail, *Internet Retailing*, 14 June. 連結：https://internetretailing.net/strategy-and-innovation/doug-gurr-of-amazon-uk-on-four-ways-digital-transformation-is-changing-retail-17895 [最後瀏覽日：2018 年 6 月 28 日]。

Prime生態系：
重新定義
今日現代用戶的忠誠

「『無限供應』的特快配送。」[1]這是貝佐斯在 2005 年推出 Amazon Prime 服務時的形容。概念很簡單——用戶支付年費，獲得無限次數兩天到貨配送服務，顧客再也不用煩惱合併訂單或湊到最低購買量。貝佐斯希望快速配送成為日常體驗而不是一種「偶發的失心瘋」行為。[2]

Amazon 已有超省配送方案（Super Saver Shipping），適合時間充足、不介意訂單久一點送達的顧客（現在還有這方案，只是叫做免費運送）。這為新的配送服務搭好舞台，像是 Prime，由 Amazon 工程師查理・沃德（Charlie Ward）提出。在史東的《貝佐斯傳：從電商之王到物聯網中樞，亞馬遜成功的關鍵》一書中寫到：

> 沃德建議，為何不替相反類型的顧客創造一個服務，一個快速配送俱樂部給那些時間寶貴但對價格不敏感的顧客？他建議像音樂俱樂部一樣，按月計費。[3]

Amazon 慣於承擔風險，但這個想法仍是個豪賭。無限次兩日到貨的承諾不僅不成比例地提高顧客期待，從短期來看，成本壓力更顯著地增加；而顧客真的願意為在 Amazon 購物的這項優惠支付費用嗎？當然，像好市多這類的倉庫俱樂部也有收取會費——但這被店內更低的商品價格補償了。Amazon 能說服用戶單單快速配送就值得七十九美元嗎？

> 重點從來就不在七十九美元。真正重要的是能否改變人
> 們的心態，這樣他們就只會透過 Amazon 購物。
>
> 維賈伊・拉溫德雷恩（Vijay Ravindran），
> 前 Amazon 主管，2013 年 [4]

看來沒錯。2018 年時 Amazon 已經在全世界配送超過
五十億項商品，並且在全球擁有超過一億名的 Prime 付費會員，
讓 Prime 成為世上最大的網路會員註冊方案。[5]

配送、購物、串流以及更多

Prime 模式是典型 Amazon 式的成功——顧客至上的長期
效益價值觀，Prime 現在已不僅侷限於配送誘因。Amazon 已花
費十年不懈地打造出 Prime 服務飛輪，根據 Prime 英國業務主
管麗莎・梁（Lisa Leung）所言：「通往 Amazon 精華的入口。」[6]
Amazon 已經顯著地將適用 Prime 服務的商品品項擴張到令人驚
嘆的程度（從 2014 年的兩千萬項到 2018 年的一億項 [7]），同時
也藉著開發一系列新服務以提供顧客更多價值。相較之前，現
在有更多理由註冊 Prime。

> 他們為購物而來，因數位化而留下。
>
> 亞倫・佩林（Aaron Perrine），
>
> Amazon 部門經理，2018 年[8]

　　身為拓展新業務觸角的一部分，Amazon 徹底發揮 Prime 的娛樂服務概念。我們別忘了 Amazon 英國區總經理葛爾說的，[9]Amazon 的核心目標是「增進顧客購物和娛樂的體驗」。Amazon 靠著從 2011 年開始在 Prime 服務中增加數千項不限次數、無廣告、即時串流的電視節目和影片，來實踐其娛樂體驗的承諾。從那時起，Amazon 就透過它的子公司 Amazon 影視工作室來增加對內容製作的掌握程度，提供 Prime 會員獨家內容，像是電視劇《絕命警探》（Bosch）、《透明家庭》（Transparent）和《了不起的梅索太太》（The Marvelous Mrs Maisel）。現在 Prime 影音（Prime Video）算得上是 Netflix 的競爭對手。這項服務讓 Prime 服務包套更具吸引力，除了能確保會員忠誠度外，同時也為飛輪加速。貝佐斯說：「我們一贏得金球獎，就能幫助 Amazon 賣出更多鞋子。」[10]

　　而這個現象不只在美國發生，像是日本，會員人數在 Prime 影音功能上線後僅花了三個月就增加 16%。而在 Amazon 大力投資 Prime 影音的印度，則成為 Amazon 有史以來首年增加最多 Prime 會員的市場。2018 年 Amazon 在其中國的方案中增加它第一項娛樂優惠：Prime 讀物（Prime Reading）。[11] 現在的包套方案優勢讓 Amazon 在國際市場裡，能更簡單地驅使會員

■ Amazon 會員優惠

分類	Amazon Prime 優惠
配送	▪ 超過一億項商品享有兩天內「免費」配送到府服務 ▪ 全美八千個城鎮超過一百萬項商品享有當日或隔日「免費」配送到府服務 ▪ 新影音、遊戲、書籍、音樂、電影和更多商品在上市日的晚間七點配送完成 ▪ Prime Now 一到兩小時到貨
串流	▪ Prime 影片：數千部電視劇和電影提供串流或下載 Twitch Prime：給遊戲玩家的特典，像是每月免費提供遊戲戰利品 ▪ Prime 音樂（Prime Music）：超過兩百萬首歌提供無廣告串流 ▪ Prime 原創（Prime Originals）：Amazon 獨家的電視劇和電影，像《了不起的梅索太太》
購物	▪ 全食超市優惠：獨門省錢方法，用 Visa 卡消費可獲得 5% 的現金回饋和兩小時配送服務 ▪ Alexa 語音助理：語音購物和重複購買 ▪ Just for Prime 好康情報：較早被通知和 Amazon 自有品牌商品的獨家購買權利 Amazon Family：五人以上（含）的會員用戶享有尿布和嬰兒食品八折優惠
閱讀	▪ 超過千本的 Kindle 選書、雜誌、漫畫、童書和更多類別可供選擇 ▪ 搶先看（First reads）：每個月在書籍出版前，可免費下載六本編輯精選書籍中的一本
更多	▪ 指定信用卡付款可獲得 5% 的現金回饋；利用 Amazon Prime 重新載入餘額可獲得禮金卡 2% 紅利回饋 ▪ Prime 照片（Prime Photos）：無限相片儲存空間

來源：作者研究；Amazon，2018 年 6 月。

採用或保留其會員身分。

便利性一直都是大前提，但最近 Amazon 正透過提供完整的便利生活形態，將便利性推進到另一個層次。想要一小時到貨？想用一鍵購物鈕（Dash Button）重複購買洗衣精？想透過 Alexa 語音助理購物？想要送進家門裡或送進後車廂的配送服務？沒錯——你必須成為 Prime 會員。

> 毫無疑問，Amazon Prime 的目標是確保你若不是 Prime 會員，代表你不願承擔責任。
>
> 傑夫・貝佐斯，2016 年 [12]

和它提供的服務一樣，Prime 也逐漸將重心放在其產品。當 Amazon 將部分精力放在深入探索食物和時尚事業時，同時鴨子划水地替自有品牌建立了包山包海的商品組合，其中許多僅限 Prime 會員購買。這創造出加強版的獨家限定感，也是在實體商店中不可能複製的模式。試想沃爾瑪禁止特定顧客購買貨架上的惠宜（譯注：Great Value，為沃爾瑪自有品牌，價格可比同品質商品便宜 30%，惠宜為中國使用翻譯。）商品？Amazon 透過網路平台很明智地避掉這種情境，且明顯地積極擴張其自有品牌產品組合，作為提供顧客更多價值的手段之餘，與同業差異之處在於避免利潤被稀釋。

要特別說明的是，Prime 會員制度也扮演以下服務的入門磚：Amazon 生鮮（Amazon Fresh）、Prime 儲物櫃（Prime

Pantry）、Prime Now 兩小時到貨服務，費用另加。Amazon 線上購物用戶的首要之務，就是成為 Prime 會員後，為食品運送另付每月十五美元，反映易腐壞食物較高額的運送成本，也是美國消費者普遍能接受的一種消費。但這表示每一位透過 Amazon 購買生鮮的顧客都是其忠誠計畫的會員，也就是說 Amazon 對他們所知甚深。想像若特易購（Tesco）設立 Clubcard（譯注：特易購會員卡名稱。）會員專屬的商店——那將是無窮盡的個人化機會，不意外 Amazon 這麼急切地吸收全食超市的忠誠計畫進 Prime 裡。

　　Prime 提供給其會員超凡價值，卻不承諾最低額度的價格。事實上在初期，Amazon 員工本想稱呼 Prime 為白金版超省方案，被貝佐斯否決，因為這方案不是為省錢而設計[13]（一般認為最終定名為「Prime」是取自履行中心裡快速貨架上的主要位置〔prime position〕）。[14] 但現在加入 Prime 會員有越來越多經濟方面的誘因，除了主要的配送優惠，會員還能享有限定優惠，用 Prime 聯名的 Visa 卡在 Amazon 和全食超市消費可得到現金回饋；而當 Amazon 進軍實體商店，會員能在店內享有更低的價格。

　　尤有甚者，Amazon 打造了會員獨享的購物日—— Prime 日（Prime Day）。這個黑色星期五式的活動，在 2015 年推出時包裝成慶祝 Amazon 滿二十週年的活動，在一個相對缺乏買氣的時期激發需求，同時以超過二十四小時的划算交易回饋給 Prime 會員。在推出之際，也是降低對於 Prime 費用漲價反彈的一個聰明做法—— Amazon 史上第一次將 Prime 價格從七十九漲到九十九美元（自此之後再度漲到一百一十九美元，也絕對

不會是最後一次調漲）。從各方面來說，Prime 日一方面趁機收買新會員，另一方面也為了提醒既有會員 Prime 的價值。

總結來說，目標是讓 Prime 更有吸引力，正如貝佐斯所說的，不加入 Prime 就是不願承擔責任的人。將所有服務整合進 Prime 大傘下，每項服務都意圖使生活更便利或更愉快，Amazon 可以超越物品的價格，深入探究每個人的需求。Amazon 不只想分享你的口袋，更想分享你的生活。

但 Prime 真的是一個忠誠方案嗎？

零售業有個火熱的討論：我們真的可以說 Prime 是一個忠誠方案嗎？本質上，這些計畫是為了鼓勵零售商最重要的顧客，刺激其重複消費而設計。在這層意義上，Prime 的確是一個忠誠方案的縮影，畢竟沒有很多其他的零售商擁有一億名願意花錢用它們購物的顧客。

然而「忠誠方案」一詞常與我們放在錢包裡的塑膠卡片聯想在一起，慣例地在結帳時掏出掃描，換取（通常不成比例的）點數。說真的，這種方式已經逐漸被淘汰了。

「忠誠卡」是一個不恰當的用詞，它們並不會帶來忠誠度。如果它們有用的話，我們錢包裡就只會有一張忠誠卡而已。實際上像是美國、加拿大或英國市場的用戶平均都有三或四張卡。[15] 藉著聚焦在折扣或禮券上，這些卡的結果常鼓勵到完全相反的行為，因為用戶會比較後挑選最划算的交易。這也是購物習慣改變和選擇擴散的反映，特別在像是英國的市場，消費者已經拋棄每週一次的例行購物。購物者反而更常買東西，買

較少量和從一系列不同的零售商之中購買。死忠地在單一超市消費已是過去式。

當今日我們討論建立忠誠時，零售商必須拋棄「買越多，賺越多」的概念，而是強調便利、服務和體驗。Amazon 正透過 Prime 朝顧客忠誠建立的下個演進打前鋒——戰場迅速地從能為顧客省錢轉換成能省時、節能又省力。零售商建立顧客忠誠的方式，將會透過擴大個人化和在店內提供額外優惠（perk）來討顧客歡心。舉維特羅斯（Waitrose）為例，它們成功地透過提供會員免費咖啡和報紙打動顧客，歡迎購物者來到店裡就像你歡迎客人來到自己家那般。

忠誠卡會朝著數位化演變，畢竟如果無人商店逐漸起步，就沒有地方可以掃描卡片了！忠誠方案將會變形成更廣泛配套的一部分，不只獎勵慣常消費的顧客們，寄送個人化、即時的門市優惠；也可以僅透過一個應用程式來完成商品搜尋和結帳步驟，以簡省購物流程。

當然，價格導向的零售商是這串討論中的例外，也將繼續提供其購物者划算的交易來維持顧客忠誠。可以說對於這樣的零售商而言，為了能提供最低價格，摒棄所有高成本的忠誠方案是值得的。畢竟奧樂齊超市（Aldi）和利多超市（Lidl）都沒有提供忠誠方案，還是擁有一批非常忠心的顧客。說到底，建立顧客忠誠的關鍵就是知道你鎖定的顧客在乎的是什麼。

對 Amazon，就是簡單和方便。那是立即的滿足，漸漸地也會在過程中娛樂顧客。若 Amazon 真能做到，對其廣闊的業務將有充足的效益。

Amazon 從 Prime 中獲得什麼？

極度死忠的會員。終身的、非 Amazon 不買的用戶。戴著 Amazon 眼罩且不花多餘心力查找其他零售網站。就算 Amazon 的商品價格不總是最便宜的，這些用戶已把 Amazon 當作起始點、預設使用的購物網站。對 Prime 提供的便利性上癮，用戶對價格變得較不敏感——都得歸功於 Amazon 的演算法。這是最高明的行為改變。

那從數字方面來看呢？

★**花費**：根據摩根史坦利（Morgan Stanley）的資料，Prime 會員平均花費兩千四百八十六美元——幾乎是非會員的五倍之多。[16] 與大多數訂戶一樣，會員通常會為了讓付出的會費有價值，而產生非理性的決策：就這個情況來看，為合理化 Prime 的年費，用戶會在 Amazon 花更多錢購物。沉沒成本謬誤挹注了 Amazon 的優勢。

★**頻率**：根據消費者市場研究公司（Consumer Intelligence Research Partners）調查，Prime 顧客透過 Amazon 購物的頻率幾乎是非會員的兩倍（一年二十五次），讓貝佐斯最初的願景——運用 Prime 移除阻擋更多次數消費的障礙，成真。[17]

★**留客**：根據估算，顧客保留率（retention rate）高於 90%。[18]

Amazon 透過 Prime 能夠接觸到顧客個資的私密珍寶，讓它們對於其重要用戶的網路購物行為有無可匹敵的了解。可使更

深入的個人化成真，從實用產品推薦到不受歡迎的動態定價（根據電子商務資料分析商 Profitero 的資料，Amazon 一天內變動價格次數超過兩百五十萬次）。

正如先前討論 Amazon 生鮮、Prime 儲物櫃、Prime Now 兩小時到貨服務一樣，Prime 也促成追加銷售（upsell）的機會，但更重要的是 Prime 誘使用戶進入 Amazon 更深層的生態系。當其他零售商的忠誠方案聚焦在最高等級的顧客，Amazon 巧妙地將盡可能多的用戶吸引進其生態系中，從而在顧客一生中最大化其價值。Amazon 幾乎將 Prime 會員身分用送的提供給大學生，然後提供 Prime 會員購買尿布和嬰兒食物 20% 的折扣，理由很充分——Amazon 能在不同關鍵人生階段掌握住未來的消費者，確保他們是 Prime 死忠會員的一分子。

另一個對 Amazon 的好處？幾乎不可能再有另一個 Prime。它有廣泛深遠的影響力，可能有點太多，但在品項種類上絕對獨一無二，使 Amazon 具有極吸睛的差異化。沒有很多零售商有這樣的規模、基礎設施或跨行業的主導地位可以複製 Prime。

儘管沃爾瑪為全世界極強大的零售商之一，在它嘗試挑戰 Amazon 的生態系統後宣告失敗。沃爾瑪推出像 Prime 的「ShippingPass 付費會員服務」，以更低的價格——四十九美元，提供無限次數兩天內到貨服務。為什麼沒成功呢？首先，儘管價格比 Prime 低，但沃爾瑪的方案裡除了配送外沒提供其他的好處，這就是 Amazon 透過 Prime 建立的包套方案具有其優點和獨特性的證明。當全美超過一半的家庭已經擁有 Prime 會員資格，特別是對價格更敏感的沃爾瑪顧客來說，考慮申請另一個沒有像 Prime 一樣有誘人的附帶好處的會員有難度。沒錯，

沃爾瑪的價格可能較低，但整體看來無法跟 Amazon 的 Prime 相比，更不用說顧客對於配送速度和費用的期待正快速地改變，沃爾瑪必須正視它在對一項成為常態的服務收費的事實。2017 年時沃爾瑪放棄這項短命的計畫，轉而提供超過兩百項商品免費兩天內到貨的服務——不必有會員資格。

全球化

Amazon 將 Prime 模式推廣至幾乎全部的國際市場中營運。Amazon 三大國際市場——德國、日本和英國——的用戶，在 2007 年 Amazon 跨出全球化的第一步時已經同步享有 Prime 服務。而近幾年 Amazon 逐漸將 Prime 補回到既有市場，相較十多年前剛上市推廣時，現在可說是順水推舟。從 2016 至 2018 年，Amazon 在六個市場推出 Prime 服務，包括新市場——新加坡和澳洲。除了由 Souq（譯注：原中東最大電子商務平台，後

■ Amazon Prime 的國際範疇

推行年份	市場
2005	美國
2007	德國
2007	英國
2007	日本
2008	法國
2011	義大利
2011	西班牙
2013	加拿大

2016	印度
2016	中國
2017	墨西哥
2017	荷蘭
2017	新加坡
2018	澳洲

來源：作者研究；Amazon。

排除 Amazon 沒有可用網站的市場，即截至 2018 年 6 月的比利時。

被 Amazon 併購）營運的區域（埃及、阿拉伯聯合大公國、沙烏地阿拉伯、科威特）和巴西，Prime 已在 Amazon 所有的市場裡營運。

Amazon 在巴西的競爭者沒放過這個機會。由於 Amazon 起步較慢，當地零售商 B2W 趁勢推出自家會員配送方案，提供快速配送服務並收取年費，而這個方案故意被稱為⋯⋯Prime。同時 MercadoLibre，拉丁美洲版本的 eBay，也開始提供倉儲和物流服務給第三方賣家商品，和 Amazon 提供給賣家的代寄服務── Amazon 物流（Fulfilled by Amazon programme，官網上的正式名稱為 Fulfillment By Amazon，簡稱 FBA）有類似脈絡。Amazon 在 2012 年就進軍巴西，但主要提供電子書、書籍和影片串流服務；五年後 Amazon 總算開放網站給第三方賣家。我們相信 Amazon 最終會推展其完整零售業務至拉丁美洲最大的零售市場，而 Prime 也會順勢導入。

我們同樣可以預期當 Amazon 完全與 Souq 分部整合後，將導入 Prime 中東市場，Amazon 已在 2017 年時併購 Souq，2018 年時也進軍土耳其。Prime 在全球市場的版圖擴張才剛起

步——隨著 Amazon 在本土市場的成長力道放緩，這將是未來的觀察重點。

Prime 在實體商店中是否一樣可行？

對於像我們這樣的產業分析師來說，看著 Prime 如何導入實體商店中很吸引人。沒錯，透過網路可以很簡單的分級用戶，可以決定不同用戶能接觸到哪些特定的產品和服務，哪些則否。換到實體商店的環境中，就需要多一點巧思。然而 Prime 是組成 Amazon 零售業務最重要的 DNA，隨著 Amazon 往實體世界推進，它完全不可能不顧 Prime。透過 Amazon 實體書店（Amazon Books）—— Amazon 第一間正常尺寸、具傳統商店概念的書店，讓我們對於 Amazon 如何轉化 Prime 進入實體營運的方式略知一二。我們會在之後的章節深入討論 Amazon 實體書店的概念，現在我們最需要知道的是，在 Amazon 實體書店 2015 年開張之際，裡頭沒有任何給 Prime 會員的實質優惠。但是在不到一年內，Amazon 很大膽地採用一種分級定價模式——書店內給 Prime 顧客的商品價格和他們在 Amazon 官網上買的一樣，而非會員則必須支付店內標示價格。

你說這不是和美國超市幾十年來結帳前需要掃描會員卡的做法很雷同嗎？但那些超市給購物者的是特定品項的折扣，Amazon 則是設計成每項商品都有兩種價格。若你不是 Prime 會員，就沒有理由在 Amazon Books 消費——也許除了試用像 Echo 智慧音箱或 Kindle 閱讀器等 Amazon 設備之外。這與入店前需收費僅有一線之隔。

知道這些實體商店對於整體業績沒太大貢獻並不令人驚訝。事實上，我們可以說這些商店應該算是行銷支出，因為它們唯一的用意就是增加對 Prime 效益的意識，最終也導向讓更多人申辦 Prime 會員。那在超市裡呢？ Amazon 無法用這麼明顯的分級定價政策來解套，購物者一定會選擇他們要在哪消費。挑戰就在於在如何不排擠其他顧客的前提下低調回饋 Prime 會員，同時向非 Prime 會員傳達入會效益這兩者間努力取得平衡。首先是提供容易包裝成會員限定的服務項目。像 Amazon 生鮮實體店（Amazon Fresh Pickup），是 2017 年開始試營運、類似得來速的超市，就只限定 Prime 會員使用。因為你本來就必須是 Prime 會員才能透過 Amazon 生鮮訂購食品雜貨，所以這樣做很合理。但更大的挑戰是如何在全食超市裡操作。當 2017 年中 Amazon 宣布併購全食超市時，筆者提出一系列關於 Prime 可能如何被整併進超市營運中的預測。我們預期 Amazon 結帳時會採用整筆訂單折扣，在店內提供個人化、即時優惠，在 Prime Now 兩小時到貨服務中增加全食超市的商品，對非食物類商品採取分級定價（類似 Amazon 實體書店），Prime 會員限定之結帳櫃檯，和貴賓線上訂購後的取貨和退貨點。

我們的預測是否成真？在 2018 年中撰寫此書之際，Amazon 已經推展以下項目：

★提供 Prime 限定優惠（像是感恩節時提供 Prime 會員火雞折扣，打破全食超市過往的銷售紀錄）。
★推出住在特定城市的 Prime 會員，於全食超市訂購超過三十五美元的訂單兩小時到貨免費配送。

★提高 Amazon 既有 Prime Visa 信用卡刷卡回饋，在全食超市購物時給 Prime 會員 5% 回饋。

★在 Amazon 官網上增加全食超市自有品牌商品，如 365 Everyday Value。

★開始將 Prime 資料整合進實體商店結帳系統的技術工作。一般認為資料整合完成後，Prime 會員結帳時將獲得額外 10% 的折扣。

所以與我們預測的相距不遠，而且 Amazon 才剛開始。整合 Prime 資料進實體商店結帳系統是首要之務，接著我們就能預期商店推出更多特殊優惠。我們認為大約 75% 的全食超市購物者已經是 Prime 會員的事實，能給 Amazon 整合 Prime 進實體商店一事壯膽。[19] 然而只有不到 20% 的 Prime 會員是全食超市的購物者，所以機會在於驅動顧客流量並運用 Amazon 物流配送的能力，來強化全食超市電子商務交易的吸引力。

Prime 2.0

未來絕對是廣泛地將 Prime 整合進實體營運中，但 Prime 的核心數位訴求也將進化得更具吸引力、更具彈性，以及更高的價格。

◎更多外加優惠

Amazon 會持續豐富 Prime 的內容，透過新的優惠來提高

Prime 的黏著度，或為 Amazon 更遠大的策略重點奠基。舉例來說，Amazon 在 2017 年時，推出第一項時尚服務——Prime 衣櫃（Prime Wardrobe），就是為這個產品類別建立信任感和可靠性。這項服務能讓 Prime 會員在家試穿上限十五件，包含衣著、鞋子或配件的商品，就像試衣間到府服務一樣。會員會收到郵資預付並可重新封裝的物流紙箱，最終結帳的費用即是會員決定保留的衣物價格。這解決了部分現今網購衣服的最大挑戰——尺寸試穿與退貨（前者是透過 Amazon 併購的一間人體 3D 掃描的新創公司—— Body Labs 來提供服務）。

被像 Stitch Fix（譯注：宅配試穿結合服飾訂閱服務。）和 Trunk Club（譯注：鎖定男性市場提供中高階服飾商品宅配和穿搭建議之服務。）等服務利基市場的品牌激發靈感，Prime 衣櫃在主流時裝零售業中獨占鰲頭。服務推出後的數個月，英國網購時裝品牌 ASOS 也開始自家的購買前試穿結合當日到貨服務，極可能是為 Amazon 飄洋過海的 Prime 衣櫃服務備戰。這就是 Amazon 效應（Amazon Effect），逼同業上緊發條，也改善使用者體驗。

◎追求新客群成長的動能

根據 2016 年派傑投資公司（Piper Jaffray）的調查，美國年收入超過十一萬兩千美元的家戶是 Prime 會員資格者已占 82%，比例相當地高。[20]Amazon 已經把持相對富裕的客群，為繼續追求成長，現在必須將眼界放遠至核心客群外。同份資料顯示 Amazon 在年收入少於四萬一千元的家戶中擁有的會員最

少。

對於低所得客群，主要門檻始終是 Prime 會員年費、網路使用不便和未持有信用卡。超過四分之一的美國家庭沒有使用或使用有限額度的支票和儲蓄銀行帳戶（譯注：此客群代表其支付方式多透過現金或支票進行買賣，而不是透過金融卡或信用卡）。[21]

近幾年 Amazon 花更多的心力鎖定較低所得的客群。舉例來說，2016 年推展支付月費的 Prime 會員制。對購物者來說若選擇月費方案較不划算（月費制繳一年是一百五十六美元，對比年費制是一百一十九美元），但提供給那些不願意或無法一次性支付全年年費的顧客一個替代方案。

同時 Amazon 也順應未開戶或額度有限的客群需求，提供較低折扣的 Prime 會員資格給領取政府補助的顧客申請；另外還有 Amazon 現金儲值（Amazon Cash），讓購物者到指定商店掃描專屬條碼，就可以儲值現金進自己帳戶。Amazon 現金儲值也在英國推展，服務名稱叫做 Top Up。

Amazon 想分食此類客群大餅的意圖昭然若揭，而過往多為傳統實體商店在服務此類客群，特別是沃爾瑪。據估計大約 20% 左右的沃爾瑪顧客用食物券（food stamps）支付購買的雜貨，而多年來，沃爾瑪已讓顧客「用現金網購」（會在沃爾瑪實體商店裡完成支付）。[22]

所以 Amazon 的下一步棋為何？在 2018 年中撰寫此書之際，Amazon 正跟摩根大通（JP Morgan）和其他銀行商討為其顧客設計一種 Amazon 專屬支票帳戶（checking account，譯注：美國的支票帳戶多為消費用途，利率極低流通方便，不同於活

期儲蓄帳戶 savings account）。對 Amazon 來說是既有服務的延伸，也是其他全球性電子商務平台如阿里巴巴（Alibaba）和樂天市場（Rakuten）正在運作中的方式。

◎但更高的會員費用勢在必行

所以基於兩個理由，Amazon 非常積極地壯大它的會員人數：加強飛輪效果（或更直白的，銷量成長）和抵消日益增加的物流成本。如第 2 章討論的，其他收入來源像是 Amazon 雲端服務、廣告和漸增的訂閱相關服務（其 90% 屬於 Prime 收入），對 Amazon 來說都是能繼續投資在核心零售業務的關鍵。

我們認為到 2020 年時，Prime 註冊可以產生二百億美元營收。[23]Prime 營收的成長會因全球顧客的購買力和老金雞母——高額會費而達標。

2005 年時的起始會費為七十九美元——但我們別忘了 Prime 上線的那時只與商品配送有關。維持原價將近十年後，Amazon 於 2014 年第一次調漲會費至九十九美元。這是反映上揚的物流成本和對於 Prime 新服務的投資，比如影音串流。Prime 會費在 2018 年時飆漲 20% 至一百一十九美元，而平心而論，這也不會是最後一次調漲。

Amazon 在物流配送方面花費數十億美元，我們在之後的章節會再深入討論。理論上，當顧客消費更多，銷量增加而稀釋物流成本，讓整筆交易對於供應商來說更划算，可以回饋到給顧客的價格上。但當 Amazon 深入緊湊的消費性商品買賣時，上述的模式便因為此類商品低銷售利潤、高購買頻率的本質顯

得窒礙難行。據估計，由於 Prime 補貼總物流成本約 60%，[24] 若要收支平衡，Amazon 必須將會費調至兩百美元。而這不會發生。我們可以預期每隔幾年的會費價格調漲，但別忘了飛輪效應才是 Prime 方案萬本不離宗的核心。就算它再怎麼隱晦，Prime 能促使購物者消費更多，Amazon 會努力取得最佳平衡而不是癱瘓其整體運作。

　　Amazon 對許多人而言已經如此深植其日常生活中，讓他們願意接受未來費用的調漲。為了維持 Amazon 極高的顧客價值主張（customer value proposition），持續投資在數位內容和核心物流服務是必不可少的，同時也必須開拓新的累積忠誠度的手段。但客觀來說，Prime 還會是繼續推進 Amazon 零售業務的引擎。

1.Amazon 在 2005 年的新聞稿。Amazon.com announces record free cash flow fueled by lower prices and free shipping; introduces new express shipping program - Amazon Prime, Amazon.com, 2 February. Available from: http://phx. corporate-ir.net/phoenix.zhtml?c=176060&p=irol-newsArticle&ID=669786 [最後瀏覽日：2018 年 6 月 28 日]。

2. 同前注。

3.Brad Stone (2013) *The Everything Store*。

4. 同前注。

5.Rachel Siegel (2018) The Amazon stat long kept under wraps is revealed: Prime has over 100 million subscribers, *Washington Post*, 18 April. 連結：https://www. washingtonpost.com/news/business/wp/2018/04/18/the-amazon-stat-long-kept-under-wraps-is-revealed-prime-has-over-100-million-subscribers [最後瀏覽日： 2018 年 6 月 12 日]。

6.Amazon 英國分析師的簡報內容，倫敦，2018 年 7 月 2 日。

7.Disis, Jill and Seth Fiegerman (2018) Amazon is raising the price of Prime to $119, *CNN*, 26 April. 連結：http://money.cnn.com/2018/04/26/technology/business/amazon-prime-cost-increase/index.html [最後瀏覽日：2018 年 6 月 28 日]。

8.Stevens, Laura (2018) Amazon targets Medicaid recipients as it widens war for low-income shoppers, *Wall Street Journal*, 7 March. 連結：https://www.wsj.com/articles/amazon-widens-war-with-walmart-for-low-income-shoppers-1520431203 [最後瀏覽日：2018 年 6 月 28 日]。

9.Amazon 英國分析師的簡報內容，倫敦，2017 年。

10.McAlone, Nathan (2016) Amazon CEO Jeff Bezos said something about Prime Video that should scare Netflix, *Business Insider*, 2 June. 連結：http:// uk.businessinsider.com/amazon-ceo-jeff-bezos-said-something-about-prime-video-that-should-scare-netflix-2016-6 [最後瀏覽日：2018 年 7 月 2 日]。

11.Amazon press release (2018) Amazon.com announces first quarter sales up 43% to $51.0 billion, *Amazon*, 26 April. 連結：http://phx.corporate-ir.net/phoenix.zhtml?c=97664&p=irol-newsArticle&ID=2345075 [最後瀏覽日：2018 年 6 月 28 日]。

12.Eugene Kim (2016) Bezos to shareholders: It's 'irresponsible' not to be part of Amazon Prime, *Business Insider*, 17 May. 連結：http://uk.businessinsider.com/amazon-ceo-jeff-bezos-says-its-irresponsible-not-to-be-part-of-prime-2016-5 [最後瀏覽日：2018 年 6 月 28 日]。

13.Brad Stone (2013) The Everything Store.

14. 同前注。

15.Sarah Vizard (2016) Loyalty cards aren't convincing British consumers to shop, *Marketing Week*, 7 December. 連結：https://www.marketing-week. com/2016/12/07/loyalty-cards-nielsen/ [最後瀏覽日：2018 年 6 月 28 日]。

16.Louis Columbus (2018) 10 charts that will change your perspective of Amazon Prime's growth, *Forbe*s, 4 March. 連結：https://www.forbes.com/ sites/louiscolumbus/2018/03/04/10-charts-that-will-change your-perspective-of-amazon-primes-growth/#5d364e813fee [最後瀏覽日：2018 年 6 月 28 日]。

17.Beth Braverman (2017) Amazon Prime members spend a whole lot more on the site than non-members, *Business Insider*, 7 July. 連結：http://www.business insider.com/is-amazon-prime-worth-it-2017-7?IR=T [最後瀏覽日：2018 年 6 月 28 日]。

18.Spencer Soper (2018) Bezos says Amazon has topped 100 million Prime members, *Bloomberg*, 18 April. 連結：https://origin-www.bloomberg.com/news /articles/2018-04-18/amazon-s-bezos-says-company-has-topped-100-million-prime-members [最後瀏覽日：2018 年 6 月 28 日]。

19.Lauren Hirsch (2018) Amazon plans more Prime perks at Whole Foods, and it will change the industry, *CNBC*, 1 May. 連結：https://www.cnbc.com/2018/05 /01/prime-perks-are-coming-to-whole-foods-and-it-will-change the-industry. html [最後瀏覽日：2018 年 6 月 28 日]。

20.Rani Molla (2017) For the wealthiest Americans, Amazon Prime has become the norm, *Recode*, 8 June. 連結：https://www.recode. net/2017/6/8/15759354/ amazon-prime-low-income-discount-piper-jaffray-demographics [最 後 瀏 覽 日：2018 年 6 月 28 日]。

21.Lauren Hirsch (2018) Amazon wants to make it easier to shop its website without a credit card, *CNBC*, 5 March. 連結：https://www.cnbc.com/2018/03 /05/amazons-talks-with-jp-morgan-may-build-on-services-to-the-unbanked. html [最後瀏覽日：2018 年 6 月 28 日]。

22.Anonymous (2017) Amazon to discount Prime for US families on welfare, *BBC*, 6 June. 連結：https://www.bbc.com/news/technology-40170655 [最後 瀏覽日：2018 年 6 月 28 日]。

23. 作者自行推估。

24.Jennifer Saba (2018) Priming the pump, *Reuters*, 19 April. 連結：https://www. breakingviews.com/considered-view/amazons-10-bln-subsidy-is-prime-for-growth/ [最後瀏覽日：2018 年 6 月 28 日]。

零售末日：
已成現實或只是迷思？

> 長久以來人們一直認為電影院將會式微，但現在大家仍喜歡去電影院看電影。
>
> 傑夫・貝佐斯，2018 年[1]

今日，你不須費勁就能找到電子商務敲響實體商店喪鐘的相關文章或研究。「末日」（apocalypse）一詞已經正式加入零售業的詞庫，也可說是被現在的傳播媒介過於詳盡地記載下來——「零售末日」一詞甚至有自己的維基百科介紹頁。

「前景黯淡」（Doom and Gloom）是很聳動的標題，而在本章中，我們會用主要的篇幅來反駁零售末日的論述。但首先讓我們釐清這點：市面上充斥太多的商店——現今的實體零售空間過剩，而這些空間已不符合當初設計的用途。

所以，很自然地，商店陸續快速關門大吉。根據戴德梁行（Cushman & Wakefield）的報告，2017 年時，美國有近九千家主要連鎖商店結束營業；預估 2018 年時，將再關閉一萬兩千家。[2] 而 2017 年時，有二十家零售商申請破產，包含美國服飾連鎖店 The Limited 和經典品牌玩具反斗城。[3] 購物商場也成為岌岌可危的一群：預估到 2022 年，全美多達四分之一的商場將倒閉。[4]

儘管這個狀況在購物商場過多的郊區特別明顯，卻無庸置疑是全美共通的現象。在英國，據零售研究中心（Centre of Retail Research）估計，2018 年商店總數將減少 22%；[5] 而在加拿大，像西爾斯、Target 百貨公司等大型零售連鎖店，近年均

已退出市場。

　　相較之下，全球購物者對於網路零售商店的需求和期待則迅速增長。麥肯錫公司（McKinsey）指出，中國現有的網路購物者比其他各國更多，並占全球電子商務交易量的 40%。[6] 根據英國國家統計局（Office for National Statistics）統計，過去五年內非食品類的網路交易項目已成長一倍，占市場總量的四分之一。[7]

> 每次產業革命後將會帶來長期效益，但總無法避免短期陣痛。
>
> 道格・葛爾，
> **Amazon** 英國總經理，**2018** 年 [8]

　　無庸置疑地，電子商務部分的成長吸收了實體零售連鎖店的交易量，但這全都得歸咎於 Amazon 嗎？並不盡然。簡而言之，現今成熟的零售業市場已飽和，消費者的購物習慣產生巨大的改變，手機的普及讓零售業被迫轉向，人們花費較多的金錢在購買體驗，而非商品；而新興的、顛覆型的零售商——像是快時尚（fast fashion）和折扣雜貨鋪（discount grocery）——正蠶食著市場先進者的市占率。我們正處於科技、經濟和社會變革重塑零售業版圖的重要交會。

　　現在讓我們更深入地檢視這些變革，尤其是它們如何引導零售商重新配置其實體及虛擬商店的組合。

隨心所欲的購物者誕生

> 在一個可讓購物者於任何時間、地點購買任何產品的新商業銷售環境裡,顧客是在一間公司的實體商店、官方網站或手機應用程式裡消費並不重要。一切都算零售。現今的零售商以購物者希望的任何形式把東西賣出去。
>
> 馬修・謝伊(Matthew Shay),
> 美國零售聯合會(National Retail Federation)
> 董事長暨執行長,2017 年[9]

　　科技不只提高消費者對於購物的期待,並創造新形態的購物方式,甚至根本性地革新了零售業。這自然是本書的主軸,但這裡我們將特別探究科技如何展現更方便、無阻力的購物體驗,以重塑顧客的期待。

　　首先,我們必須了解世界相較於十年前已更緊密相連:三分之二的全球人口透過手機聯繫,且現在全世界的攜帶型裝置數量已比總人口還多。[10] 很難想像 iPhone 在 2007 年才剛問世,現在已成為我們日常生活中不可或缺的一分子。Google 認為人們不再是「利用網路」,而是「活在網路世界」。當每人每天平均使用手機一百五十次時,智慧型手機幾乎實實在在地成為身為消費者的我們的延伸。[11]

> 沒有商店顧客或是網路顧客之分——只有比從前被賦予
> 更多方式而能隨時購物的顧客。
>
> 艾瑞克・諾德斯特龍（Eric Nordstrom），
> 美國諾德斯特龍百貨公司聯合董事長，2017 年[12]

　　在這個普遍連網的時代，消費者就是王。自電子商務興起，零售業者就必須接受挑戰，透過漸增的隨身計算裝置，來配合這些「總是開機」且持續連網的消費者。一面搭乘火車或等候牙醫時，還能一面透過手機購物，賦予消費者更高的便利性和可接近性，同時也連接了實體和數位零售商店的分野，這部分我們留待下個章節討論。

　　另一項改變我們購買行為的科技發展，則包含透過線上金流和電子錢包來付款。Paypal 能節省時間和加密個人付款資料，將消費者領進網路付款的新世界，就像非感應式卡片也正為即將到來的行動支付方案鋪路一樣。

　　而行動裝置的出現只會加速包括 Amazon 在內的電子商務零售商的增長。因為被更身臨其境和攜帶式的體驗需求所激發，周邊技術也同步發展，包括適合行動裝置瀏覽的網站、應用程式和像是平板電腦等擁有更大觸控螢幕可進行互動的大型設備，以及穿戴型裝置。帳戶安全設定也從使用諸多容易忘記的密碼，演變成透過 Google、Facebook 等進行單一登入認證，還有雙重驗證以及生物辨識技術——指紋和臉部辨識。

　　零售業也與時俱進採用這些改進的技術，使網路購物體驗

盡可能簡易。Amazon 的「一鍵購買（click to buy）」專利徹底改變了網路結帳流程，品牌商正在研究社群購物的付款模式，而以 Pinterest 上的導購貼文和占中國支付服務主導地位的微信應用程式內付款為著名的早期成功案例。但在未來，由線上設定的顧客期待所驅動的，對簡易度和便利性的追求，將不僅限於行動裝置和觸控螢幕的技術。這種情況現在已經發生了，包括智慧家庭暖氣和照明系統（Connected Home heating and lighting system），以及透過聲控自動和簡化操作的補貨下單。

這些技術的改進，使購物者能輕易接觸到數十億項商品，相應地，在配送方面也有類似進步。由於網路零售商希望複製出實體零售店鋪特有的即刻擁有感，因此不斷縮短到貨時間。現在，顧客預期的是快速、可靠和免費的配送服務。

結果呢？網路購物變得不費吹灰之力。特別是行動商務正蓬勃發展，並準備迎接未來驚人的成長。到了 2021 年，全球行動商務銷售額預計將增長一倍以上，達到三點六兆美元，占比高達全球電子商務市場中的 73%。[13]

這種轉移也自然反映在零售業的排名上。2012 年，全球前五大零售商——沃爾瑪、家樂福（Carrefour）、克羅格公司、Seven & I 控股公司和好市多，都是以傳統實體店鋪為主的零售商。但到 2017 年，前五名中有三間主要是提供線上購物服務——阿里巴巴（Alibaba）、Amazon 和京東（JD.com）；筆者預測在 2022 年，沃爾瑪最終將被擠下占據幾十年的第一名寶座，而阿里巴巴將成為全球最大的零售商，並有 Amazon 緊追在後。

傳統實體零售商必須確保可以緩解現今的過激購物者——

這些顧客進入商店時會帶著極高,有時則是彼此矛盾的期望。一方面,顧客要求極度便利、無縫的購物經驗、透明度和立即滿足感;但另一方面,他們也期待購物環境是高客製化和更偏向於體驗式的。

未來只會存在更少但更有影響力的商店:當零售商適應這個消費模式轉變的新現實,我們預期它們會繼續最適化其規模——同時投資在加強實體商店的體驗上。那些缺乏為當今消費者調整自己的靈活性的零售商會發現自己別無選擇,只有關門大吉。

Amazon 效應:殺死品類殺手

就像「零售末日」一樣,「Amazon 效應」一詞也是現在許多討論零售的文章有效的點擊誘餌。商店關門?因為 Amazon 效應。零售商投資線上業務?因為 Amazon 效應。併購、破產、人事精簡……不管多微不足道,我們總是可以找到說法將大多數的零售業發展與那隻西雅圖巨獸連結起來。

無論如何,「Amazon 化」(Amazoned)的概念對某些人來說是非常寫實的。2018 年,《彭博》(*Bloomberg*)的席拉·歐薇德(Shira Ovide)寫道:「其他公司是因為自家產品而動詞化:像 Google 化或全錄(Xerox)化;Amazon 則是因為可能危害到其他公司而動詞化:Amazon 化代表因為 Amazon 進入你的產業導致你的業務被擊敗。」[14]

當產品本體可以透過數位方式交易——像音樂、影片、遊戲、書籍,且電子商務的滲透率已達接近 50% 的水準時,由實

體空間來銷售這些商品的希望渺茫。「品類殺手」（Category Killer）——一種高度集中的零售商，通常在某一項產品類別中居主導地位，自然是電子商務的第一個受害者。百視達、電路城、CompUSA（譯注：美國消費型電子產品和電腦配件、零組件的實體零售經銷商。）以及最近的玩具反斗城等公司已走入歷史。這些公司中有許多是從顛覆者變成被顛覆者——充分提醒我們自滿的危險。

例如，博德斯曾經是美國第二大連鎖書店。以下轉錄自避險基金經理人陶德‧蘇利文（Todd Sullivan）的網站——在2008年的一次採訪中，執行長喬治‧瓊斯（George Jones）說：「我不認為書店內的科技和自助服務能取代些許當你進入我們書店後會有對書籍非常了解的人接待你的事實。這是，也將永遠是，我們重要的業務成分。」[15] 三年後，博德斯破產了。

曾經是品類殺手的競爭優勢——產品深度分類和大型商店網絡，最終導致其自身的滅亡。Amazon 從書籍開始銷售並非偶然，因為這是網路購物者早期能自在地利用線上購物的一種商品品項。同樣重要的是了解，當 Amazon 開始賣書時，全世界有三百萬冊圖書在流通，遠超過任何一間書店所能儲存的。[16] 這就預示了品類殺手時代的結束。

Amazon 的存在影響到每一項零售業務。它們是歐美市場中最具顛覆性的零售商，沒有其他零售商能這麼有效地消除業界的自滿態度和無價值物，最終驅動變革以造福顧客。但當然，這代表未來的實體零售空間將會更少：全球有 28% 的購物者宣稱，Amazon 是他們不常至實體商店消費的主要原因。[17]

空間過剩，且相關性令人存疑

國際購物中心協會（International Council of Shopping Centers）的數據顯示，從 1970 年至 2015 年，美國購物中心的數量增長了 300%——或說超過人口增長速度的兩倍。[18] 今天，每人有二十三點五平方英尺的零售空間一事，讓美國成為當今世上零售業最為過剩的國家。事實上，美國的人均購物空間比加拿大多 40%，是英國的五倍，還是德國的十倍。[19] 零售末日早已迫近。

大蕭條和電子商務的成長也加劇了購物中心的滅亡。畢竟，電子交易市集只是大型購物中心的現代化、數位化版本——只是二十四小時全年無休並且具有無限種類的產品。

然而，在電子商務興起之前，美國零售產業就已被認為過度開發。據彭博報導，「這是因為數十年前順應郊區蓬勃發展，投資人將資金大量投入商業房地產。所有建物都要被商店填滿，而這種需求引起了創業投資（Venture Capital，簡稱創投）的關注。結果是催生幾乎所有產品種類的眾多商店進入大型商場時期（big-box era）——從像史泰博（Staples Inc.）的辦公用品公司到 PetSmart 和 Petco 等的寵物產品和服務零售商。」[20]

快轉到 2019 年，還有另一個重要因素正發揮其影響：消費者只是更少購買衣服了。《大西洋》（The Atlantic）在 2017 年的報告說，服飾業占美國消費者總支出的比例在本世紀劇烈下降了 20%。[21]

◎我們花較少錢在衣服上

什麼驅動了這個現象？首先，非必要支出（discretionary spend）被轉移到體驗上，讓購物者口袋裡少了很多可用於時裝花費的錢。在英國，巴克萊信用卡（Barclaycard）的數據顯示，2017 年在酒吧和餐廳的娛樂花費各有兩位數成長，而女性服裝的支出則下降了 3%。[22] 新衣服花費在全盛時期屬於非必要性，而緊縮的可支配所得和變換的消費者優先考量，此兩者結合確實打擊了服飾業。

其次，市面上明顯缺乏必須擁有的新時尚潮流。過去十年裡，由緊身牛仔褲引領風潮。第三，我們的人口正高齡化——隨著年紀增長，女性通常更少購買新衣服。這是英國百貨零售商馬莎百貨（Marks & Spencer）面臨的眾多問題之一，其核心客群多為五十五歲以上。事實上，執行長史帝夫·羅（Steve Rowe）在 2016 年表示，60% 的女性購物者購買的衣服數量比其十年前要少。[23]

消費者對回收和永續性的意識也不斷提升，更引領時尚產業導向完整循環。隨著越來越多的購物者在購買新產品之前會考慮再三，相關服務就應運而生。像 H&M 在德國推出的「Take Care」服務，其目的是透過提供免費維修和汙漬去除有關的建議，幫助購物者延長衣服的使用壽命。Zara 也有其衣物回收計畫（#joinlife）。對消費者，當然，還有地球來說很棒——但對於時裝銷售來說就沒那麼好。

最後，現今的工作場合更加休閒，導致購物者捨棄他／她們的西裝外套，且衣櫃風格轉向商用與休閒混合。查爾斯·泰

爾維特（Charles Tyrwhitt，譯注：英國男性商用衣飾品牌）創辦人尼克·惠勒（Nick Wheeler）曾公開表達了他對領帶退流行的沮喪：「這可是唯一有合理利潤的產品。」[24]

◎購物中心、百貨公司和超級商店：逐漸消亡？

消費者減少對新衣服的需求更讓購物中心憂慮，因為它們70%的購物空間過去都用來銷售服裝；到今日差不多是50%，而且筆者預估這個比例會逐漸下降。[25]根據商場經營管理顧問公司 GGP 的執行長山帝普·邁斯拉尼（Sandeep Mathrani）在2017年一次彭博採訪中表示，理想的現代購物中心應包含百貨公司、超市、Apple 直營店、特斯拉（Tesla）展售店，以及從網路起家的事業，如 Warby Parker。[26]筆者主張，一個 Amazon 的退貨區域也應該是其中的一部分，容我們後續再議。

根據戴德梁行的數據，在2010至2013年間，購物中心的造訪人數減少了50%，而且還在持續下降。[27]然而，需要鄭重說明的是，主要位於都會或觀光區的高階「特級購物中心」（A malls），正在對抗此一趨勢。事實上，20%的購物中心貢獻了總銷售額的近四分之三。[28]對於這些表現優異的購物中心而言，商場再造將是確保存活的首要條件。對於其他人來說，合理化改革是不可避免的：預計在2022年，美國會關閉20%至25%的購物中心。[29]

當然，今日不僅僅是購物中心空間過剩且缺乏相關價值。隨著品類殺手的消亡，我們認為郊區的超級商店和百貨公司是目前風險最高的零售形式。儘管這兩者之間有很多差異，但百

貨公司和超級商店的初衷是一樣的：一站式購物。過去，為這些「消費殿堂」提供十萬多平方英尺的零售空間是合理的，因能將眾多品牌集中在同一處。梅西百貨以其兩百五十萬平方英尺的紐約旗艦店是「世界上最大的商店」而聞名——它確實覆蓋了一整段城市街區；而在歐洲，家樂福和特易購特級市場（hypermarkets）的規模大到員工過去需要穿著溜冰鞋四處行動。將貨物堆得很高在過去可能有用；然而今日，僅僅是 Amazon 就存有數百萬項符合 Prime 標準的產品，傳統實體零售商仍能「將一切都集中在同一處以利供貨」的想法變得滑稽。

但零售業變動很快。僅僅數十年前，沃爾瑪還指望其大賣場（Supercenter）的概念成為零售業的未來。別忘了，在那個時代它是非常創新的。購物者不再需要前往一間間的專賣店，而一站式購物的便利性和低廉的價格更是一個成功的組合。早在 1997 年，當時的沃爾瑪執行長大衛・葛拉斯（David Glass）預言：「我相信大賣場將在未來十年引領潮流，而折扣商店（discount store）將淡出舞台。」值得注意的是當時的沃爾瑪，和大多數零售商一樣，都才剛開始探索「具未來性的想法，像是網路購物。」[30]

當然葛拉斯的預測是對的（雖然我們非常確定貝佐斯可以修正這個說法——電子商務將在未來十年引領潮流，而大賣場將遭逢與折扣商店一樣的下場）。從 1996 至 2016 年，沃爾瑪每年平均增開一百五十六間大賣場，這些新開張的商店中大多數是從既有折扣商店轉換而來，而不是新建的。然而，這是美國歷史上最重要的食品零售轉型過程，沃爾瑪有能力提供其低價和多樣商品類別的成功公式給過去欠缺服務的地區。

早在 2012 年，本書作者娜塔莉和零售分析師暨《沃爾瑪》一書的共同作者布萊恩・羅伯茲（Bryan Roberts），便曾預測沃爾瑪的大賣場模式將在 2020 年達到飽和。[31] 基於三大理由：折扣轉換的機會枯竭、人口成長趨緩和傳統實體零售商的利潤被網路零售商侵蝕。

如今，在世界上許多地區超級商店的概念正面臨變得過時的嚴重風險。經過每年開設數百家大型商場的二十年，到 2017 年，沃爾瑪在美國開業不到四十間。[32] 我們尚未發現商店整體數量減少，但仍堅持我們之前的預測，該模式很快將達到飽和。

在像英國這樣的市場中，「大賣場的死亡」更為明顯，因為英國的零售業受到對超級商店來說威脅最大的網路和折扣通路的影響甚鉅。英國國家統計局的數據顯示，在筆者 2018 年撰寫此書時，電子商務占英國整體零售總額的 17%，[33] 幾乎是美國的兩倍。[34] 與此同時，根據模範市場研究顧問股份有限公司（Kantar）的說法，奧樂齊超市和利多超市就占雜貨業的 12%。[35] 在過去十年中，這兩個通路的爆炸性成長，讓購物行為和期望產生巨大變化，其中最顯著的就是每週一趟的購物行程消失。

> 這是五、六十年僅一次的改變，最近的一次重大改變是超級市場（supermarket，下簡稱超市）（發生在 1950 年代）。我認為你現在看到的是根本的改變。
>
> 馬克・普萊斯勳爵（Lord Mark Price），前維特羅斯董事總經理（former Waitrose MD），2014 年 [36]

根據 2017 至 2018 年維特羅斯食品和飲品報告，今日有驚人的 65% 英國購物者每天不只去一次超市。[37] 顧客不再需要為了低價或各種商品跋涉到郊區的超級商店，線上零售確實正動搖超級商店的根本；同時，巷口的零售不再具有高標價優勢。現在的購物者買少量但是較常買，他們為「今晚」購物，因此會瀏覽眾多品牌。

購物習慣已根本性轉變的最明確證據就在超市的入口。在維特羅斯同一份報告中指出，過去一般的商店會為「每日購物者」準備兩百個大型購物推車和一百五十個淺底購物籃車；到 2017 年，情況已經逆轉：二百五十個淺底購物籃車，只有七十個大型購物推車。[38]「你推著購物車逛賣場一圈，為接下來的一週採買所有用品的概念已經過時了。」普萊斯說。

同時，百貨公司也不走運。自 2000 年以來，全美各地的百貨公司銷售額下跌了 40%。幾乎所有主要的上市百貨公司零售商都發現，百貨公司的銷貨力在過去十年不斷地下降。西爾斯曾是指標性的百貨公司，但現正緩慢地步向終點，見證了最戲劇性的衰亡：每平方英尺的銷售額從 2006 年的二百一十八美元，到 2016 年下跌了 56%，僅九十七美元。[39] 對於這個問題最明顯的解答呢？一大堆商店關閉。西爾斯、梅西百貨和傑西潘尼總共關閉了超過五百間商店。[40]

零售業的根本之道就是對顧客來說有實際價值（relevant）。這在零售業全盛時期是最基本的，但當背景是一個空間過剩的零售版圖和一個優先順序不斷改變的克制型消費者時，這一點就變得至關重要。為所有人提供所有用品不再是一個選項。事實上，我們可以說 Amazon 可能是當今世上唯一一家能夠透過

> 幾個世紀以來，他們一直試圖消滅我們。我們經歷過大賣場、超市、專賣店和現在的純電子商務。
>
> 英格列斯百貨公司（El Corte Ingles）董事長
> 迪馬斯・吉梅諾 Dimas Gimeno，2018 年 [41]

其無人能敵的產品種類和服務可及性（accessibility），為所有人提供所有用品的零售商——在金流和物流方面皆然。至於其他零售商，為了從眾多對手中脫穎而出，必須同時具備對目標顧客的清楚認知和真正具差異化的定位。

傳統的百貨公司如今不具那麼高的價值，肇因於幾項本質：

★**網購侵蝕**。雖然 Amazon 沒有公布該類別的數據，但它被認為是美國規模數一數二的服飾零售商。我們不認為線上零售商能夠完全取代如時尚和食品類別的實體購物體驗，但這不代表它們不會嘗試。更快的配送、更大方的退貨規定和尺寸丈量方法的改善，正幫助希望線上購買衣服的購物者增加信心。

　　正如我們在本章前面所述，線上零售正在侵蝕百貨公司的核心前提：一站式購物。據科文公司（Cowen and Company）所稱，美國百貨公司目前的線上銷售額約 15% 至 25%；然而許多分析師認為 35% 至 40% 即是線上服飾銷售的最高滲透率。因此，雖然有機會增加百貨公司的線

上銷售業績，但這確實會導致百貨公司內的閒置空間過剩。[42] 好消息是零售商可以發揮創意填補這些多餘空間，我們將在本書後續討論。

同樣值得注意的是，購物者曾有一陣子會向百貨公司的商店員工尋求知識和協助，這也是一個探索並對新產品動心的機會。當然，這在今日不太有價值，因為智慧型手機已成為購物者做決定前仰賴的顧問，且許多人經常在進入商店之前先在網路瀏覽。也就是說，我們相信百貨公司可以做更多的事情，以更全面地利用專櫃人員和試衣間製造體驗。

★**產品雷同和中階市場定位。**百貨公司的困境遠遠超過產品廣度的問題，這段時間以來，百貨公司的產品類別既無差異化又較不吸晴。事實上，根據 AlixPartners 顧問公司的估計，傳統百貨公司間的產品組成有 40% 的重覆率。但這些商店的同質性不總是這麼高。[43] 在那個時代，西爾斯願望書（Sears Wish Book）代表了你可以僅在一個地方找到最多樣的玩具選擇，而直到 1980 年代，傑西潘尼仍在銷售家用電器和車用產品。之後崛起的沃爾瑪和 Target 百貨公司等大型折扣商店，迫使各主要連鎖百貨公司合理化它們提供的一般商品，並將轉向聚焦在時尚上。如今，服飾、鞋類和飾品占大多數百貨公司銷售額的 80% 上下，與幾十年前相比，當時只有 50%。[44]

對時尚關注的增加，可能曾經有助於從不斷增長的超級商店威脅中脫穎而出；但今日，儘管它們盡最大努力投資在獨家的產品種類並與其他品牌合作，百貨公司仍然

看起來非常岌岌可危。所謂的快時尚連鎖店 Zara 可以在二十五天內將一件大衣從設計階段到完成商品上架。[45] 同時，廉價零售商（off-price retailers）的報價可比傳統百貨公司低了七成。[46] 這些實體零售商顛覆者的興起，意味著百貨公司不再最便宜，也不是最時髦或最方便的。而且我們都知道，在零售業中將自己定位在服務中階市場非常危險。

對這些新的競爭威脅最初的反射反應，是進行一段看似永久性的折扣活動；然而，這場競爭到最後只會侵蝕毛利率、貶低品牌形象並養成購物者只在促銷時期消費。現在，百貨公司選擇了更具永續性的策略——「如果不能打敗它們，那就加入它們」，也就是加強提供自己的廉價產品。實際上，在 2018 年撰寫此書時，越來越多的傳統連鎖百貨公司裡比起原價商店有更多的暢貨中心和廉價商店。[47] 儘管存在蠶食既有商店的風險，這種形式對於當今的現代購物者來說，更有實際價值。

百貨公司對改造並不陌生，我們將在後面更詳細地討論它們如何與 Amazon 和其他線上零售商並存；但現在不可否認的是，將來只會留下更少的百貨公司。

千禧世代、極簡主義和謹慎消費

在 1995 年《零售研究期刊》（*Journal of Retailing*）的文章中，經濟學家暨零售分析師維克托‧萊博（Victor Lebow）寫道：

我們極富生產力的經濟環境要求我們將消費作為我們的生活方式，並將購買和使用商品轉化成儀式，也就是我們從消費行為中尋求精神滿足和自我價值的滿足。現在從我們的消費模式中可以找到社會地位、社會接受度和名聲的衡量標準。今日生活的意義和重要性是以消費術語來表達……我們需要以不斷增加的速度消耗、燃燒、磨損、替換和丟棄東西。

　　在過去的一個世紀裡，美國文化一直被消費主義把持。但一切都不一樣了。根據皮尤（Pew）研究中心的資料，千禧世代，定義為出生於 1980 至 1996 年間的人，現在人數已超過 1946 至 1964 年出生的嬰兒潮世代，成為美國現存人數最多的世代。[48] 當然，其後的人口統計資料如 Z 世代等許多世代樣貌也需要納入考量。然而，千禧世代有特別的重要性，因為他們處在消費年代的高峰期，但其價值觀和消費習慣與前幾代人大不相同。

　　正如摩根史坦利在 2016 年的觀察：

　　　　教育支出可能會定義千禧世代擁有房屋的方式，而雙車庫則是嬰兒潮世代的象徵。平均而言，二十五歲以下的千禧世代花在教育上的總支出是其父母的兩倍。成本上升代表有更多的就學貸款，這就抑制了消費。[49]

　　事實上，根據摩根史坦利的數據，從 2005 至 2012 年，三十歲以下的美國人平均的就學貸款金額幾乎翻了一倍，從一

萬三千三百四十美元增加到兩萬四千八百九十七美元。受過教育但背負著債務,越來越多千禧世代選擇極簡但有意義、具有社會意識的生活方式。這導致了世代的購買習慣轉變,並將在未來幾十年對零售業產生巨大影響。

瓜分錢包的爭鬥將加劇,不僅因支配市場的主要消費族群是數位原生的千禧世代,我們也會繼續看到從購買實體產品改成像旅遊、娛樂和外食等體驗的跨世代轉變。在 2017 年 Shoptalk 會議的演講中,萬事達卡的資深副總裁莎拉・昆蘭(Sarah Quinlan)指出,2016 年美國排名第一的聖誕禮物是機票——而第二名是飯店抵用券;[50] 同時,IKEA 認為我們達到了「消費品的顛峰」[51];博姿藥妝(Boots)執行長賽巴斯丁・詹姆斯(Seb James)認為「現在的購物者對所有權僅輕輕帶過」。在後面章節,我們將討論零售商如何調整商店以適應新興的共享和體驗經濟。

毫無疑問,輕資產千禧世代高度重視體驗——社群媒體尤其助長了錯失恐懼症(FOMO,Fear of Missing Out 的簡稱)因子,但不只有千禧世代轉向體驗消費。萬事達卡的莎拉・昆蘭在 2017 年的企業訪談中做了很好的結論:

> 以前,如果你購買越多的商品,可以表示你的社會地位。現在……我們非常鍾愛我們的家人和朋友,並想花時間與他們相處。因此,我們看到在旅遊、飯店、航空公司、火車、音樂會門票等等的支出增加。而這正是人們所重視的——與家人朋友共享佳餚而不只是買東西。[52]

根據美國人口調查局（US Census Bureau）的數據，2015年，有史以來第一次，美國人在餐廳和酒吧所花的錢比在超市多。[53] 2016年，「外食」（food away from home）和「娛樂」的自由支配類別的支出繼續增長，繼前一年增加的8%和4%後，又分別增加5%和3%。

　　毫不意外，零售商正拚命地重新打造它們的實體據點，以便定位自己為更少交易和更具體驗性的場所，後續我們將更詳細探討此一主題。德本漢姆公司董事長伊恩・切斯爵士說：「僅僅擁有商品是不夠的，必須把它們包裝進一系列的體驗中。」[54]

　　同樣重要的是，消費者在醫療保健、保險和養老金等必需品將投入更多。根據德勤（Deloitte）的數據，醫療保健占個人消費支出總額的比例，從2005年的15.3%上升至2016年21.6%。[55]

　　最重要的就是，在物質事物上花費的錢越來越少，零售商自然將必須調整它們的商店組合，來因應這個看似為永久性的消費模式變化。

　　我們該如何總結呢？一些零售商的末日，但卻是大多數零售商轉變的契機。

1. Kavita Kumar (2018) Amazon's Bezos calls Best Buy turnaround 'remarkable' as unveils new TV partnership, *Star Tribune*, 19 April. 連結：http://www.atartribune.com/best-buy-and-amazon-partner-up-in-exclusive-deal-to-sell-new-tvs/480059943/ [最後瀏覽日：2018 年 11 月 2 日]。

2. Melissa Wylie (2018) No relief for retail in 2018, *Bizjournals*, 2 January. 連結：https://www.bizjournals.com/bizwomen/news/latest-news/2018/01/no-relief-for-retail-in-2018.html [最後瀏覽日：2018 年 3 月 29 日]。

3. Lauren Thomas (2017) Bankruptcies will continue to rock retail in 2018, *CNBC*, 13 December. 連結：https://www.cnbc.com/2017/12/13/bankruptcies-will-continue-to-rock-retail-in-2018-watch-these-trends.html [最後瀏覽日：2018 年 3 月 29 日]。

4. Chris Isidore (2017) Malls are doomed: 25% will be gone in 5 years, *CNN*, 2 June. 連結：http://money.cnn.com/2017/06/02/news/economy/doomed-malls/index.html [最後瀏覽日：2018 年 3 月 29 日]。

5. Ashley Armstrong (2018) What will 2018 have in store for the retail sector?, *Telegraph*, 2 January. 連結：https://www.telegraph.co.uk/business/2018/01/02/will-2018-have-store-retail-sector/ [最後瀏覽日：2018 年 3 月 29 日]。

6. Polina Marinova (2017) This is only the beginning for China's explosive e-commerce growth, *Fortune*, 5 December. 連結：http://fortune.com/2017/12/04/china-ecommerce-growth/ [最後瀏覽日：2018 年 3 月 29 日]。

7. Ed Bowsher (2018) Online retail sales continue to soar, *Financial Times*, 11 January. 連結：https://www.ft.com/content/a8f5c780-f46d-11e7-a4c9-bbdefa4f210b [最後瀏覽日：2018 年 6 月 28 日]。

8. BRC (2018) 'Every Industrial Revolution has brought long-term benefits but always goes through short-term pain', Doug Gurr, UK Country Manager, @Amazon UK #BRCAnnualLecture [Twitter] 12 June. 連結：https://twitter.com/the_brc/status/1006597059615608832 [最後瀏覽日：2018 年 6 月 29 日]。

9. Treacy Reynolds (2017) Holiday Retail Sales Increased 4 percent in 2016, *National Retail Federation*, 13/1. 連結：https://nrf.com/blog/holiday-retail-sales-increased-4-percent-2016 [最後瀏覽日：2018 年 6 月 29 日]。

10. Zachary Davies Boren (2014) There are officially more mobile devices than people in the world, *Independent*, 7 October. 連結：https://www.independent.co.uk/life-style/gadgets-and-tech/news/there-are-officially-more-mobile-devices-than-people-in-the-world-9780518.html [最後瀏覽日：2018 年 3 月 29 日]。

11. Anonymous (2017) Push Growth Seminar 15 May 2017 [Blog] *The Internet Retailer* 17 May. 連結：http://www.theinternetretailer.co.uk/582-push-growth-seminar-15th-may-2017-google-headquarters-st-giles-high-street-london/ [最後瀏覽日：2018 年 3 月 29 日]。

12. Travis M Andrews (2017) Nordstrom's wild new concept: a clothing store with no clothes, *Washington Post*, 12 September. 連結：https://www.washingtonpost.com/news/morning-mix/wp/2017/09/12/nordstroms-wild-new-concept-a-clothing-store-with-no-clothes/?noredirect=on&utm_term=.bed99d644159 [最後瀏覽日：2018 年 6 月 29 日]。

13. Emarketer (2018) Worldwide retail and ecommerce sales. 連結：https://www.emarketer.com/Report/Worldwide-Retail-Ecommerce-Sales-eMarketers-Updated-Forecast-New-Mcommerce-Estimates-20162021/2002182 [最後瀏覽日：2018 年 2 月 29 日]。

14. Shira Ovide (2018) How Amazon's bottomless appetite became corporate America's nightmare, *Bloomberg*, 17 March. 連結：https://www. bloomberg.com/graphics/2018-amazon-industry-displacement/ [最後瀏覽日：2018 年 3 月 29 日]。

15. Ted Sullivan (2008) Borders: Interview with CEO George Jones, *Seeking Alpha*, 7 October. 連結：https://seekingalpha.com/article/98837-borders-interview-with-ceo-george-jones [最後瀏覽日：2018 年 6 月 28 日]。

16. Brad Stone (2013) *The Everything Store*.

17. PWC (2017) 10 retailer investments for an uncertain future. 連結：https://www.pwc.com/gx/en/industries/assets/total-retail-2017.pdf [最後瀏覽日：2018 年 3 月 29 日]。

18. Fung Global Retail & Technology (2016) Deep dive: the mall is not dead: part 1. 連結：https://www.fungglobalretailtech.com/wp-content/uploads/2016/11/Mall-Is-Not-Dead-Part-1-November-15-2016.pdf [最後瀏覽日：2018 年 3 月 29 日]。

19. Cowen and Company (2017) Retail's disruption yields opportunities–store wars! 連結：https://distressions.com/wp-content/uploads/2017/04/Retail_s_Disruption_Yields_Opportunities_-_Ahead_of_the_Curve_Series_Video_-_Cowen_and_Company.pdf [最後瀏覽日：2018 年 3 月 29 日]。

20. Townsend, Matt et al (2017) America's 'retail apocalypse' is really just beginning, *Bloomberg*, 8 November. 連結：https://www.bloomberg.com/graphics/2017-retail-debt/ [最後瀏覽日：2018 年 3 月 29 日]。

21. Derek Thompson (2017) What in the world is causing the retail meltdown of 2017? *The Atlantic*, 10 April. 連結：https://www.theatlantic.com/business/archive/2017/04/retail-meltdown-of-2017/522384/ [最後瀏覽日：2018 年 3 月 29 日]。

22.Next PLC 2017 annual report (2018) 連結：http://www. nextplc.co.uk/~/media /Files/N/Next-PLC-V2/documents/reports-and-presentations/2018/Final%20 website%20PDF.pdf [最後瀏覽日：2018 年 6 月 28 日]。

23.Andrea Felsted and Shelly Banjo (2016) Apparel Armageddon across the Atlantic, *Bloomberg*, 31 May. 連結：https://www.bloomberg.com/gadfly/articles /2016-05-31/women-curtailing-clothes-shopping-hit-uk-us-retailers-iov824k1 [最後瀏覽日：2018 年 6 月 28 日]。

24.Gemma Goldfingle (2018) Charles Tyrwhitt founder Nick Wheeler laments the fact that no-one buys ties anymore: 'It's the only bloody product that has a decent margin', #TDC18 [Twitter] 30 January. 連結：https://twitter.com/gemm agoldfingle/status/958279318068760578 [最後瀏覽日：2018 年 3 月 29 日]。

25.Anonymous (2017) This whole 'malls are dying' thing is getting old, mall CEOs say, *Investors.com*, 12 April. 連結：https://www.investors.com/news/ this-whole-malls-are-dying-thing-is-getting-old-mall-ceos-say/ [最後瀏覽日： 2018 年 3 月 29 日]。

26. 同注 27。

27.Derek Thompson (2017) What in the world is causing the retail meltdown of 2017? *The Atlantic*, 10 April. 連結：https://www.theatlantic.com/business/archive /2017/04/retail-meltdown-of-2017/522384/ [最後瀏覽日：2018 年 3 月 29 日]。

28.Fung Global Retail & Technology (2016) 'Deep Dive: The Mall Is Not Dead: Part 1' [Online] https://www.fungglobalretailtech.com/wp-content/ uploads/2016/11/Mall-Is-Not-Dead-Part-1-November-15-2016.pdf [最後瀏覽 日：2018 年 3 月 29 日]。

29.Chris Isidore (2017) Malls are doomed: 25% will be gone in 5 years, *CNN*, 2 June. 連結：http://money.cnn.com/2017/06/02/news/economy/doomed-malls/ index.html [最後瀏覽日：2018 年 3 月 29 日]。

30.Walmart 1997 Annual Report. 連結：http://stock.walmart.com/investors/finan cial-information/annual-reports-and-proxies/default.aspx [最後瀏覽日：2018 年 6 月 28 日]。

31.Natalie Berg and Bryan Roberts (2012) *Walmart: Key insights and practical lessons from the world's largest retailer* (London: Kogan Page).

32.Walmart 10-K 年度報告，作者研究。

33.Office for National Statistics (2018) Retail sales, Great Britain: February 2018. 連結：https://www.ons.gov.uk/businessindustryandtrade/retailindustry/ bulletins/retailsales/february2018#whats-the-story-in-online-sales [最後瀏覽 日：2018 年 3 月 29 日]。

34.U. S. Census Bureau News (2018) Quarterly retail e-commerce sales 4th quarter 2017. 連結：https://www.census.gov/retail/mrts/www/data/pdf/ec_curr ent.pdf [最後瀏覽日：2018 年 3 月 29 日]。

35.Fraser McKevitt (2017) Lidl becomes the UK's seventh largest supermarket, *Kantar*. 連結:https://uk.kantar.com/consumer/shoppers/2017/september-kantar -worldpanel-uk-grocery-share/

36.Graham Ruddick (2014) Supermarkets are 20 years out of date, says Waitrose boss, *Telegraph*, 22 October. 連結:http://www.telegraph.co.uk/finance/newsby sector/epic/tsco/11178281/Supermarkets-are-20-years-out-of-date-says-Waitrose-boss.html [最後瀏覽日:2018 年 3 月 29 日]。

37.John Lewis Partnership (2017) The Waitrose Food & Drink Report 2017–2018. 文件連結:http://www.johnlewispartnership.co.uk/content/dam/cws/pdfs /Resources/the-waitrose-food-and-drink-report-2017.pdf [最後瀏覽日:2018 年 3 月 29 日]。

38. 同前注。

39.Fung Global Retail & Technology (2017) Deep dive: the mall is not dead: part 2. 文件連結:https://www.fungglobalretailtech.com/wp-content/uploads/2017 /09/The-Mall-Is-Not-Dead-Part-2%E2%80%94-The-Mall-Is-in-Need-of-Transformation-September-6-2017.pdf [最後瀏覽日:2018 年 3 月 29 日]。

40.Leanna Garfield (2017) 17 photos show the meteoric rise and fall of Macy's, JCPenney, and Sears, *Business Insider*, 3 September. 連結:http://uk.businessinsider .com/department-store-sears-macys-jcpenney-closures-history-2017-8 [最 後 瀏覽日:2018 年 3 月 29 日]。

41.Emily Hardy (2018) Alvarez says (unsurprisingly) that 'department stores are great & have a great future'. 'They've been trying to kill us for centuries. We've been through hypermarkets, supermarkets, the specialists & now pure plays. It's just about finding what makes you different.' [Twitter 原文] 19/4. 連結: https://twitter.com/Emily_L_Hardy/status/986958259801198592 [最 後 瀏 覽日:2018 年 6 月 28 日]。

42.Cowen and Company (2017) Retail's disruption yields opportunities–store wars! 連 結:https://distressions.com/wp-content/uploads/2017/04/Retail_s_ Disruption_Yields_Opportunities_-_Ahead_of_the_Curve_Series__Video_-_ Cowen_and_Company.pdf [最後瀏覽日:2018 年 3 月 29 日]。

43.Phil Wahba (2017) Can America's department stores survive? *Fortune*, 21 February. 連結:http://fortune.com/2017/02/21/department-stores-future-macys -sears/ [最後瀏覽日:2018 年 3 月 29 日]。

44. 同前注。

45.Marc Bain (2017) A new generation of even faster fashion is leaving H&M and Zara in the dust, *Quartz*, 6 April. 連結:https://qz.com/951055/a-new-gener ation-of-even-faster-fashion-is-leaving-hm-and-zara-in-the-dust/ [最 後 瀏 覽 日:2018 年 3 月 29 日]。

46. Laura Klepacki (2017) Why off-price retail is rising as department stores are sinking, *Retail Dive*, 1 February. 連結：https://www.retaildive.com/news/why-off-price-retail-is-rising-as-department-stores-are-sinking/434454/ [最後瀏覽日：2018 年 3 月 29 日]。

47. McKinsey (2016) 'The State of Fashion 2017' [Online] https://www.mckinsey.com/~/media/mckinsey/industries/retail/our%20insights/the%20state%20of%20fashion/the-state-of-fashion-mck-bof-2017-report.ashx [最後瀏覽日：2018 年 3 月 29 日]。

48. Travis M Andrews (2016) It's official: Millennials have surpassed baby boomers to become America's largest living generation. *The Washington Post*, 26/4, 連結：https://www.washingtonpost.com/news/morning-mix/wp/2016/04/26/its-official-millennials-have-surpassed-baby-boomers-to-become-americas-largest-living-generation/?utm_term=.84adab7ac6d2 [最後瀏覽日：2018 年 3 月 29 日]。

49. Morgan Stanley (2016) Generations change how spending is trending, 26 August. 連結：https://www.morganstanley.com/ideas/millennial-boomer-spending [最後瀏覽日：2018 年 3 月 29 日]。

50. 萬事達卡的莎拉・昆蘭（Sarah Quinlan），在 2017 年 Shoptalk 會議上，根據 2016 年聖誕節狀況所發表的演講內容。Sarah Quinlan from Mastercard, speech at Shoptalk Copenhagen Oct 2017 based on Christmas 2016.

51. Sean Farrell (2016) We've hit peak home furnishings, says Ikea boss, *Guardian*, 18 January. 連結：https://www.theguardian.com/business/2016/jan/18/weve-hit-peak-home-furnishings-says-ikea-boss-consumerism [最後瀏覽日：2018 年 3 月 29 日]。

52. Mastercard News (2017) Sarah Quinlan on how consumers choose experiences and services over goods (Online video). 連結：https://www.youtube.com/watch?v=hCiZqtSDumY [最後瀏覽日：2018 年 6 月 28 日]。

53. Derek Thompson (2017) What in the world is causing the retail meltdown of 2017? *The Atlantic*, 10 April. 連結：https://www.theatlantic.com/business/archive/2017/04/retail-meltdown-of-2017/522384/ [最後瀏覽日：2018 年 3 月 29 日]。

54. Helen Cahill (2017) Debenhams boss shuns selling stuff, *City A.M.*, 4 April. 連結：http://www.cityam.com/262339/debenhams-boss-shuns-selling-stuff [最後瀏覽日：2018 年 3 月 29 日]。

55. Akrur Barua and Daniel Bachman (2017) The consumer rush to 'experience': Truth or fallacy? *Deloitte*, 17 August. 連結：https://dupress.deloitte.com/dup-us-en/economy/behind-the-numbers/are-consumers-spending-more-on-experience.html#endnote-sup-5 [最後瀏覽日：2018 年 3 月 29 日]。

純電商的終結：
Amazon轉向傳統實體零售

> 做一間純電商公司相較於過去不再那麼獨特。競爭越來越激烈，越來越多的消費者不深究線上或線下——他們只考慮零售。
>
> 泰瑞·萊希爵士（Sir Terry Leahy），
>
> 特易購前執行長[1]

　　既然我們已經確立為適應購物習慣的變化，會有更多商店關閉，你理應會想問：為什麼我們現在討論的是電商的死亡而不是商店的死亡？

　　簡單的答案是，儘管線上零售業呈爆炸性成長，全球仍有高達 90% 的零售銷量發生在傳統實體商店。[2] 實體零售必須進化，但它肯定不是正在消失。表現不佳的零售商將被淘汰、無差異化的零售商將變得脆弱、產能過剩的問題將被解決。但別弄錯了——傳統實體商店將在未來幾十年繼續在零售業中扮演關鍵的角色。

> 實體商店不會消失。電子商務將成為萬事萬物中的一部分，而不是全部。
>
> 傑夫·貝佐斯，2018 年[3]

　　事實上，筆者認為，隨著科技持續弭平線上和線下之間的

障礙，那些沒有實體據點的零售商在今日看似有較明顯的缺點。由於前述的實體空間需求，讓純線上零售商可以享有較低的間接成本——從而壓低價格的好日子已經過了。僅提供網路服務的零售商曾有的結構性經濟優勢已經消失。

2015 年，娜塔莉寫了一份預測純電商將在 2020 年大舉停業的報告，[4] 在當時遭到一定程度的質疑聲浪。其中最值得注意的可能是時任 Shop Direct 的執行長——備受推崇的艾力克斯・巴爾多克（Alex Baldock），在零售週大會（Retail Week conference）的演講中公開反駁我們的主張。[5] 但你期待一個純電商零售業者的老闆會不去捍衛純電商形式嗎？

今天，從「線上到線下」（online to offline）的概念已成為一種理所當然的趨勢，甚至還有專門的縮寫：O2O。從上述的報告出版之後，我們已看到數十個知名的數位原生品牌跨入實體領域。最值得留意的是電商巨擘 Amazon 和阿里巴巴，推出從融入科技的書店到免結帳超市等的新零售概念，向零售界發出清楚的訊息，表明它們對未來的願景絕對包括實體店面。而以下消息更超越了單設一間旗艦店——線上零售商京東的目標是每天在中國開設一千間店。

阿里巴巴的創始人馬雲將我們的最初預測向前推進一步，他認為「純電商將被簡化為傳統業務，且被新零售概念——跨越單一價值鏈的線上、線下、物流和數據整合所取代。」[6]

在本章裡，我們將探討推動線上到線下此一趨勢的要素，特別是 Amazon 轉向實體零售的做法，以及實體和數位世界的加速匯聚，將如何導致零售商調整其商業模式。

下一代的零售業：追求全通路

在我們深入了解 O2O 趨勢之前，非常重要的是先了解實體和數位零售兩者更全面性地融合。今日的消費者真的不了解通路和設備，「消費者並不在乎線上和線下。」阿里巴巴歐洲區總經理特里・馮・比布拉（Terry von Bibra）表示。「世上沒有消費者會在早上起床時說『我要線上買鞋子』，或者進入一家電器用品賣場說：『我要線下買台冰箱』。唯一在意線上或線下的是那些賣鞋或冰箱的人。」[7]

> 通路（線上或商店）的時代已經結束。我們現在真正面對的是一個對於消費者而言通路完全合而為一的世界，我們必須這樣思考。
>
> 寶拉・尼克斯（Paula Nickolds），
> 約翰路易斯（John Lewis）董事總經理，2017 年 [9]

消費者想要的是無阻力的體驗，無論用來搜尋、瀏覽、購買或取貨的通路或設備有多少，無縫購物都是絕對內含的期望。達到這種要求絕非易事，事實上，我們已經計算出現今有超過兩千五百種購物方式。購買的路徑不再是線性的——新的顧客接觸點正在傳統零售通路以外的地方湧現，而當新的接觸點結合增加中的各式運送服務時，意味著購物者擁有比過往都還要多樣的選擇。

這一點都不奇怪，像全通路（omnichannel）、連接、無縫和無阻力零售，以及我們大膽使用的嚇人複合詞——實體數位化（phygital），這些術語在過去十年中掌握產業中的話語權。雖然有點搭上流行用語的成分，但它們的用意是有理的——傳統實體零售商不僅要投資在數位化能力，也必須確保線上和線下的體驗一致。換句話說，零售商需要像它們的購物者一樣思考。

> 仍然沒有事物能取代親手摸到、感覺到、看到產品。我們預見未來有更多的整併。
>
> 道格・葛爾，
> **Amazon** 英國區總經理，**2018** 年[9]

那全通路零售如何落實在實務中呢？一位母親要買雙新鞋給她兒子，她上網搜尋鞋款——桌機、手機或平板，然後到店裡量兒子腳的尺寸。她想要的鞋款缺貨，因此店員提供另一家有貨的分店資訊或直接將鞋配送到顧客家中。在這種情況下，儘管顧客沒有帶走她打算購買的商品，但她仍然感到滿意。零售商能夠提供卓越的顧客服務——透過科技達成。

按照現在的標準，這聽起來可能相當簡單，但是絕大多數的零售商缺乏統一的庫存檢視介面，而且很多就是因其架構設計而無法達到這種服務水平。儘管整個產業都聚焦在創造一致的顧客體驗，但許多零售商仍閉門造車，讓其線上和實體部門

分別朝向不同的目標前進。

　　但是，自智慧型手機問世之後，我們已經有了進展，那時我們也聽說過焦慮的零售商配置了干擾無線訊號的發射器，以防止購物者使用他們的設備來搜尋更便宜的價格。他們當時還不知道「展示廳現象」（showrooming）（譯注：消費者在實體商店檢視商品後，再利用其他管道購買的消費行為。）會對購物產生深遠的影響，而我們理解它就等於理解電商的成長。

　　同樣地在電商早期，實體零售店的經理會抱怨越來越多的顧客上網購買不需要的產品後想把它退回店裡。從顧客的角度來看這是最簡單的做法，他們不想重新包裝，還可能需要另付郵資。當零售商在離顧客幾公尺的當地主要購物街上有間分店時，他們為什麼要多繞去郵局？

　　但許多零售商並未處理好逆向物流的影響，導致在一些早期案例中，實體商店經理拒絕接受線上購物的退貨。然而，零售商很快意識到提供這項便利服務的價值，透過網路訂購、實體通路取貨來履行訂單，使其成為優勢。如今，如果購物者不喜歡她收到的鞋子，通常可以透過郵寄方式免費退回或拿去實體商店退貨，儘管商店常是以下單或結帳的地點來統計銷量（或退貨量）。

　　對於那些商業模式受到 Amazon 效應和「展示廳現象」兩大威脅打擊的零售商而言，整合數位商店或轉型已成為一項重要的戰略要務。這不僅意味著，或許違反直覺地，透過提供顧客免費、安全的無線網路（特別是在行動網路訊號無法到達的地方）來利用展示廳現象，還運用該連線獲得有關顧客流量、動線、停留時間和購買行為等詳細資訊，並用它來改善商店中

的顧客體驗和提供的內容。

隨著科技快速地弭平線上和線下之間的障礙，零售商被迫提供更連貫的零售體驗，進而提高顧客滿意度。現在讓我們來看看落實此目標的具體技術和相關創新。

融合實體和數位零售的關鍵驅動因素

◎行動科技的關鍵角色

正如前一章所討論的，行動設備真正改變了我們的購物方式，不只是因為創造出無盡的新購物機會，更是因為扮演了線上和線下零售間亟需的橋梁。

知識就是力量

有自己的個人購物伙伴相助，消費者就能在商店內外都做出更明智的選擇。那這如何影響傳統實體店的購物體驗呢？簡言之，它賦予顧客更大的權力。在可及性、速度和便利性方面，我們的手機大幅改善店內的體驗——並在所有過程中提高了期望。今天，大部分銷售都受到數位化的影響。[10] 比價代表造訪多間實體商店的日子已不再。現在，當購物者想了解更多有關產品的資訊時，向我們的手機諮詢往往比找個商店服務員更快。

這裡值得指出，線上搜尋產品的首站不是 Google，它甚至不是個搜尋引擎，而是 Amazon。[11] Amazon 結合無可匹敵的產品種類和眾多顧客評論的寶庫，對於尋求產品資訊的消費者來說，是個可靠又方便的來源。事實上，美國有超過一半的線上

購物者在取得有用的產品資訊上最信任 Amazon。[12] 僅憑這一統計數據，就足以讓整個零售業膽顫心驚，特別對傳統實體零售商來說，它放大了價格透明度和供貨庫存量的雙重挑戰。如果現場遇到產品缺貨或不滿意定價的狀況，那麼 Amazon 就處於能以行動交易鯨吞此類銷售的最佳位置。

> 很多人以為我們的主要競爭對手是 Bing（譯注：微軟推出的搜尋引擎）或雅虎（Yahoo）。但說真的，我們搜尋的最大競爭者是 Amazon。
> 前 Google 董事長艾瑞克・施密特（Eric Schmidt），
> 2014 年 [13]

運用行動設備甚至可以幫助今日的購物者，在採買雜貨時做更明智的判斷。例如，沃爾瑪希望未來其購物者能在把手機對準一樣水果時，就知道它的新鮮程度。

無阻力、個人化的體驗——行動設備以及其延伸

行動設備也提供無數的機會讓零售商能為他們的顧客創造更方便和量身打造的體驗。但在真的進入商店前，零售商應該要能線上吸引顧客目光，在「網路搜尋、瀏覽和發現」的階段中先馳得點，並清楚地串連到實體店面。一旦成功，零售商就需要給顧客一個造訪實體商店的理由。許多人已嘗試提供願望清單、食譜或購物清單以及店內使用的優惠、特別活動和本地

促銷，來驅使線上顧客前往實體商店。

　　但當顧客進到店裡時，零售商就必須處理兩項最大的採購煩惱（特別在雜貨店內）：找到產品並且排隊等待結帳。行動科技在這兩種情況都扮演要角，首先，對於改進路線指引，零售商採用一系列技術來處理店內圖資系統，包括無線網路、藍牙、音訊、影像和磁性定位，擴增實境（AR）和 3D 虛擬化，讓顧客使用店內的行動設備以利更快找到他們要的產品。預期未來有更多零售商綁定店內路線指引和個人化、即時的優惠項目，以複製過去只能線上經歷的深度客製化體驗。與個人行動設備搭配使用的 Beacon 技術（譯注：使用低功耗藍牙技術的精準定位，可應用於推播訊息給店內顧客）和擴增實境正為零售商提供新的機會，將相關優惠提供給店內的特定購物者。運用科技，零售商總在便利性和驚悚感間遊走，但研究顯示，多數購物者都樂於接受對他們有用的即時報價。[14] 如前所述，我們相信塑膠材質、點數制的會員卡將成為過去，因零售商希望數位化其忠誠方案——而行動設備自然會在此扮演關鍵角色。

　　其次，減少結帳的阻力已是熱門話題，Amazon 最著名的嘗試即為 Amazon Go 便利商店——省略支付流程，特別是結帳環節。我們將在之後的章節更深入地討論，但這裡最重要的是數位整合和導向更多無現金交易的實際方法，正被應用於加速授權，更進一步地縮短排隊流程。例如，雜貨店對自助結帳並不陌生，仰賴顧客自己替商品掃描、裝袋和為自己的商品結帳，來達到比人工結帳櫃檯更快速的處理速率；甚至有中斷排隊系統（queue-busting system）讓店員為排隊中的顧客結帳；接受「一拍即付」（tap and go）的感應式或行動電子錢包支付則是

幫助顧客完全省略排隊結帳麻煩的另一步。

此外，取代傳統的紙製標籤和海報的電子看板，能成為方便顧客取得資訊的連接點——在貨架上的電子標籤自己就與顧客的行動設備或應用程式相連。雖然行動科技在實體店內的體驗數位化中發揮關鍵作用，但同樣重要的是強調出其他有助於弭平線上和線下零售之間障礙的技術。例如，電子看板還有個好處，就是能讓零售商動態顯示調整過的價格和促銷活動，因而拓展出另一種方式來跟上網路的步調。時裝零售商可用所謂的「智慧穿衣鏡」或「魔鏡」，來幫助購物者看到推薦的互補商品或替代的品項，在社群網路上與朋友分享他們的治裝計畫，或甚至單純呼叫店員協助拿取不同尺寸等等。同時，無數的通道和行動櫃位（mobile kiosk）使零售商能夠提供超越傳統、實體限制的無限產品種類。

那些率先將數位科技整合進商店的實體零售商了解這些付出能夠整合線上購物的優點——取得產品和了解供貨量的方式，以及無法複製在網路上，僅實體店能提供的特點——感受和觸摸到產品的能力。在這種情況下，一些零售商已開始賦予他們的店員能接觸到與其顧客相同的產品、定價和供貨量等資訊，因此店員可以「拯救該筆交易」，透過從其他商店調貨後，客人自取或網路下單後宅配到府取貨。例如，英國鞋類零售商Dune 的庫存一覽介面讓他們每週調動數千雙鞋，在換季清倉特賣時，他們能確保配送正確的商品到對應的商店。最重要的是，該系統還提供零售商從任一通路履行訂單的靈活性，即便它們已賣到最後一雙。

同時，零售商還採用擴增實境和虛擬實境（virtual reality,

VR）體驗，更模糊了線上和線下的疆界。像時裝連鎖品牌 Zara，在與 ASOS 和 Boohoo（譯注：英國快時尚品牌）等純電商對手的競爭加劇的狀況下，在 2018 年開始嘗試虛擬實境的體驗。在實體商店內購物者將其手機放在商店櫥窗或感應器上，就可以看到虛擬模特兒疊加到螢幕的圖像裡。不僅能讓店內購物者點擊購買該商品，線上購物者也能將手機靠近 Zara 寄送來的包裹以驅動應用程式。行動設備確實讓混合式的購物體驗成真，而這情況在未來只會加速上演。

◎網路訂購、實體商店取貨與退貨

　　談到訂單履行，線上和線下的界線也正變得模糊。對現在許多購物者而言，到實體地點是收取和退回網路訂貨的首選。零售商同樣被鼓勵推動此類行為，因為利用他們的實體商店作為取貨點比宅配到府還更具成本效益，且一旦到店內通常會有額外的消費。在 Target 百貨公司，線上訂單的取貨者有三分之一會購買其他東西；而梅西百貨的購物者通常會在取貨後，額外在店內消費 25%。[15]

　　不到五年，網路訂購實體商店取貨的方式，已經從過去一種與英國零售商愛顧商店（Argos）有關的奇特商業模式（當時還不知道它們是先驅）變成零售產業的先決條件。現在很難想像一個成熟零售市場中，某家零售商會不允許其顧客從實體店內收取線上訂購的貨品。網路訂購、實體商店取貨的顯著增長，證明購物者想將線上購物的好處──商品多樣性和方便，結合實體商店取貨的簡易。畢竟，90% 的美國人住在離沃爾瑪商店

十英里內，[16] 而在法國，購物者可以在離家八分鐘內的車程找到一間家樂福商店。[17] 別小看大型跨國企業掌握的實體基礎建設優勢。

零售商也在重新配置店內設計，來處理更多的退貨量。過往零售業的退貨率還低於銷量的 10%。今日由於蓬勃的電子商務和提高的顧客期望，退貨率更接近 30%，在服飾這種類別裡，可能更高達 40%。[18] 現在的購物者當然希望能將不想要的線上訂購商品拿到對他們最方便的地方退——不管當初購買的通路為何。

再一次，這凸顯實體商店不斷演變的關鍵角色。家得寶的線上退貨有高達 85% 在實體店內完成。[19]BORIS（網路購買、店面退貨，Buy Online Return In Store 的首字母縮寫）是多通路零售商另一個機會，得以利用其實體商店搭上線上零售成長的順風車——不僅是從滿足今日很多要求的顧客角度來看，而是與網路訂購、實體商店取貨同樣道理，零售商可能會從額外消費中受益。根據 UPS 的說法，將線上訂單退貨回實體商店的購物者中，有三分之二的人在店內買了別的東西。[20]

既然有 60% 的購物者寧願將線上訂單退回傳統實體商店，BORIS 趨勢就凸顯出純線上零售商的另一個劣勢。[21] 所以 Amazon 進軍實體零售市場就是先裝設 Amazon 置物櫃（也是收購全食超市後的首批改變之一）並非巧合，此舉為購物者提供一項去郵局取貨或退貨的替代方案。

許多純電子商務零售商正同樣地與傳統實體零售商合作，為購物者提供更多選擇和便利性。例如在英國，沃爾瑪旗下的阿斯達（譯注：Asda，連鎖超市。）讓購物者處理 ASOS、

Wiggle 和 AO.com 等線上零售商訂單的取貨和退貨。同時，部分零售商甚至與競爭對手合作。Amazon 於 2017 年底與柯爾百貨公司合作，進行商店退貨計畫；除此之外有另一個可能較鮮為人知的範例，瑞士零售巨擘米格羅斯（Migros）和網路零售商 brack.ch 已經達成類似網路訂購、實體商店取貨的協議，以更好地服務顧客，創造更加統一的實體和數位零售體驗。

◎普適計算（pervasive computing）：
沒有商店或螢幕的購物

最後，我們無法討論線上和線下交錯的購物體驗而不提到物聯網（Internet of Things）。當我們想到隱身在消費者家中背景的購物體驗時，已經可以看到 AR、VR，以及語音和補貨簡化方案等技術帶來的影響。它們正透過網路達到的速度、便利性、價值和個人化來提高消費者已經很高的期望。而它們更可以利用此一交錯的現實，來影響現今大多數顧客的決策。

例如，VR 讓零售商可以使用特殊頭戴式裝置觀看沉浸式數位顯示器，把商店帶到家裡──顧客在阿里巴巴的 Buy + VR 購物中心甚至簡單到只要點頭就可以購買看到的商品。這仍聽起來有點像科幻小說情節，但 2018 年沃爾瑪推出的 3D 虛擬購物將有助於普及這項技術。同樣地，消費者可以把自己的家帶到商店──IKEA、梅西百貨和美國勞氏公司（Lowe's）等零售商，現在都在店內使用 VR 來展現無限貨架（endless aisle）的功能。

> 虛擬實境正快速發展，而在五到十年內，它將成為人們
> 生活中的一部分。
>
> 葉斯博·柏羅丁（Jesper Brodin），
> IKEA 全球集貨和供應部門經理，2018 年 [22]

　　Amazon 在此同時繼續讓產業大開眼界，將零售版圖直接
拓展到消費者家中——從一鍵購物鈕，讓顧客透過一次點擊就
能重新訂購他們屬意的產品；到 Echo 智慧音箱，讓購物者聲控
Alexa 語音助理添加商品到購物清單裡；一直到筆者認為是無阻
力商務的聖杯——商品的自動補貨，購物者可以選擇完全退出
購買決策。所有人都有共同的目標：使用比鍵盤、滑鼠甚至觸
控面板更普及的運算介面，讓購物者和零售商間的接觸方式逐
漸改到背景運作。

　　現在，線上和線下零售不再互斥。最成功的零售商將是那
些雖然意識到數位投資的急迫性，但同時也以一種根本觀念重
新配置他們的實體商店，即實體商店是資產而不是負債。傳統
實體零售店將對於形塑零售業的未來發揮重要作用，使其成為
一個更方便、相連和由顧客支配的產業。

　　那麼，如果沒有店面的話呢？

線上緊跟實體──線上購物的終結

我認為這只是場比賽，像我們這樣的線上從業者是否會比傳統實體零售商更快摸清對方的底細？

黃杰（Chieh Huang），
Boxed 創辦人暨執行長，2018 年[23]

◎ O2O：踏入實體領域的誘因

現在我們已經確立了驅動數位和實體領域融合的要素，來看看這對於純電商零售業者代表的意義。

簡言之，這代表只提供線上服務已經不夠了。

沒錯，線上零售將永遠在產品類別上獲勝。但正如我們先前闡述的，除實體空間的限制外，傳統實體零售商正逐漸利用相關科技來提供更整合性的顧客體驗，因而侵蝕過去僅線上零售獨有的特性──便利性、個人化和資訊透明度。

與此同時，面對不斷增長的運輸和顧客取得成本，線上零售商意識到擁有傳統實體空間的效益越來越多──財務、物流和行銷層面皆然。隨著電子商務在零售商業務中越來越吃重，就顯露出線上交易中不常被揭露的成本。全球顧問公司AlixPartners 指出，這些成本包括：

★運費和手續費：免費和／或快速配送和包裝費用。

★與退貨、補貨、逆向物流（reverse logistics）和因賣出不打算出售的庫存而損失的毛利等相關成本。

★為支持電子商務部門，而增加企業員工人數（包括商品銷售、規劃、行銷、內容創建、網站開發和資訊科技，僅舉幾例）。

★用傳統費用來衡量額外的網路行銷費用。

★與揀貨相關且遞增的分類和倉儲成本。

★商店基礎的去槓桿化和商店員工勞動力被稀釋。

★和全通路能力有關，增加的勞力和技術費用（商店出貨、線上購買、商店取貨、商店訂購等）。

★與庫存管理有關的複雜度——決定共享或不共享線上和實體店內的庫存，以及從兩者中擇一決策衍生的成本。[24]

　　這些累積起來的成本若與傳統實體零售商的成本相比呢？以服裝為例。據 AlixPartners 稱，通常購物者在傳統暢貨中心購買一百美元的衣服，其銷貨成本約為四十美元，相關營業成本如租金、間接費用和人工等約二十八美元，零售商的銷售利潤率為 32%。[30]

　　同樣一百美元的服裝交易，透過線上訂購和宅配也有約四十美元的銷貨成本，但相關的營業成本略高於透過實體商店銷售的營業成本。在這個例子裡，每筆交易都必須從配送中心揀貨、包裝和運送到購物者的家，這自然比從配送中心運送一卡車的庫存到商店更昂貴。在這種情況下，營業成本為三十美元，零售商的銷售利潤率為 30%，也就是比從商店售出該項商品的獲利更少。[31]

◎運輸成本

當然，零售業不像上述舉例說明的那麼黑白分明——有許多變因，如產品類別、商店形式和供應鏈效率等都會影響成本。然而，值得強調的是實體空間對於尋求降低成本的數位原生品牌來說，如何成為一個具吸引力的選項。放眼未來，沒有跡象顯示線上銷量或成本的成長趨勢會放緩。到 2019 年，UPS 估計其電子商務出貨量將超過其總出貨量的一半，高於十年前的 36%。[27]

美國人在線上花費的每一美元，Amazon 就可拿約四十美分，[28] 故零售商特別有優化其供應鏈並降低運輸成本的動力也不奇怪。短短三年內（從 2014 至 2017 年），為顧客揀選和配送產品的成本幾乎翻倍，達到兩百二十億美元。[29]

Amazon 不斷激發競爭意識，當它尋求提升更全面性的 Prime 生態系統的價值時，就提高顧客對免費和更快配送的期望。作為一家過去只做線上服務的零售商，Amazon 能在即時性方面與實體零售同業比擬的能力非常關鍵，而現在這項期待已勢不可擋。今日，近乎零時差的滿足感是一種根深柢固的顧客內隱期望，而其他零售商別無選擇，只能也投資於次日交貨和漸增的當日交貨能力。

問題在哪？這個模式不具永續性，我們也開始看到崩壞的前兆。Amazon 正在提高高運輸成本的品項，如飲料、尿布和其他重型產品供應商的運輸費用，同時也限制購物者可以購買的單項、低價商品（例如肥皂和牙刷）的數量。如前所述，我們甚至看到 Amazon 調漲其訂閱方案系列——年費、月費和學生

優惠，同時也提高 Prime Now 一至兩小時到貨服務的費用和最低購買金額。肯定還會有更多的價格調漲——購物者應預期在未來為「免運費」付出更多。

Amazon 對投資者非常坦白，說明隨著全球更多購物者成為 Prime 的活躍用戶而調降運費，且使用更昂貴的運輸方式並提供額外服務，運輸成本只會繼續增加。但同時，它們正不遺餘力地探索如何更好地掌控最後一哩運送使運輸更具成本效益——無人機、機器人、回饋選擇較長時間到貨的購物者、Amazon Flex、物流合作伙伴等等。擁有實體據點——無論是置物櫃、店內特許權、賣場快閃店還是商店本身，是解決這個極大訂單履行謎題的另一片拼圖。讓 Amazon 能為購物者提供更便利、更具成本效益的方式來收到他們線上訂購的商品，我們將在後續章節深入討論。

◎顧客取得成本

但運輸費用不是唯一的挑戰——如果沒有實體商店，吸引到新購物者的成本更高。事實上，線上購買後從倉庫發貨模式的顧客取得成本，包括資訊管理的間接費用和行銷成本，讓其配銷成本比實體商店的方式高四倍。[30]

購物者可能無意間發現一間傳統實體商店並入內看看，但「路過客流量」（walk-in traffic）的概念無法轉換到線上，[31] 特別是中小型零售商。網路世界的房地產變得越來越擁擠和昂貴。根據 Gartner L2 的報告，有近百萬家線上零售商僅從一個入口——Google 網站來爭奪顧客的注意力。[32] 儘管花數百萬美元在

數位行銷上，但付費搜尋項目僅獲得 Google 搜尋結果中 10%
的點擊數。[33]Gartner L2 表示，「其餘 90% 的點擊份額屬於自
然生成——這表示優化自然搜尋結果對所有零售商來說，都是
維持線上流量和電子商務市占率的關鍵。」

與此同時，僅 6% 的消費者造訪 Google 搜尋結果的第二
頁。[34] 即便搜尋結果第一頁列出該零售商，也不能保證就有人
點擊；第一頁上的前五項結果得到 68% 的點擊數。[35]

然而實體商店卻可以作為該品牌的廣告招牌，讓購物者以
無法藉由螢幕做到的方式與零售商互動。很諷刺地，這樣有助
於推動線上銷售。2017 年 British Land 公司的一項研究發現，
當一家零售商開設新店時，從周遭區域造訪其網站的流量在開
業後六週內會增加 50% 以上。有趣的是，擁有少於三十家商店
的零售商受到的影響最大，網路流量成長率飆升達 84%。[36]

線上零售商不能只靠自己了，這個趨勢已越來越明顯，它
們正意識到實體據點的價值，是抵消不斷增長的運輸和顧客取
得成本的一種途徑。

◎ O2O：誰在進行和如何進行

> 線上服務有個問題，就是在購買衣服前不能試穿不是個
> 很好的服務體驗。
>
> 安迪・鄧恩（Andy Dunn），
> Bonobos 執行長，2016 年[37]

有人稱 O2O 為業界裡「愚蠢的縮寫」；對其他人來說，這是個「兆級美元的機會」。無論如何，在 Amazon 和阿里巴巴等電商巨擘高調宣布進入實體場域後，O2O 趨勢無疑正在加速。

然而，一家叫做 Warby Parker 的美國眼鏡零售商極為著名，也是第一波從線上拓展到線下的成功案例之一。這家總部位於紐約的零售商於 2010 年開始在網上起家。三年後，它開設第一家實體商店，而在撰寫本文時，已有近七十家店。諷刺的是，由於開設這些大部分都獲利的實體據點，Warby Parker 能夠增加線上銷量。共同創辦人大衛‧吉爾博亞（Dave Gilboa）說：「我們也發現月暈效應（halo effect），實體商店成為提升品牌知名度的重要因素，為官網帶來大批流量，且加速電商的銷售。」

自 Warby Parker 成功跨足至實體場域後，全球數十家純電商零售業者紛紛仿效：Amazon、阿里巴巴、京東、Bonobos、Indochino、Birchbox、Zalando、Farfetch、Missguided、Boden、Gilt、Depop、Everlane、Brandless、Swoon Edition、Blue Nile、Rent the Runway，還有更多公司沒有列出。

無論是快閃店、展示廳、特許店點或是永久店，所有線上零售品牌都開始意識到擁有某種形式實體據點的價值——有些甚至吸引到致力加速拓展數位版圖的傳統零售商的注意。

在 2018 年的 eTail West 電子商務暨全通路零售大會上，被沃爾瑪併吞的線上時尚連鎖店 Modcloth 的執行長馬修‧凱恩斯（Matthew Kaness）總結：

2010 至 2014 年確實是一段擴張時期，在電子商務

世界中，有種即將擊垮零售的感覺。很多人因為說他們自己永遠不會開設實體商店且商店已進入歷史而聞名⋯⋯人們習慣流量逐年增加且越來越有效率地獲得顧客。[38]

然而，在 2015 年，由於 Facebook 和 Google 改變演算法的決定，使得自然觸及變得更加困難。凱恩斯繼續說道：

取得新顧客變難了，在這類別募集到創業投資基金變難了⋯⋯這是從賣方端看到很多變動的推進力。股東、創辦人和投資者們正意識到要建立一個永續且能規模化的品牌，在大多數情況下需具備多種通路才能達成。[39]

2015 年，Modcloth 開始在全美各城市測試快閃店，並於次年在德州奧斯汀開設第一家常駐商店（permanent store）。2017 年，它被沃爾瑪併購，到 2018 年，它宣布在全美開設十三家無庫存商店的規劃（此一趨勢容後再述）。

但 Modcloth 不是沃爾瑪第一個下手的目標，這家全球最大的零售商大膽採用以併購為本的方法轉型至數位領域。所有交易中最值得注意的是 2016 年併購了 Amazon 的競爭對手 Jet. com，該公司創始人暨有 Amazon 血緣的馬克・洛爾（Marc Lore）加入沃爾瑪，並負責帶領全球電子商務業務。自加入沃爾瑪以來，他一直領頭狂收購包括 Modcloth 以及男裝專賣 Bonobos、鞋類 Shoebuy、居家用品 Hayneedle 以及戶外裝備專賣 Moosejaw 在內的線上零售商。

> 對我們來說，很大一部分可能有些偏執。但當面對一個真的能挑戰我們的對手時，我們保持最佳狀態。
>
> **沃爾瑪董事長貴格·彭納（Greg Penner），2017 年** [40]

在洛爾的領導下，Walmart.com 主要針對（一）具有深厚銷售專業知識、強大產品內容和已與供應商建立關係的專賣品牌；或（二）數位原生垂直整合品牌，上述兩點雙管齊下進行數位收購，以和競爭對手做出區別。在此競爭中，我們指的就是 Amazon。

Amazon 採取行動

傑夫·貝佐斯在 2012 年的採訪中被問到他會否考慮開店：「只有在我們真正有了與眾不同的想法時，我們才會樂意去做。Amazon 不太擅長的事情之一就是提供跟風的產品。」

他接著說：「……當我考慮實體零售店時，它提供非常好的服務。經營實體零售店的人非常擅長它的運作。在我們開始實體營運前，總會問的問題是：目標是什麼？我們會做出什麼不同？怎麼樣可以更好？」[41]

自那次採訪以來，貝佐斯已經開設：

★全美各購物中心的 Amazon 販賣亭。

★零售店、商場、圖書館、大學甚至公寓大樓的置物取物櫃。

★從洛杉磯到倫敦，開設以可供掃描的條碼取代價格標籤的快閃店。

★並非真正設計用來銷售書籍的書店。

★美國第一家無人收銀的超市，

★在一些最令人敬畏的競爭對手的商店裡，設置 Alexa 特賣和 Amazon 產品退貨區。

★寶藏卡車（本質上是移動型黑色星期五式特賣）。

★只賣高網路評等商品的一間四星評價商店。

★幾間得來速式超市。

不，Amazon 不是一個跟風的零售商。

■ Amazon 實體據點的演進

推出年份	概念	主要功能	描述	Prime會員限定
2011	Amazon置物櫃	需求滿足	在零售商店、購物中心、辦公大樓、圖書館、健身房等設施中設立包裹配送置物櫃。讓 Amazon 克服線上購物的兩大障礙：投遞失敗和退貨不便的包裹。	否
2014	Amazon店中店	科技	三百到五百平方英尺的店面，讓購物者在現實生活中試用 Amazon 的設備（如 Kindles 電子書閱讀器、Fire 平板和 Echo 智慧音箱）。從商場開始設立，現在在全食超市和柯爾百貨公司也有專櫃（美國百思買和印度購物網站 Shoppers Stop 也有較小規模的 Alexa 語音助理特別販售）。	否

2015	校園取貨點	需求滿足	Amazon 首個人員配足的送、取貨點，迎合全美大學校園的學生。2017 年，此項服務隨著立即取貨（Instant Pickup）推出更為強化，可讓購物者在下單後兩分鐘內從附近的置物櫃取貨（立即取貨服務已終止）。	否
2015	Amazon 實體書店	零售/科技	具獨特數位特色的實體書店：書籍封面朝外，而 Prime 會員獨享特惠價，約 75% 的店面空間為書籍專用。設計用來鼓勵註冊 Prime 會員，並與店中店相同，讓購物者在實體環境中試用 Amazon 的科技。	否
2016	寶藏卡車	零售	Amazon 精心挑選每日交易，透過簡訊推播給購物者，購物者接著被提醒卡車的位置以利取貨。創造購物的急迫感，並為通常僅具功能性的購物體驗增添趣味元素。	否
2017	Amazon 生鮮實體店	需求滿足	線上雜貨取貨服務與法國流行的「Drive」（網路訂購後，開車至指定地點取貨，不必去超市）概念非常雷同。Amazon 使用車牌識別技術來減少等待時間，且購買的物品會直接送到購物者的汽車後車廂裡。	是
2017	樞紐	需求滿足	公寓大樓的包裹配送置物櫃。與著名的黃色 Amazon 置物櫃一樣，樞紐（The Hub）是完全的自助式服務，全天候開放，並接受所有物流公司的配送內容。	否
2017	全食超市	零售	收購北美和英國四百五十多家超市。Amazon 因全食超市強大的生鮮產品（占銷量的 67%）而被吸引，以及強大的自有品牌、城市據點、與 Prime 顧客群大量重疊。Amazon 正式跳脫純線上零售商的行列。	否

2017	Amazon 退貨	需求滿足	與柯爾百貨公司達成獨特協議，Amazon 購物者可將不想要的線上購物品項退回當地的柯爾百貨公司。解決線上退貨此一長期痛點，同時驅使人潮流向柯爾百貨公司。我們預計這種方式將推廣到國際。	否
2018	Amazon Go	零售	第一間免結帳商店。購物者掃描 Amazon 應用程式進入商店，此高科技的便利商店結合電腦視覺、感測器融合和深度學習，創造無阻力的顧客體驗。	否
2019 之後	時尚或家飾商店會是合理的下一步			

註：Amazon Go 在 2018 年正式對外營運。
來源：Amazon；作者至 2018 年 6 月的調查。

　　從過往觀之，Amazon 的實體空間旨在滿足下列兩個目的中的任一個：展示其設備或充當線上訂購的取貨點。從上表中可以看出，Amazon 起初涉入傳統實體零售商店的做法是透過取貨置物櫃、校園取貨點和商場店中店。

　　然而，Amazon 在 2015 年推出的實體書店有點諷刺意味，這標示出戰略的真正轉變，因為這是 Amazon 第一次在實體環境中仿效其數位銷售和定價。「我們應用二十年來的線上書籍銷售經驗，以建立一個整合線下和線上書籍購物優勢的商店。」Amazon 實體書店副總裁珍妮佛・卡斯特（Jennifer Cast）說。[42]

　　店內展示出對購物者最有幫助的網路評論，還有綜合星等和顧客評價數。產品推薦也在實體貨架上呈現，像「如果你喜歡這個，那你會愛……」。所有書籍封面都朝外，這與網站上

呈現的方式一樣，且必須至少四星推薦的書才能上架，這意味著更具規劃的商品組合。這些商店在每個三英尺的貨架上只展示五本書，而大多書店擺放的數量是這個數字的三倍以上。[43] 約 25% 的空間用於銷售非書籍產品，如 Bose 揚聲器和法式濾壓壺，還有很多 Amazon 的設備——Kindle 電子書閱讀器、Echo 智慧音箱、Fire 平板以及自有品牌 Basics 電子產品配件系列。

然而在 Amazon 實體書店概念中，最吸引人的可能是其大膽的定價方法。店內書籍沒有價牌，取而代之的是，購物者必須掃描該物品——如果他們是 Prime 會員，便會獲得 Amazon.com 的優惠價格，而非會員則支付原來的定價。實體書店顯然是為了推廣 Prime 會員註冊，並像 Amazon 店中店一樣，鼓勵購物者試用 Amazon 裝置，這兩者都為擴展 Prime 更廣闊的生態系，而書籍銷售只是其次。

Amazon 有史以來的第一個實體零售概念，Amazon 實體書店，於 2015 年推出。

在接下來的兩年裡，Amazon 繼續以零售商和技術供應商的雙重身分進行實驗，陸續推出如 Amazon 生鮮實體店和 Amazon Go 的新雜貨店形式，我們將在下一章裡討論。同時還與現有的傳統實體零售商合作，如柯爾百貨公司、百思買和較少人知道的例子，床墊專賣新創企業 Tuft & Needle 等。

Tuft & Needle —— 另一家從網路誕生的零售商，在深入實體零售業務時與 Amazon 合作，以提升顧客體驗。其西雅圖的店面提供平板給購物者閱讀 Amazon 網站上的產品評價，用 Echo 智慧音箱回覆顧客詢問，和可透過 Amazon 應用程式一鍵購買產品的 QR 碼。Tuft & Needle 的共同創辦人戴希・派克（Daehee Park）表示，經過多次關於如何與 Amazon 正面對決的爭論，它們決定採取完全相反的策略。「我們決定，為什麼不就接受它呢？這是零售和電子商務的未來……聚焦於我們擅長的領域，而其他方面則與 Amazon 技術對接。」[44]

這可成為已經仰賴 Amazon 進行線上銷售的其他品牌的範例（Tuft & Needle 靠 Amazon 帶來約 25% 的銷售額）。[45] 相同地，我們認為 Amazon 將尋求與更多零售合作伙伴建立穩健的合作關係，作為解決線上退貨此一定時炸彈的方法。2017 年，Amazon 與柯爾百貨公司合作，在芝加哥和洛杉磯的百貨公司設置 Amazon 指定退貨區。有人會爭論這太像木馬屠城記，特別當 Amazon 建立了自己時尚品牌時更是如此，但我們相信這是風險最小的競合方式之一。這是一個可以為商家帶來一些亟需的流量，而不會洩露大量顧客資料的獨特嘗試。為了增添便利性，在商店入口附近有專屬的 Amazon 退貨停車位，而柯爾百貨公司會免費打包，並將退貨商品運回給 Amazon。我們可以看

到 Amazon 與其他全球百貨公司零售商，如馬莎百貨或德本漢姆公司達成類似的協議，它們在精華街區上有很好的店點，但可以利用一些從 Amazon 導引過來的人流量。競合將成為未來的關鍵主題——儘管不是所有人都願意走上這條道路。

　　無論如何，如果有人對 Amazon 踏入實體零售的意圖有任何疑慮，都會在 2017 年 Amazon 宣布此筆十年來的重大交易時閉嘴：它們正在併購全食超市。一夕之間，Amazon 獲得了二千一百萬平方英尺的零售空間——並揮別純電商身分。

1.Rebecca Thomson (2014) Analysis: Sir Terry Leahy and Nick Robertson on why delivery has become so crucial, *Retail Week*, 6 February. 連結：https://www.retail-week.com/topics/supply-chain/analysis-sir-terry-leahy-and-nick-robertson-on-why-delivery-has-become-so-crucial/5057200.article [最後瀏覽日：2018 年 6 月 29 日]。

2.Melanie Fitzgerald (2018) Will digital brands spell the death of the physical store? *ChannelSight*. 連結：https://www.channelsight.com/blog/digital-brands-spell-the-death-of-the-physical-store/ [最後瀏覽日：2018 年 6 月 29 日]。

3.Kavita Kumar (2018) Amazon's Bezos calls Best Buy turnaround 'remarkable' as unveils new TV partnership, *Star Tribune*, 19 April. 連結：http://www.startribune.com/best-buy-and-amazon-partner-up-in-exclusive-deal-to-sell-new-tvs/480059943/ [最後瀏覽日：2018 年 6 月 29 日]。

4.Kirsty McGregor (2015) Pure-play etail will cease to exist by 2020, predicts Planet Retail, *Drapers*, 22 July. 連結：https://www.drapersonline.com/news/pure-play-etail-will-cease-to-exist-by-2020-predicts-planet-retail-/5077310.article [最後瀏覽日：2018 年 6 月 29 日]。

5.MDJ2 (2015) Ten things we learned at Retail Week Live 2017. 連結：http://mdj2.co.uk/wp-content/uploads/2016/11/Ten-things-we-learned-at-Retail-Week-Live-2017-1.pdf [最後瀏覽日：2018 年 6 月 29 日]。

6.Moliang Jiang (2017) New retail in China: a growth engine for the retail industry, *China Briefing*, 15 August. 連結：http://www.china-briefing.com/news/2017/08/15/new-retail-in-china-new-growth-engine-for-the-retail-industry.html [最後瀏覽日：2018 年 6 月 29 日]。

7.Stephen Wynne-Jones (2017) Shoptalk Europe: an eye-opening journey through the future of retail, *European Supermarket News*, 12 October. 連結：https://www.esmmagazine.com/shoptalk-europe-eye-opening-journey-future-retail/50514 [最後瀏覽日：2018 年 6 月 29 日]。

8.Emma Simpson (2017) New John Lewis boss says department store needs reinventing, *BBC*, 30 March. 連結：https://www.bbc.co.uk/news/business-39441039 [最後瀏覽日：2018 年 6 月 29 日]。

9.Amazon 英國分析師的簡報，倫敦，2018 年 7 月。

10.Jeff Simpson, Lokesh Ohri and Kasey M Lobaugh (2016) The new digital divide, *Deloitte*, 12 September. 連結：https://dupress.deloitte.com/dup-us-en/industry/retail-distribution/digital-divide-changing-consumer-behavior.html [最後瀏覽日：2018 年 6 月 29 日]。

11. Jason Del Ray (2016) 55 percent of online shoppers start their product searches on Amazon, *Recode*, 27 September. 連結：https://www.recode.net/2016/9/27/13078526/amazon-online-shopping-product-search-engine [最後瀏覽日：2018 年 6 月 29 日]。

12. Krista Garcia (2018) Consumers' trust in online reviews gives Amazon an edge, *eMarketer*, 7 March. 連結：https://retail.emarketer.com/article/consumers-trust-online-reviews-gives-amazon-edge/5a9f05e9ebd4000744ae415f [最後瀏覽日：2018 年 6 月 29 日]。

13. Beth Kowitt (2018) How Amazon is using Whole Foods in a bid for total retail domination, *Fortune*, 21 May. 連結：http://fortune.com/longform/amazon-groceries-fortune-500/ [最後瀏覽日：2018 年 6 月 19 日]。

14. Accenture/Salesforce joint report (2016) Retailing, reimagined: embracing personalization to drive customer engagement and loyalty. 連結：https://www.accenture.com/t20161102T060800Z_w_/us-en/_acnmedia/PDF-28/Accenture-Salesforce-Retail-Exploring-Loyalty-ebook.pdf [最後瀏覽日：2018 年 6 月 29 日]。

15. Courtney Reagan (2017) Think running retail stores is more expensive than selling online? Think again, *CNBC*, 19 April. 連結：https://www.cnbc.com/2017/04/19/think-running-retail-stores-is-more-expensive-than-selling-online-think-again.html [最後瀏覽日：2018 年 6 月 29 日]。

16. Nathaniel Meyersohn (2018) Walmart figured out its Amazon strategy. So why's the stock down 13%? *CNN*, 17 May. 連結：http://money.cnn.com/2018/05/16/news/companies/walmart-stock-jet-amazon-whole-foods/index.html [最後瀏覽日：2018 年 6 月 29 日]。

17. Transcript of Alexandre Bompard's speech (2018) Carrefour, 23 January. 連結：http://www.carrefour.com/sites/default/files/carrefour_2022_-_transcript_of_the_speech_of_alexandre_bompard.pdf [最後瀏覽日：2018 年 6 月 29 日]。

18. Patrick Bohannon (2017) Online Returns: A Challenge for Multi-Channel Retailers. Oracle, 27/1. 連結：https://blogs.oracle.com/retail/online-returns:-a-challenge-for-multi-channel-retailers [最後瀏覽日：2018 年 6 月 29 日]。

19. Matthew Cochrane (2018) Why 2017 was a year to remember for The Home Depot, Inc, *The Motley Fool*, 28 January. 連結：https://www.fool.com/investing/2018/01/28/why-2017-was-a-year-to-remember-for-the-home-depot.aspx [最後瀏覽日：2018 年 6 月 29 日]。

20. James Ellis (2017) Online retailers are desperate to stem a surging tide of returns, *Bloomberg*, 3 November. 連結：https://www.bloomberg.com/news/articles/2017-11-03/online-retailers-are-desperate-to-stem-a-surging-tide-of-returns [最後瀏覽日：2018 年 6 月 29 日]。

21. 同前注。

22. IKEA 官方網站。連結：https://www.ikea.com/ms/en_US/this-is-ikea/ikea-highlights/Virtual-reality/index.html [最後瀏覽日：2018 年 6 月 29 日]。

23. Matthew Stern (2018) Boxed CEO 'definitely' sees physical stores in its future, *Forbes*, 24 January. 連結：https://www.forbes.com/sites/retailwire/2018/01/24/boxed-ceo-definitely-sees-physical-stores-in-its-future/#619ff68c7cf3 [最後瀏覽日：2018 年 6 月 29 日]。

24. 獲得 Tim Yost 的許可。

25. Courtney Reagan (2017) Think running retail stores is more expensive than selling online? Think again, *CNBC*, 19 April. 連結：https://www.cnbc.com/2017/04/19/think-running-retail-stores-is-more-expensive-than-selling-online-think-again.html [最後瀏覽日：2018 年 6 月 29 日]。

26. 同前注。

27. Nick Carey and Nandita Bose (2015) Shippers, online retailers seek way around rising delivery costs, *Reuters*, 15 December. 連結：https://www.reuters.com/article/us-usa-ecommerce-freeshipping/shippers-online-retailers-seek-way-around-rising-delivery-costs-idUSKBN1432ZL [最後瀏覽日：2018 年 6 月 29 日]。

28. Hannah Sender, Laura Stevens and Yaryna Serkez (2018) Amazon: the making of a giant, *Wall Street Journal*, 14 March. 連結：https://www.wsj.com/graphics/amazon-the-making-of-a-giant/ [最後瀏覽日：2018 年 6 月 29 日]。

29. Amazon 10-K 年度報告，會計年度結束日 2017 年 12 月 31 日。連結：https://www.sec.gov/Archives/edgar/data/1018724/000101872418000005/amzn-20171231x10k.htm [最後瀏覽日：2018 年 6 月 28 日]。

30. Tom McGee (2017) Shopping for data: the truth behind online costs, *Forbes*, 10 August. 連結：https://www.forbes.com/sites/tommcgee/2017/08/10/shopping-for-data-the-truth-behind-online-costs/#53fdecdfc9d7 [最後瀏覽日：2018 年 6 月 29 日]。

31. Death of Pureplay Retail report (2016) *Gartner L2*, 12 January. 連結：https://www.l2inc.com/research/death-of-pureplay-retail [最後瀏覽日：2018 年 6 月 29 日]。

32. Mark Walsh (2016) The future of e-commerce: bricks and mortar, *Guardian*, 30 January. 連結：https://www.theguardian.com/business/2016/jan/30/future-of-e-commerce-bricks-and-mortar [最後瀏覽日：2018 年 6 月 29 日]。

33. Death of Pureplay Retail report (2016) *Gartner L2*, 12 January. 連結：https://www.l2inc.com/research/death-of-pureplay-retail [最後瀏覽日：2018 年 6 月 29 日]。

34.Kelly Shelton (2017) The value of search results rankings, *Forbes*, 30 October. 連結：https://www.forbes.com/sites/forbesagencycouncil/2017/10/30/the-value -of-search-results-rankings/#fab4b6b44d3a [最後瀏覽日：2018 年 6 月 29 日]。

35. 同前注。

36.ICSC (2017) The socio-economic impact of European retail real estate. 連結： https://www.businessimmo.com/system/datas/112816/original/europeanimpact study-2017_.pdf [最後瀏覽日：2018 年 6 月 9 日]。

37.Humayun Khan (2016) Why the top ecommerce brands are moving into physical retail (and what you can learn from them), *Shopify*, 10 May. 連結： https://www.shopify.com/retail/why-the-top-ecommerce-brands-are-moving- into-physical-retail-and-what-you-can-learn-from-them [最後瀏覽日：2018 年 6 月 29 日]。

38.Worldwide Business Research (2018) Putting the customer in the center of your business [Online Video]. 連結：https://slideslive.com/38906045/putting- the-customer-in-the-center-of-your-business [最後瀏覽日：2018 年 6 月 29 日]。

39. 同前注。

40.Brian O'Keefe (2017) What's driving Walmart's digital focus? Paranoia, top exec says, *Fortune*, 7 December. 連結：http://fortune.com/2017/12/07/walmart -penner-amazon-alibaba/ [最後瀏覽日：2018 年 6 月 29 日]。

41.Kim Bhasin (2012) Bezos: Amazon would love to have physical stores, but only under one condition, *Business Insider*, 27 November. 連結：http://www. businessinsider.com/amazon-jeff-bezos-stores-2012-11?IR=T [最後瀏覽日： 2018 年 6 月 29 日]。

42.Jess Denham (2015) Amazon to sell books the old-fashioned way with first physical book shop, *Independent*, 3 November. 連結：https://www.independent .co.uk/arts-entertainment/books/news/amazon-to-sell-books-the-old- fashioned-way-with-first-physical-book-shop-a6719261.html [最後瀏覽日： 2018 年 6 月 29 日]。

43.Dustin Kurtz (2015) My 2.5-star trip to Amazon's bizarre new bookstore, *The New Republic*, 4 November. 連結：https://newrepublic.com/article/123352/my -25-star-trip-to-amazons-bizarre-new-bookstore [最後瀏覽日：2018 年 6 月 29 日]。

44.Del Ray, Jason (2017) One of the most popular mattress makers on Amazon is building an Amazon-powered store, *Recode*, 31 July. 連結：https://www.recode .net/2017/7/31/16069424/tuft-needle-seattle-store-amazon-mattresses-echo- alexa-prime-delivery [最後瀏覽日：2018 年 6 月 29 日]。

45. 同前注。

Amazon的雜貨企圖：

創立能賣出

更多其他產品的平台

> 為了成為一家價值兩千億美元的公司，我們必須學會如
> 何賣衣服和食物。
>
> 傑夫·貝佐斯，2007 年 [1]

數位轉型浪潮正襲捲整個零售產業，但截至目前，家具、時尚和食品三大類別則相對免疫。受其影響？有；被其顛覆？沒有。

這些類別，其商品品質由主觀判定，無法一直透過螢幕確認。這些類別向來將看到和摸到產品的期待，看得比線上購物的便利性來得重要。因此，過往在線上購買這些類別商品的誤差幅度會高於購買商品化的產品（如書籍或 DVD），此類產品無論購物者透過何種通路購買，他們都知道自己會拿到什麼。

但這一切都將改變。

模範市場研究顧問公司表示，到 2021 年，預計美國將有28% 的服裝和鞋類銷售，以及 18% 的家具和家飾用品會透過線上交易完成（分別比十年前的 9% 和 6% 都高 [2]）。擴增實境、視覺搜尋（visual search）和 3D 人體掃描等技術擊垮線上購物的障礙，減少時尚購物中挑選和量尺寸的阻力，讓購物者更有信心購買如家具之類的昂貴商品。同時，試了再買體驗盒（try-before-you-buy box）和更大方的退貨政策，也有助於增加想在線上購買衣服的購物者的信任。

美國線上雜貨 2.0 ？

我相信在未來一段很長時間中，顧客仍將在商店裡購買絕大部分的雜貨。

道格・麥克米倫（Doug McMillon），

沃爾瑪執行長，2017 年[3]

但雜貨呢？超市是眾所皆知複雜、低毛利的業務，加上固定成本高、供貨來源分散，且產品容易腐壞。若再把送貨到府加入超市業務中，將會變得更加錯綜複雜。按高盛（Goldman Sachs）的說法，若從儲存、揀貨、包裝到配送商品完成一筆訂單，超市的成本會高達二十三美元，侵蝕原本已經極低的利潤。[4]

不同的處理方式和溫度條件、處置退換貨和漫不經心的顧客也增加了複雜程度。購物者的歷程甚至也不易懂──多個顧客都可以貢獻購物籃，一直增加商品到訂單開始揀貨為止。相較之下，配送書籍是輕而易舉。

高人口密度是所有電子商務運作的理想狀況，但對於線上雜貨而言，則是必要的條件。只要看看世界上最先進的雜貨電子商務市場──南韓和英國，就可以證明。在南韓，83% 的人口居住在城市，2017 年時線上雜貨的滲透率達到驚人的 20%。對比美國同一時期的滲透率為 2%。[5] 從驅動供應鏈效率和消費者接受度兩方面來看，人口數龐大、居住程度密集且高度互

聯的國家是線上雜貨生長的完美溫床（南韓有世界上最快的網路）。

在像美國這種鄉村人數眾多的國家，稠密的覆蓋範圍更難達成。南韓每平方公里有五百二十二人；美國僅有八十八人。[6] 在如此廣闊、人口稀疏的國家，大多數美國超市已察覺要達到能維持線上雜貨模式所需的經濟規模很難。導致零售商過往一概迴避送雜貨到府，或限制服務對象為有錢但時間寶貴的都市居民——也就是像 Peapod 和 FreshDirect。

據瑞士信貸（Credit Suisse）說明，有十三項獨立因子與線上雜貨的接受度和獲利能力有關：

★寬頻普及率。

★平板／智慧型手機滲透率。

★線上零售的花費比例。

★ Amazon 滲透率。

★創業／獨立文化。

★都會行車的基礎建設。

★人口超過一百萬的都會區（有利於店內揀貨模式）。

★人口超過五百萬的都會區（有利於集中發配模式）。

★人均 GDP。

★汽車擁有量。

★雙薪家庭的普及。

★超市空間的密度。

★險峻的季節性天氣。

除了接觸管道有限外，還有與貨運相關的高額費用，讓美國的線上雜貨接受度成長緩慢，也自然阻擋一些購物者使用該服務。截至 2018 年，沃爾瑪仍對每筆貨運訂單收取高達十美元的費用。[7]同時，線上購物典型的「無限貨架」優勢，在雜貨業務中價值不太高，許多美國人仍不願意讓其他人——人類或機器人，來選擇他們要買的產品。看到、摸到甚至聞到新鮮食物的想望，是實體商店的關鍵驅動力。習慣是根深柢固的，並且存在極多阻礙。

因此雜貨仍然是線上零售業中比例最低的類別之一並不奇怪，即使是 Amazon 的忠實粉絲，這種趨勢也很明顯。根據 2018 年的美國全國公共廣播電台（NPR）／瑪麗斯特（Marist）大學民意中心的民意調查，美國只有 18% 的 Amazon Prime 會員在網上購買過生鮮雜貨，且僅有 8% 的人使用過 Prime 儲物櫃服務。那些沒有使用過的人最常見的理由是？他們單純只是喜歡實體店內的購物體驗。[8]

所以我們相信，如果 Amazon 想解鎖雜貨業這個成就，它們需要實體商店。特定的消費人口（Z 世代、千禧世代、忙碌的家庭、都市人）對線上雜貨的需求可能正蓬勃發展，但對於許多購物者來說，鑽進車裡並開車去雜貨店仍更方便——或在某些情況中更有趣。別誤會了，雜貨業的電子商務化正發生——而且發展快速，但超市總會有一席之地。

美國最大的食品雜貨零售商不意外地散播了我們的看法。在沃爾瑪 2017 年的投資人大會上，執行長道格·麥克米倫表示，為拓展全國性的網路雜貨業務，「必須讓生鮮產品保持新鮮、供貨充足且價格合理。要做到這樣，需要一個能處理生鮮的供

應鏈，以支持位於顧客附近的商店。」[9]

除了實體店外，麥克米倫認為，成功的雜貨電子商務業務需要「大量的一般商品和服飾來幫助毛利組合」以及「龐大的規模，因為交易量有助於稀釋掉降價促銷和廣告傳單」。[10]Amazon 也採取了這些做法，並正加速進攻服飾業。記得我們先前討論過不能將 Amazon 的分類或事業單位分開來看待，而且每項服務都是飛輪上的另一支輻條嗎？特別是從自有品牌系列售出的高毛利服飾，有助於 Amazon 抵消一些配送雜貨時產生的額外成本。

為什麼 Amazon 還需要雜貨店？因為雜貨店透過網路訂購、實體通路取貨和當天到貨的服務，可為線上業務創造月暈效應，再次促進跨通路無縫購物體驗的需求。併購全食超市在很多方面，等於承認雖然 Amazon 的本質更加多樣化，但雜貨類別總會需要實體零售的元素。

同時，如同我們已在其他產業看到的，科技將弭平過往在線上購買食品時有關的障礙，且持續的都市化將同步推動需求而降低成本。自動化——從倉庫自動控制到自動駕駛的送貨卡車，都將增進供應鏈效率；第三方物流服務（例如 Instacart 和 Shipt）的崛起，將使更多超市提供快速到貨，而無需大量投資其基礎設施或系統。

與此同時，線上雜貨店的顧客價值主張正在激增當中。今日的消費者從改良的手機介面、單一登入、更全面的個人化和網站導覽、自動列表、食譜靈感、運送服務護照、聲控購物、補貨流程簡化、當日到貨，和運送到府的替代方案，如網路訂購、實體通路取貨或自動置物櫃等方式受益。

線上雜貨鋪讓顧客隨心所欲地購物，並最節省他們的時

間，這種趨勢在未來將更進一步強化，因為透過智慧家庭能實現居家日常用品的採購自動化，科技將移除雜貨採買裡的雜務成分。

食品：最後的拓荒區和頻率的重要性

> 雜貨業是網路的西部荒野。獎賞很豐厚，且不斷增長中。
>
> 凱莉・賓考斯基（Carrie Bienkowski），
>
> Peapod 行銷長，2018 年 [11]

舊習慣很難消失，但它們的確會改變；而如果有人可以調整其行為，那就是 Amazon。食品零售對 Amazon 來說極具吸引力，因為它是最大的必需品業務——而且已成熟到可承受顛覆。如同我們以下的討論，食品零售也很關鍵，因為它使 Amazon 終於能操作高購買頻率的業務。

◎ 2022 年：線上雜貨店的引爆點？

截至 2018 年，美國有高達 20% 的零售花費用於食品，但只有 2% 的交易在線上發生。[12] 如上所述，科技進步對於居產業主導地位的 Amazon 而言將有助它的導入。據零售業數據分析公司 One Click Retail 所稱，2017 年 Amazon 在美國線上雜貨市場的占比達 18%，位居第二的對手沃爾瑪的兩倍。[13]

Amazon 將盡其所長——扮演變革的催化劑，迫使其他超市投資自己的線上雜貨業務，最終為顧客改善體驗。

> Amazon 以前對食品雜貨沒有造成任何影響，因此雜貨商能旁觀，並認為食品雜貨的命運和別人不同。人們已經意識到，線上交易不會只占其整體的 1%、2% 或 3%，它將是 10%、20%、30%，甚至可能到 60%。
>
> 提姆·史丹納（Tim Steiner），
> 歐卡多執行長，2018 年[14]

因此，根據食品行銷協會（Food Marketing Institute，FMI）和尼爾森（Nielson）的一項聯合研究，預計美國消費者採用雜貨電子商務的程度，將從 2016 年線上購買食品和飲料的 23% 暴增至 2024 年的 70%。這兩間公司還提出聯合預測，到了 2025 年，美國線上雜貨的銷售額將達到一千億美元，占雜貨零售總額的 20%。而它們現在相信 20% 的臨界點將提早到 2022 年，因為 Amazon 讓線上雜貨快速步上軌道並成為主流。

◎頻率——向零售主宰邁進一大步

很明顯地，Amazon 要成為包山包海的商店，就不能不賣食品。食品不僅是消費者支出組合的重要部分，它還是以頻率為特性的商品類別（根據食品行銷協會的資料，美國購物者平

均每週造訪超市一至二次[15]），因此很大一部分受習慣推動（購物者購買的商品每週有 85% 相同）。[16] 沒有其他產業有如此驚人能掌握顧客的機會。

> （雜貨業）是一項能深入個人生活的平凡途徑，沒有其他事物與它相似。
>
> 華特・羅勃（Walter Robb），
> 全食超市前共同執行長，2018 年[17]

先不論數據蒐集，Amazon 限制線上雜貨產品只提供給 Prime 會員的理由非常充足。因為雜貨店，Amazon 能爭取到購買頻率。如果消費者透過 Amazon 進行他們每週例行的食品採買，請記住這些消費者必須先具有 Prime 會員身分，那麼 Amazon 有極大的可能成為他們選購其他種類商品的第一個去處。正如全食超市前共同執行長華特・羅勃所言：「食品是將其他產品推銷給你的平台。」[18]

這就是 Amazon 涉入雜貨業務應該讓所有零售商都憂心的原因，而不只是超市而已。雜貨業是 Amazon 成為顧客購物時的預設網站的途徑。根據《PwC's 2018 全球消費者洞察報告》，全球有 14% 的消費者只透過 Amazon 購物。[19] 如果 Amazon 可以進入雜貨業，就有可能提高這個比例（政府的監督也更多）。

Amazon 花了多年投資 Prime 項目，在鑽研雜貨業之前就不斷增加誘因獎勵和充實內容，這一切都不是偶然。這是 Amazon

購物的便利性和 Prime 吸引力的結合，使其他零售商難以匹敵。而且，好像這些都還不夠一樣，Amazon 還希望提供更多服務──從語音助理到影音串流，這些服務已經扎根進購物者的日常生活和例行公事裡，最終使 Amazon 變得不可或缺。

Amazon 的食物大戰：全食超市前的發展

然而，用食品吸引購物者後，以較高利潤的一般商品誘惑他們的想法絕不是新的策略。那是大賣場和超市模式的根本。沃爾瑪在 1980 年代後期將食品加入販售行列，十年後就成為美國最大的食品零售商；同時，英國的特易購起初經營食品雜貨，之後在 1960 年代時增加販售一般商品，使其最終成為英國最大的零售商。「Amazon 正在做的事情幾乎是完全一樣的原理。」99 美分商店（99 Cents Only）的執行長傑克・辛克萊（Jack Sinclair）說，他曾管理過沃爾瑪美國的雜貨部門。[20]

收購全食超市是 Amazon 的轉折點，但為理解這筆交易的動機，我們首先必須回到起點。

案例研究

過度擴張的危險教訓：Webvan 和破滅的網路泡沫

其中一個轟動一時的網路泡沫悲劇是線上雜貨服務 Webvan。第一間較具規模的線上雜貨店由路易斯・博德斯

（Louis Borders，創立同名連鎖書店博德斯，現已解散）於 1996 年與其兄弟共同創立，與當時許多公司一樣，他們堅信「快速成長」才是王道。不到三年，該公司燒掉了八億美元的現金，公開上市，然後申請破產並結束營運。[21] 它如曇花一現的大幅起伏，讓 Webvan 成為網路泡沫化時期過度擴張的代表。

有些人可能認為 Webvan 走得太前面；畢竟，九〇年代後期的龜速撥接上網對於講求快速的線上雜貨購物來說幾乎沒幫助。跟 Amazon 一樣，Webvan 對科技能改變購物習慣的能力下了很大賭注，但它的問題比那更深層。Webvan 的根本缺陷是過度擴張但沒有足夠的顧客需求。

Webvan 避開傳統以商店為基礎的揀貨模式，採用集中型策略來配送線上雜貨。不同於現今的歐卡多，Webvan 著手建立最先進的自動化履行中心，目的是每三十分鐘就為購物者送出商品。想法是透過其獨特的科技驅動生產力，讓 Webvan 能擊敗線上和實體競爭對手。

不是概念不好，而是執行面的問題。Webvan 試圖從零開始同時建立品牌和顧客群，也重新打造這個發展成熟的產業裡最最基礎的建設。這個資本密集型的計畫需要 Webvan 在每座大型高科技倉庫上支出超過三千萬美元，但缺乏顧客需求代表倉庫都沒有產能全開。[22] 據一些分析師稱，若將折舊、行銷和其他間接費用考量進來，Webvan 每筆訂單的損失都超過一百三十美元。[23]

MyWebGrocer 公司的執行長理查‧塔蘭特（Richard Tarrant）在 2013 年說到 Webvan：

在這項低利潤率的生意裡，任何人都可以在自己周遭三英里內買到產品，而他們決定打造倉庫和整個配送系統，包括物流車、人力和其他一切。但是這些建設在美國每條主要街道上的那三萬六千個位置便利的雜貨店都已經有了。[24]

在安撫投資人的壓力下，Webvan 快速又劇烈地進行擴張。1999 年《華爾街日報》的文章報導了 Webvan 在加州奧克蘭開張的第一座巨型倉庫：

如果它蓬勃發展，就算沒有，博德斯先生都計畫幾個月後在亞特蘭大開設另一座巨型雜貨倉庫。未來他計畫在美國幾乎每個能支持一個大聯盟隊伍的城市裡，再設置至少二十座這樣的設施。[25]

在開始這個積極但最終導致災難性結果的擴張計畫前，Webvan 並未解決其商業模式裡最初的糾結。在十八個月內，這間線上雜貨商在全美十個主要城市營運；[26] 相較之下，歐卡多超過十年後才開設第二座履行中心。[27]Webvan「犯下零售業的大忌——在證明我們的第一個市

場成功之前，就擴張到一個新的領域，而在我們的案例中是數個新領域。」Webvan 董事會成員麥可‧莫里茨（Mike Moritz）說。「事實上，我們往其他地區拓展的同時，等於正忙於展示灣區市場的失敗。」[28]

為了達到規模經濟，Webvan 於 2000 年併購競爭對手 HomeGrocer。巧合的是，Amazon 當時擁有 HomeGrocer 35% 的股份，這是第一次我們得以窺見貝佐斯對雜貨類別的願景——將「繁瑣雜事」從體驗中移除。1999 年，他稱讚 HomeGrocer「狂熱關注顧客體驗。它們的購物者挑的產品比我自己挑的更好……這間公司真的對細節有著非比尋常的關注。」[29]

併購 HomeGrocer 不足以拯救 Webvan，後來它在一年內破產。這對市場產生深遠影響，使未來幾年甚至幾十年間，市場對線上雜貨興味索然。

◎ Amazon 生鮮：從 Webvan 的灰燼中誕生

Amazon 自己的線上雜貨配送服務 Amazon 生鮮在 2007 年誕生；但如果你不住在西雅圖，那就可以體諒你以為這是一個更新的概念。Amazon 在其發源地低調測試這項服務**五年後**，才推廣到其他美國城市。若要說 Amazon 從 Webvan 的失敗中學到什麼，那就是要先確定商業模式再進行任何形式的擴張。

帶領 Amazon 生鮮計畫的是四名前 Webvan 高管——道格‧

赫林頓（Doug Herrington）、彼得‧漢姆（Peter Ham）、米克‧茂恩茨（Mick Mountz）和馬克‧馬斯坦德里亞（Mark Mastandrea）。值得強調的是，茂恩茨也是 Kiva Systems 的創始人，Kiva Systems 是 Amazon 於 2012 年併購的機器人公司。Kiva 建立在最初由 Webvan 開發的技術基礎之上，後來成為 Amazon 生鮮計畫的關鍵部分。有趣的是，Webvan 也因為 Amazon 購買其網域名稱而復活──儘管已不再運作，但該網站曾一度用於販賣 Amazon 不易腐壞的食品。

「我們這裡有很多 Webvan 的 DNA，也從那段經驗裡借鏡不少。」湯姆‧弗菲（Tom Furphy）說，在他成為創業投資人前，湯姆幫助赫林頓和漢姆啟動了 Amazon 生鮮。「這是可靠地建立業務的好方法。」[30]

但團隊後來停止了這項業務。因為 Amazon 作為一般商品零售商，其網站在一開始──現在也還是──為目標搜尋而設計。但當然，購物者往往會想看看不同類別的東西；另外，線上交易大多包含兩到四樣貨件，但雜貨訂單平均會到五十項。[31]掌握供應鏈的複雜度和使用者體驗的差異，是破解線上雜貨的關鍵。

無論多緩慢，Amazon 都開始取得進展，而它有兩個重要推手──時機和既有顧客基礎。到了 2000 年代中期，快速的寬頻網路和智慧型手機普及率的提高，有助於刺激線上雜貨的需求；加上與 Webvan 不同，Amazon 能充分利用現有的購物者群。不過值得說明的是，當推出 Amazon 生鮮時，Prime 只有比它早幾年的資歷。這也是線上雜貨的推展龜速前行的另一原因──Prime 必須既成熟又吸睛，讓 Amazon 在認真面對雜貨業務前就

具備忠實又具規模的顧客基礎。

　　2013 年，Amazon 生鮮終於開始拓展西雅圖以外的業務，並在幾年內將服務拓展至芝加哥、達拉斯、巴爾的摩、西雅圖、加州部分地區（洛杉磯、河濱市、沙加緬度、聖地牙哥、舊金山、聖荷西和史塔克頓）、紐約、紐澤西北部、費城、維吉尼亞北部、康乃狄克，及美國境外的倫敦。[32]

　　多年來，為發揮生鮮雜貨配送的經濟效果，Amazon 用不同的品牌和資費做試驗。此服務有陣子被稱為 Prime Fresh，並推出年費二百九十九美元的方案，是一般 Prime 會員的三倍。對於許多還在習慣線上訂購雜貨的購物者來說太難以接受，因此，在 2016 年，Amazon 生鮮改變定價模式——仍僅限 Prime 會員，但另計的費用為每月十四點九九美元。

　　儘管有著有利的市場條件，線上銷售生鮮食品還是一件不容易的事，這也是 Amazon 同步測試較熟悉的類別——非易腐品項的原因。

◎訂閱享優惠：初次嘗試簡化補貨

　　2007 年，Amazon 在開始配送 Amazon 生鮮產品的幾個月前，推出訂閱享優惠方案。該訂閱方案目前仍在運作，讓購物者收到自動配送的雜貨產品（間隔一至六個月），並享有最高 15% 的折扣。方案推出之際，Amazon 的線上雜貨店與生鮮服務各自獨立，主打超過兩萬兩千種來自領導品牌的非易腐品項，包含家樂氏（Kellogg's）、代代淨（Seventh Generation）和好奇（Huggies）以及各式各樣天然和有機產品。[33]

訂閱享優惠是鎖定雜貨購物者的第一步，讓 Amazon 深入了解他們的品牌偏好和價格彈性——而對該方案的主要批評是，儘管有折扣，但內容商品仍受 Amazon 動態定價影響，抵消訂閱帶來的優惠。

推出訂閱享優惠讓我們得以在早期階段就洞察 Amazon 將如何顛覆雜貨業——去除掉日常採購中繁雜瑣碎的部分，而這畢竟是 HomeGrocer 在多年前被 Amazon 購買少部分股權時受貝佐斯青睞的原因。訂閱享優惠是 Amazon 簡化補貨方案的初次嘗試，Amazon 將繼續推出一系列全新的顧客接觸點，實體和數位都有，目標在於盡可能無縫地回購日常用品：

★**一鍵購物鈕**：放在購物者家中，透過 Wi-Fi 連線的一鍵回購按鈕。

★**一鍵補貨服務**：由設備端提醒的補貨方案，即自動重新訂購濾芯的 Brita 智慧濾水壺，或在低電量時重新訂購電池的 August 家用智慧門鎖。

★ **Alexa 語音助理**：透過 Echo 智慧音箱操作，可進行聲控購物的人工智慧虛擬助理。

★**購物魔杖（Dash Wand）**：可掃描條碼和聲控操作重新訂購的手持設備。

★**虛擬一鍵購物鈕**：顧名思義，是在 Amazon 應用程式和官網上使用的一鍵購物鈕。

為了在這些新的競爭威脅中保持優勢，2017 年沃爾瑪申請了一項專利，將物聯網（Internet of Things，簡稱 IoT）整合進

實際產品中。與 Amazon 的一鍵補貨方案一樣，這將使顧客不花力氣就能自動重新訂購商品。當然，不同之處在於沃爾瑪的專利是補貨流程由產品驅動而非設備驅動，這將產生更廣泛的應用並加速此一趨勢的普及。

> Amazon 將為千百萬人和眾多產品類別迅速且隱密地強化習慣性購買。
>
> 布萊恩・希恩（Brian Sheehan），
> 雪城大學廣告學系教授，2018 年 [34]

　　自動補貨趨勢將會扮演形塑零售業未來的要角。透過這些替代的接觸點，Amazon 希望減少阻力並縮短購買路徑，正如 1999 年它推出有名的一鍵購買專利那樣。現在，你可以在沒有商店或螢幕的情況下購物、你可以在廚房裡聲控 Alexa 將商品加到購物籃或按下一鍵購物鈕。而未來此過程將更無縫接軌，因為購物者可以選擇完全退出購買決策，我們將從一鍵點擊到無需點擊。

> 在雜貨業，智慧家庭、智慧廚房、智慧家電的影響將會非常巨大。談到家庭中的物聯網應用時，我看到智慧中控裝置大戰正在發生。
>
> 保羅・克拉克（Paul Clarke），歐卡多技術長，2016 年 [35]

因此，消費者將來會花更少的時間購買必需品，後續章節會再詳細探討此一趨勢，特別是它對實體空間的影響。但目前，重要的是要記得，為了換取這些科技帶來的超便利性，交易都直接被疏導至 Amazon 的零售平台進行。沒有其他零售商如此成功地滲透進消費者的家中。

經過幾年運作，訂閱享優惠透過 2010 年推出的 Amazon 老媽（AmazonMom，現在更恰當地命名為 Amazon 家庭）和併購 Quidsi 得到支持。Amazon 老媽讓處於人生關鍵階段的顧客獲得尿布折扣，只要他們登記成為每月定期送貨客戶；同時，競爭對手 Quidsi 是 Diapers.com、Soap.com 和 BeautyBar.com 的母公司。一個有趣的補充說明——Quidsi 由馬克·洛爾（Marc Lore）共同創立，被併購後他繼續在 Amazon 工作了幾年。之後他又創建了網路市集 Jet.com，正如上一章所討論的，在 2016 年被沃爾瑪併購。這三十三億美元的併購價格，是美國電子商務新創公司有史以來金額最大的併購交易，也彰顯沃爾瑪視 Amazon 為其業務的根本威脅。這是一次對競爭者和人才的併購，而 2018 年撰寫此書時，洛爾依然是沃爾瑪國內電子商務營運的執行長。

■ Amazon 雜貨的里程碑

年份	Amazon 雜貨的里程碑	類別
1999	收購 HomeGrocer.com 35% 的股份	線上雜貨店
2000	Webvan 併購 HomeGrocer	線上雜貨店
2001	Webvan 聲請破產； 網站整併至 Amazon.com	線上雜貨店

2007	Amazon 生鮮上線	線上雜貨店
2007	推出訂閱享優惠	線上雜貨店
2011	併購 Quidsi	線上雜貨店
2012	併購 Kiva Robotics	線上雜貨店
2013	Amazon 生鮮拓展至西雅圖以外	線上雜貨店
2014	推出購物魔杖	智慧家庭
2014	Prime 儲物櫃上線	線上雜貨店
2014	Prime Now 上線	線上雜貨店
2015	推出一鍵購物鈕	智慧家庭
2015	推出一鍵補貨服務	智慧家庭
2015	推出 Echo 智慧音箱搭配 Alexa 語音助理，可用聲控操作來購物	智慧家庭
2015	Amazon 餐廳（Amazon Restaurants）上線	線上雜貨店
2016	Amazon 生鮮走向國際：與英國莫里遜超市（Morrisons）和西班牙迪亞天天超市（Dia）簽約合作	線上雜貨店
2016	推出首項自有品牌雜貨產品	線上雜貨店
2017	推出 Amazon 生鮮實體店	傳統實體零售店
2017	併購全食超市	傳統實體零售店
2017	Amazon 生鮮縮減至九個州	線上雜貨店
2017	虛擬一鍵購物按鈕上線	線上雜貨店
2017	推出手作餐點食材箱（meal kits）	線上雜貨店
2018	推出 Amazon Go	傳統實體零售店

來源：作者研究；Amazon。

◎ Prime 系列駕到：儲物櫃和 Now 兩小時到貨服務

2014 年又有兩大服務上線：Prime 儲物櫃和 Prime Now 兩小時到貨服務。Prime 儲物櫃最初適用於龐大沉重，通常是按月採購的項目，向購物者收取五點九九美元的固定費用，即可在一個四立方英呎的箱子裡裝滿高達四十五磅非易腐類的家用物品。當購物者添加商品到線上購物籃時，系統會提醒他箱子有多滿。這個概念既創新又相對低風險——配送麥片和洗衣精並非萬無一失，但比配送生鮮食品更具經濟可行性。Amazon 花了五年時間才將其 Amazon 生鮮雜貨服務擴展到西雅圖以外的地區；Prime 儲物櫃則在首日就在美國本土四十八個相鄰州提供服務。

> 一盒契瑞歐麥片（Cheerios）和一本書沒有那麼大的差異，不必從根本重寫或建立全新的基礎建設。
>
> 伊恩·克拉克森（Ian Clarkson），
> 前 Amazon 高階主管，2018 年 [36]

Prime 儲物櫃讓 Amazon 得以測試免運費但成本過高的產品的需求。缺乏生鮮食品並不會讓美國顧客就此不消費——記住很多人至今仍對線上購買易腐品感到遲疑。然而，在英國這樣的國際市場中，我們認為 Prime 儲物櫃比較不那麼吸引人。因

為消費者希望能在線上一次購買所有需要的食品雜貨，加上高密度的超市分布和倉儲空間相較美國家庭來得缺乏，代表英國購物者不會與美國購物者一樣「囤貨」。

但已經對免運費培養出期待的美國 Prime 會員，會願意每次都為送抵他們家門的一紙箱家用品額外支付六美元（要記得其中一些商品早就可以透過 Amazon 主要的市集官網供應）嗎？更重要的，Prime 會員也預期兩天到貨，但儲物櫃到貨需要長達四個工作天。是個創新的做法，但很難看到對顧客的實際價值。

2018 年時，Amazon 調整了模式，從每筆訂單都收取一筆固定費用，改成 Prime 會員在每年的 Prime 會費之外，每月另收五美元。轉向訂閱模式是 Amazon 更整體性策略的一部分，可為 Prime 會員方案增加層次，也幫助它們推動此服務的使用率和留客率。

有了 Prime 儲物櫃供應每月採購，和 Amazon 生鮮滿足每週採買，Amazon 決定追尋另一個購物使命——便利性。Amazon 推出 Prime 會員限定的免費兩小時到貨服務 Prime Now（或收取七點九九美元的固定費用，一小時內到貨），改變了網路購物的遊戲規則——別忘了當天到貨通常仍是一項收費服務（Prime 會員為五點九九美元；非會員為八點九九美元）。Prime Now 的重要性在於它能讓 Amazon 更有效地鎖定特定的購物時機——故得以分享消費者的錢包，同時在過程中徹底顛覆產業。

儘管盡了最大努力，但沒有任何歐美競爭對手可以像 Prime Now 兩小時到貨服務一樣提供各式各樣的產品——涵蓋雜貨和一般商品類別的兩萬種存貨，在一到兩小時內即可到貨。它們

當然無法免費做到。

特易購最接近 Prime Now 服務的嘗試，是 2017 年在英國推出的 Tesco Now 服務。購物者可在一到兩小時內透過第三方供應商 Quiqup 的配送收到雜貨商品，但他們只能從一千樣商品中選擇二十樣，且需支付最少五點九九美元的費用。Amazon 提供二十倍之多的產品範圍，也無需顧客支付額外費用。

Amazon 打造 Prime Now，「為我們的顧客帶來魔法……將用來生活的時間還給人們，而不是為他們的雜貨採買四處奔走。」Amazon Prime Now 總監瑪麗安吉拉・瑪莎莉亞（Mariangela Marseglia）在 2017 年 Shoptalk 會議時的演講裡解釋道。

因著典型 Amazon 作風，Prime Now 不到四個月內就從一個產品概念到服務上線。一開始僅涵蓋曼哈頓一個郵遞區號的範圍，因為 Amazon 希望在推出之前確保顧客經驗以達完善，瑪莎莉亞認為如果 Prime Now 可以在曼哈頓操作，那它就可以推展到任何城市。2014 年 12 月，Amazon 的第一個 Prime Now 訂單，於八點五十一分送達，剛好是一款叫做 Rush 的電動遊戲。九點，商品完成揀貨並打包，而到了十點〇一分，顧客收到包裹。

因著 Amazon 完成「緊急」購物任務的獨特能力，讓平安夜成為 Prime Now 最受青睞的日子之一。英國曼徹斯特的一位顧客在平安夜晚上十點訂購了首飾、女仕香水和 PlayStation 遊戲機，並在晚上十一點到貨。Amazon 不僅滿足顧客的需求，還可能因此拯救幾段婚姻！

Prime Now 適合的其他兩項購物使命是送禮和雜貨補充，

後者在像英國的市場越來越受歡迎。據 Amazon 生鮮和 Prime Now 英國負責人傑森‧魏斯特曼（Jason Westman）稱，為達成「今晚需要」的購物使命，Amazon 正將其截止時間延遲到當天稍晚。在某些英國郵遞區號的投遞範圍裡，購物者最晚可以在下午四點前訂購，且當晚仍可以收到商品。他在 2018 年時表示：「時間正逐漸成為每個人的重要商品。」[37]

我們將在本書後續章節討論 Prime Now 背後的機制，但現在重要的是了解它對 Amazon 和整體市場的立即影響。在曼哈頓推出服務後的一年內，Prime Now 推廣到三十多個城市——主要是在北美，但也包括倫敦、米蘭和東京。到 2016 年，Prime Now 在全球九個國家共五十多個城市裡展開服務。它甚至被當作 Amazon 進入新市場的媒介，2017 年，Amazon 跟 Prime Now 一起在新加坡開始營運。

截至目前在 Amazon 的所有雜貨服務中，Prime Now 最具顛覆性。價格戰已被時間戰所取代，全球許多超市現在都爭著提供當天到貨服務，即使是對像英國這樣最先進的線上雜貨市場也產生了影響。儘管寫作本書時，Amazon 仍占不到英國食品雜貨業 2% 的比例，但就到貨速度而言，Amazon 一直是推動變革的驚人催化劑。自 Prime Now 推出以來：

★特易購除推出 Tesco Now（透過 Quiqup 配送）外，還在全國境內推出當日到貨。

★森寶利超市（Sainsburys）推出 Chop，一個小時的送貨服務，截至 2018 年提供英國 40% 的當日到貨服務（去年僅 11%）。[38]

★馬莎百貨與 Gophr 合作，試行兩小時到貨的服務。

★ Co-op 合作社與戶戶送（Deliveroo）合作，快速配送點心、甜食和酒類飲料。

★莫里遜超市和布斯超市（Booths）紛紛加入 Prime Now 的行列。

我們認為，英國的雜貨業者在 Amazon 導入前，普遍不願意提供當日到貨服務，因為（一）購物者沒有大力要求；（二）會增加不必要的成本和複雜度。但自 Amazon 把精靈從瓶子中放出來後，現在也不可能讓它再回去瓶子了。

與 Alex 語音助理一樣，Amazon 點燃了當日到貨的新趨勢，改變了購物行為和期待，以至於一些競爭對手為維持對顧客的價值，已開始轉向使用 Amazon 的基礎建設。不只是英國的莫里遜超市和布斯超市開始透過 Prime Now 銷售；Amazon 已與世界各地許多全國性和獨立的雜貨業者簽訂類似的供應協議，包括西班牙的迪亞天天超市，法國的 Fauchon 和 Monoprix 超市，以及德國的羅斯曼藥妝連鎖店（Rossmann）和 Feneberg 超市，僅舉幾例。同時，在收購全食超市後，Amazon 與美國天然食品零售商 Sprouts 的長期供貨合約不意外地在 2018 年終止，之後 Sprouts 改與 Instacart（譯注：群眾外包配送）合作。

這些合作關係目前對 Amazon 來說很重要，因為儘管 Amazon 有許多創新，但它還沒被視為是可靠的食品採購者。沒有吸引人的各式商品，基礎設施再好也沒用。這些商品供應，以及我們即將探討的全食超市併購案，使 Amazon 在競爭激烈的雜貨業中立即獲得品牌辨識度和商譽，而更關鍵的是，讓

Amazon 更了解如何線上銷售食品。

　　但這帶出一個重點。如果 Amazon 計畫像非食品業務一樣，透過產品種類和便利性來建立自己在雜貨業的差異化——那它需要扮演的是主持者。它需要成為其他零售商和品牌的途徑；它是市集、是基礎建設。在非食品方面，我們看到越來越多的零售商因為其無庸置疑的影響範圍，而屈從於 Amazon 的平台。而經過多年抗拒，Nike 等品牌已向 Amazon 讓步。理論上，Amazon 可能也會對雜貨業做同樣的事情——但它又收購了全食超市。在某些時點上，它將需要決定自己是想成為超市或是購物平台。

1.Brad Stone (2013) *The Everything Store*.

2.Anonymous (2017) The challenge of selling toys in an increasingly digital world, *eMarketer*, 19 September. 連結：https://retail.emarketer.com/article/chall enge-of-selling-toys-increasingly-digital-world/59c169efebd4000a7823ab1c [最 後瀏覽日：2018 年 6 月 19 日]。

3.Walmart (2017) Thomson Reuters Streetevents edited transcript: WMT – Wal-Mart Stores Inc 2017 Investment Community Meeting, 10 October. 連結：https ://cdn.corporate.walmart.com/ea/31/4aa1027b4be6818f1a65ed5c293a/wmt-usq-transcript-2017-10-10.pdf [最後瀏覽日：2018 年 6 月 19 日]。

4.Beth Kowitt (2018) How Amazon is using Whole Foods in a bid for total retail domination, *Fortune*, 21 May. 連結：http://fortune.com/longform/amazon-groc eries-fortune-500/ [最後瀏覽日：2018 年 6 月 19 日]。

5.Briony Harris (2017) Which countries buy the most groceries online? *World Economic Forum*, 6 December. 連結：https://www.weforum.org/agenda/2017/12 /south-koreans-buy-the-most-groceries-online-by-far/ [最後瀏覽日：2018 年 6 月 19 日]。

6. 同前注。

7.Jeremy Bowman (2018) Walmart thinks you'll pay $10 for grocery delivery, *The Motley Fool*, 18 March. 連結：https://www.fool.com/investing/2018/03/18/ walmart-thinks-youll-pay-10-for-grocery-delivery.aspx [最後瀏覽日：2018 年 6 月 19 日]。

8.NPR/Marist (2018) The Digital Economy Poll, June 2018 [Have you ever bought fresh groceries online?] The Marist College Institute for Public Opinion, Poughkeepsie, NY: NPR [distributor]. 連 結：http://maristpoll.marist.edu/wp-content/misc/usapolls/us180423_NPR/NPR_Marist%20Poll_Tables%20of%20 Questions_May%202018.pdf#page=2 [最後瀏覽日：2018 年 6 月 19 日]。

9.Walmart (2017) Thomson Reuters Streetevents edited transcript WMT–Wal-Mart Stores Inc 2017 Investment Community Meeting, 10 October. 連結：https: //cdn.corporate.walmart.com/ea/31/4aa1027b4be6818f1a65ed5c293a/wmt-usq-transcript-2017-10-10.pdf [最後瀏覽日：2018 年 6 月 19 日]。

10. 同前注。

11.Beth Kowitt (2018) How Amazon is using Whole Foods in a bid for total retail domination, *Fortune*, 21 May. 連結：http://fortune.com/longform/amazon-groc eries-fortune-500/ [最後瀏覽日：2018 年 6 月 19 日]。

12. 同前注。

13.Spencer Millerberg (2018) Amazon Grocery Year in Review, Clavis Insight, 16 January. 連 結：https://www.clavisinsight.com/blog/amazon-grocery-yearreview [最後瀏覽日：2018 年 6 月 19 日]。

14. Sam Chambers (2018) Britain's robot grocer is coming to the U.S., *Bloomberg*, 15 June. 連結：https://www.bloomberg.com/news/articles/2018-06 -15/britain-s-robot-grocer-ocado-is-coming-to-the-u-s [最後瀏覽日：2018 年 6 月 19 日]。

15. Sue Wilkinson (2017) How my weekly grocery shopping habits relate to U.S. grocery shopper trends, *Food Marketing Institute*, 25 July. 連結：https://www. fmi.org/blog/view/fmi-blog/2017/07/25/how-my-weekly-grocery-shopping- habits-relate-to-u.s.-grocery-shopper-trends [最後瀏覽日：2018 年 6 月 19 日]。

16. Beth Kowitt (2018) How Amazon is using Whole Foods in a bid for total retail domination, *Fortune*, 21 May. 連結：http://fortune.com/longform/amazon-groce ries-fortune-500/ [最後瀏覽日：2018 年 6 月 19 日]。

17. 同前注。

18. 同前注。

19. Mike O'Brien (2018) Google, Amazon and the relationship between paid search and ecommerce, *Clickz*, 29 March. 連結：https://www.clickz.com/google -amazon-paid-search-ecommerce/213753/ [最後瀏覽日：2018 年 6 月 29 日]。

20. Beth Kowitt (2018) How Amazon is using Whole Foods in a bid for total retail domination, *Fortune*, 21 May. 連結：http://fortune.com/longform/amazon-groc eries-fortune-500/ [最後瀏覽日：2018 年 6 月 19 日]。

21. Greg Bensinger (2015) Rebuilding history's biggest dot-com bust, *Wall Street Journal*, 12 January. 連結：https://www.wsj.com/articles/rebuilding-historys- biggest-dot-come-bust-1421111794 [最後瀏覽日：2018 年 6 月 19 日]。

22. Anonymous (2001) What Webvan could have learned from Tesco, *Knowledge at Wharton*, 10 October. 連結：http://knowledge.wharton.upenn.edu/article/what -webvan-could-have-learned-from-tesco/ [最後瀏覽日：2018 年 6 月 19 日]。

23. 同前注。

24. Adam Bluestein (2013) Beyond Webvan: MyWebGrocer turns supermarkets virtual, *Bloomberg*, 17 January. 連結：https://www.bloomberg.com/news/articles /2013-01-17/beyond-webvan-mywebgrocer-turns-supermarkets-virtual [最後 瀏覽日：2018 年 6 月 19 日]。

25. Anonymous (2001) What Webvan could have learned from Tesco, *Knowledge at Wharton*, 10 October. 連結：http://knowledge.wharton.upenn.edu/article/ what-webvan-could-have-learned-from-tesco/ [最後瀏覽日：2018 年 6 月 19 日]。

26. Alistair Barr (2013) From the ashes of Webvan, Amazon builds a grocery business, *Reuters*, 16 June. 連結：https://www.reuters.com/article/amazon-web van-idUSL2N0EO1FS20130616 [最後瀏覽日：2018 年 6 月 19 日]。

27. 歐卡多官方網站。連結：http://www.ocadogroup.com/who-we-are/our-story-so-far.aspx [最後瀏覽日：2018 年 6 月 19 日]。

28.Alistair Barr (2013) From the ashes of Webvan, Amazon builds a grocery business, *Reuters*, 16 June. 連結：https://www.reuters.com/article/amazon-webvan-idUSL2N0EO1FS20130616 [最後瀏覽日：2018 年 6 月 19 日]。

29.Amazon 新聞稿 (1999) Amazon.com announces minority investment in HomeGrocer.com, *Amazon*, 18 May. 連結：http://phx.corporate-ir.net/phoenix.zhtml?c=176060&p=irol-newsArticle&ID=502934 [最後瀏覽日：2018 年 6 月 19 日]。

30.Alistair Barr (2013) From the ashes of Webvan, Amazon builds a grocery business, *Reuters*, 16 June. 連結：https://www.reuters.com/article/amazon-web van-idUSL2N0EO1FS20130616 [最後瀏覽日：2018 年 6 月 19 日]。

31.Beth Kowitt (2018) How Amazon is using Whole Foods in a bid for total retail domination. *Fortune*, 21/5. 連結：http://fortune.com/longform/amazon-groceries-fortune-500/ [最後瀏覽日：2018 年 6 月 19 日]。

32.Anonymous (2016) AmazonFresh expands to Chicago, Dallas, *Progressive Grocer*, 26 October. 連結：https://progressivegrocer.com/amazonfresh-expands -chicago-dallas [最後瀏覽日：2018 年 6 月 29 日]。

33.Amazon 新聞稿 (2007) Amazon.com's grocery store launches new Subscribe & Save feature allowing automatic fulfillment of most popular items, *Amazon*, 15 May. 連結：http://phx.corporate-ir.net/phoenix.zhtml?c=176060&p=irol-newsArticle&ID=1000549 [最後瀏覽日：2018 年 6 月 29 日]。

34.Brian Sheehan (2018) The key to a winning Amazon ad strategy? Go big everywhere else, *Ad Week*, 2 February. 連結：https://www.adweek.com/brand-marketing/the-key-to-a-winning-amazon-ad-strategy-go-big-everywhere-else/ [最後瀏覽日：2018 年 6 月 29 日]。

35. 歐卡多技術長保羅‧克拉克於 2016 年在倫敦的 Salesforce 活動上發表的演講內容。

36.Beth Kowitt (2018) How Amazon is using Whole Foods in a bid for total retail domination, *Fortune*, 21 May. 連結：http://fortune.com/longform/amazon-groc eries-fortune-500/ [最後瀏覽日：2018 年 6 月 19 日]。

37.Amazon 英國分析師的簡報，倫敦，2018 年 7 月。

38.Dan Macadam (2018) Can supermarkets really deliver in a day? *BBC*, 4 February. 連結：https://www.bbc.co.uk/news/business-42777284 [最後瀏覽日：2018 年 6 月 29 日]。

7

全食超市：
美麗新紀元

> 我不想讓人們離開時認為這裡不會有任何改變。因為就
> 是會有變化發生，毫無疑問。
>
> 約翰・麥基（John Mackey），
> 全食超市執行長暨共同創辦人，2017 年[1]

理解了線上和線下不再互斥，零售商們現正迅速地尋找兩者的均衡。但問題是誰會先達成？傳統實體零售商是否能在數位原生品牌了解如何經營實體店前成功破解電子商務？時間肯定很緊迫。

> 我們很有可能在零售業的未來中占據一個有利的位置，
> 而我不會和任何人交換這個位子。
>
> 沃爾瑪執行長道格・麥克米倫，2017 年[2]

2017 年 6 月 16 日的兩則重大公告，非常恰當地說明了線上和線下零售業的融合：不到一年，沃爾瑪宣布進行第四次電子商務併購案，計畫買下網路男裝品牌 Bonobos；但同一天更重要的，Amazon 宣布將收購一家傳統實體連鎖店——全食超市。

那一天永遠改變了零售業。在對實體零售試水溫後，這筆重量級交易強化了 Amazon 對實體零售業的承諾。業界當下的

反應憂喜參半，一方面，Amazon 前進超市領域的這步棋會是一種干擾，使傳統雜貨商大幅提高它們的水準，也順便揭露一些平庸者；但另一方面，這筆交易也是實體零售業仍有前途的終極證明，甚至可能是一片光明的前途。

投資者似乎也這麼認為。消息公告之後，Amazon 的市值增加了一百五十六億美元——超過併購案金額二十億美元。Amazon 基本上是免費取得全食超市，而其他超市同業的市場價值則損失了三百七十億美元。[3] 這是雜貨業的轉折點。

在本章中，我們將探討全食超市交易背後的邏輯，Amazon 又會如何為 21 世紀的購物者重新定義超市，以及 Amazon 對整體產業的衝擊。

Amazon 將對發明的渴望應用於超市部門

根據我們書中已探討的內容，這起雜貨商的併購案應該不會讓人意外。就在 2017 年 5 月併購案宣布前，娜塔莉寫到：「Amazon 當然試圖在實體和數位領域自己破解雜貨，但若不主動收購另一家零售商，它在五年內不可能對食品雜貨業產生有意義的影響。」幾週後，Amazon 宣布了全食超市的併購交易。

優先於併購一事，有三項明確的事態：（一）Amazon 對傳統實體零售店的興趣日益增長；（二）沒有實體商店，Amazon 在雜貨業無法站穩腳步；（三）Amazon 有徹底改變顧客體驗的潛力。

那時，Amazon 一直在家鄉西雅圖低調地測試兩種新的雜貨店設計：Amazon Go 和 Amazon 生鮮實體店。我們將在之後的

僅有線上服務已不再足夠：Amazon 於 2017 年併購全食超市。

Amazon 的第一間免結帳商店，Amazon Go，於 2018 年開幕。

章節中詳細探討 Amazon Go，現在重要的是要知道這個便利店概念中，並沒有一項極其基本的事物——結帳。

同時，Amazon 生鮮實體店服務讓 Prime 會員駕車到指定地點，不再受超市店點束縛，並將會員訂購的雜貨商品送至車旁。將探討範圍擴展到全球，這個概念並不完全是革命性的——法國雜貨商多年來一直在操作這些「得來速」（Drive）概念（我們將在第 13 章中詳細討論）。但在美國，它仍然相對新穎——沃爾瑪是唯一一家在相同時間積極測試這種服務的零售商。

講到實體商店概念，所有的榮耀可能都會歸給 Amazon Go，但 Amazon 生鮮實體店才是這個零售巨擘進入以商店為基礎的零售業後最合邏輯的延伸。Amazon 應用它快速的履行訂單能力，並透過它制定的支付流程來讓此概念更能為己所用，甚至使用車牌辨識科技來縮短等待時間。快到購物者可以在下訂單後十五分鐘內取得商品。

儘管 Amazon 終究會需要拓展到實體商店，但它絕對不會在一系列平凡的超市中貼上自己的商標。將 Amazon 的顧客至上信念和對發明的渴望結合起來，代表超市的業務將被嚴重顛覆。無論是透過將雜貨商品送到你的車旁，還是完全捨棄排隊一事，你都可以指望 Amazon 挑戰常規並大幅改善顧客體驗。但這只是一個開始。

為什麼是全食超市？

我們認為 Amazon 對雜貨業的最終布局如下：

❶使線上雜貨大眾化，所以顧客就可以達成隨心所欲地購買這項首要之務，就跟他們已經習慣透過網路購買一般商品一樣。

❷利用科技把繁雜瑣事從雜貨採買中淘選掉。Amazon 處於一個獨特的位置，能讓功能性、例行的消耗性商品實現自動補貨，並特別有動機在這個部分開發自有品牌系列商品。

❸店內體驗將使用科技，來讓購物過程中的路線導引和結帳這兩部分的阻力降至最低，同時還可以做到即時、更深入地個人化的產品推薦和獎勵機制。用全食超市執行長約翰‧麥基的話來說，加入 Amazon 家族，將把全食超市從「後段班學生」變為「畢業生代表」。[4]

❹所有類別將從實體店中移除，挪出空間給：（一）更有感的類別，如新鮮和即食食品；（二）混合式體驗——從烹飪教室到共同工作空間；（三）網路訂購、實體通路取貨和／或退貨服務處；（四）線上雜貨的履行處，以滿足當天到貨的需求。

❺同前所述，Prime 將支持 Amazon 的雜貨策略。畢竟，Amazon 進入雜貨業的主要動機是為了每週都能接觸到購物者，並將他們滯留在更廣闊的生態系中。

考慮至此，特別是關於新鮮度和利用商店作為小型履行樞紐這兩點，你開始可以了解 Amazon 為什麼被全食超市吸引。全食超市著重在易腐商品，占連鎖超市銷售額的三分之二以上，戲劇性的商品陳列和出名的自有品牌系列——包括令人垂涎的生鮮類別，將彌補 Amazon 相對的弱點。有傳言說 Amazon

要併購像 Target 百貨公司或 BJ 批發俱樂部（BJ's Wholesale Club）這樣的大型零售商，但在我們看來，Amazon 需要開發美食的業務，不僅是為了累積在生鮮商品的信賴度，也因為全食超市缺乏非食品商品的現況，故可減少既有產品的重複性。

這兩家零售商的目標客群自然重疊得很明顯，包括富裕、受過教育且經常為時間所迫的消費者。事實上，全食超市在這部分可能做得太好了——併購後 Amazon 首先採取的其中一個措施，就是投資在降低全食超市的商品價格，以處理過去「所費不貲」（Whole Paycheck）的名聲。全食超市將改頭換面，不過特別強調的是 Prime 成員的交易會更加划算，如第 3 章所述。實際上，加拿大皇家銀行分析師馬克·馬哈尼（Mark Mahaney）認為，Amazon 可以純粹透過提供 Prime 會員金錢誘因，在五到十年間將全食超市的客群人數翻倍。[5]

全食超市也非常符合 Amazon 的需求，因為它有全國性的店點，但並沒有過度擴張—— Amazon 要的是數百間經銷店，而不是幾千間。這很重要，不僅因為 Amazon 想增加雜貨的電子商務銷量，進而減少對實體空間的需求，也因為全食超市對 Amazon 來說是一個大型的實驗室。它有助於在 Amazon 進行定價、銷售和陳設等實驗，並不斷測試驗證相關概念直到成為一個可以實務運作的設計時，維持一個更聚焦且精實的商店組合。

很重要的是，全食超市在都會區也廣設店點。這代表它不只為 Amazon 最後一哩的基礎建設提供支援，而且還是能互補的資源，為 Amazon 提供另一個平台，可以在幾個小時內配送雜貨商品。正如我們在上一章中的討論，Prime Now 是 Amazon 在雜貨業中獨特的競爭優勢之一，因此它們花費 2018 年大部分

的時間，將這項服務推廣到全國的全食超市裡也就不足為奇了。當 Amazon 收購全食超市時，它們不僅是買下四百六十家商店，而是買下了四百六十個迷你倉庫。

但值得強調的是，Amazon 在這部分落於全球同業之後。在中國，向顧客承諾在其三公里範圍內提供三十分鐘到貨的服務，是阿里巴巴的盒馬鮮生（Hema）和京東的 7fresh 等 O2O 雜貨概念的重要特點。和 Amazon 的狀況不同，亞洲電商巨擘們正在組織性進入實體零售業，從零開始建造超市以滿足現代消費者的需要。

當頭棒喝

> 當 Amazon 買下全食超市，它是在向整個雜貨／零售產業發出 Amazon 即將駕到的信號。
>
> 阿卜魯哇·梅達（Apoorva Mehta），
> Instacart 執行長，2017 年 [6]

撰寫本文時，也是此併購完成的一年後，全食超市與被 Amazon 併購前的差異並不大。正如前面的討論，有一些明顯的立即收穫，像是利用了店內空間的取貨置物櫃和 Echo 裝置，還有 Amazon 的官網將販售全食超市系列商品；另外，商品價格調整，且 Prime 會員權益在超市內緩慢推行。但大致上，沒有什麼根本性的突破。

Amazon 的創新步調可能是不間斷的——似乎每週都在顛覆一個新的領域；但 Amazon 在執行方面，是眾所周知地井井有條。整個產業現正屏住呼吸，看看這頭零售巨獸是否可以做到零售業中最基本的事情之一——經營商店。Amazon 將花時間低調實驗和調整各種傳統實體零售店的概念，一邊應付雜貨業陡峭的學習曲線。在我們看到所有店點推出重大變化前，很可能還需要幾年的時間。

併購之後，全食超市可能不是從此大幅改變，但其他人肯定有。這筆交易很大程度是帶來心理上的影響。對於現存的超市來說，這是一記當頭棒喝，不僅要加速提升自己的電商能力，還要以數位方式強化其實體商店基礎。要做到這一點，大多數的零售商不得不將眼光向外看。

◎歐卡多等待的東風

全食超市併購案的兩週後，在倫敦舉行的歐卡多半年業績會議上，執行長提姆·史丹納笑容滿面。他們最大的威脅之一也正是他們最大的機會。被問到他對全食超市併購案的看法時，史丹納指出，它只會刺激對線上雜貨的需求，而最終將幫助歐卡多拓展業務。「雜貨零售業正在改變中，而我們的定位非常理想，能讓其他零售商完成它們的線上抱負。」[7] 史丹納的說法與 Instacart 執行長阿卜魯哇·梅達的相呼應，梅達在同年稱 Amazon 和全食超市的交易是「塞翁失馬，焉知非福」。[8]

多年來，歐卡多一直向投資人承諾，它將確保其雜貨配送技術——歐卡多智慧平台（Ocado Smart Platform）的國際合作

伙伴。在 2015 年第一次錯過自行公告的的截止日期後，又過了幾個月，然後是幾年，投資人開始失去耐性。也許歐卡多從零售商轉型為全球科技供應商的野心是在吹牛？

　　歐卡多最終在 2017 年與法商佳喜樂集團（France's Casino Groupe）簽訂第一份期待已久的協議——距 Amazon 收購全食超市不到六個月。該協議讓佳喜樂獨占在法國使用歐卡多機器人、網路科技和配送軟體的專屬權。從那之後，歐卡多風風火火地宣布了一批與全球零售商達成的交易，包括索貝斯（Sobeys，加拿大）、ICA（瑞典）及迄今最有名的美國克羅格公司。說全食超市的併購案是這些既存的零售業老鳥們下定決心與 Amazon 抗衡的東風一點也不為過。

案例研究

回應 Amazon 帶來的挑戰

布里德・拉德（Brittain Ladd）[9]

　　能最貼切地形容 Amazon 在 2017 年 6 月 16 日宣布併購全食超市對雜貨業影響的詞語為「珍珠港事件」。那些深信 Amazon 會繼續聚焦在執行線上雜貨策略的雜貨業經營者們驚駭地發現，Amazon 遲早會成為與他們硬碰硬的競爭對手。

　　為了能與 Amazon 對抗，許多經營者選擇與雜貨運送和訂單履行公司 Instacart 接觸。簽訂相關合作契約解決了

一個短期問題，即能夠為顧客提供線上雜貨訂購、履行和將商品送抵顧客手中的服務。然而，與 Instacart 的契約也會構成威脅——為使用 Instacart，雜貨零售商不得不讓供應商取用它們的數據、商店和顧客資料。我是第一批對此狀況示警的人之一，零售商實際上是在將自己的業務狀況傳授給 Instacart，並提供 Instacart 能認清公司優缺點的數據。如果 Instacart 將業務模式拓展到開設自己的零售店，或如果它被沃爾瑪等競爭對手併購，Instacart 就能為自己的利益利用這些數據。

克羅格公司是美國第二大零售商，也是最大的食品雜貨零售商，於 2018 年聘用我為他們提供一系列的戰略，以利與 Amazon 競爭。

運用我對 Amazon 和全球雜貨業的了解，我完成對克羅格公司營運的全面性評估，並確定克羅格公司的最佳行動方案是併購歐卡多。克羅格公司有四十二間傳統配送中心，用來補給近兩千八百家商店，但還缺乏能滿足電商需求的供應鏈。併購歐卡多將使克羅格公司掌握首屈一指的雜貨履行軟體，足以改造它的商業模式。歐卡多還能為克羅格公司帶來競爭優勢。經與歐卡多討論後，克羅格公司確信利用歐卡多的顧客履行中心（Customer Fulfillment Center，CFC）技術將改善它們的供應鏈。然而，近二十億美元的收購價，讓克羅格公司選擇以二億四千七百萬美元買下歐卡多 5% 的股份，而不是併購它。

克羅格公司於 2018 年 5 月 15 日正式宣布與歐卡多的合作計畫。根據新聞稿內容，歐卡多將為克羅格公司提供各種系統，幫助公司管理倉儲運作，導入自動化，並為克羅格公司提供一套先進的物流和運輸路線規劃方案。歐卡多會聚焦在幫助克羅格公司更有效地履行線上雜貨訂單，和為 ClickList（指定地點車邊取貨服務）做揀貨包裝。另外計畫在 2018 年開始的三年期間內，建立二十間顧客履行中心。

　　一些分析師和雜貨業經營者認為，歐卡多的模式不適合美國市場，因為美國大部分的人口零星散布在許多城鎮和郊區；而英國則是人口集中，具有線上雜貨和最後一哩配送的理想條件。許多分析師認為，在城市以外的地區，專注於讓顧客在店內採購雜貨，而非建造高科技自動化倉儲空間較符合常理。

　　我對克羅格公司的管理階層表達了相似的顧慮，即有關歐卡多在英國的效力與在美國會遭遇的實際情況。然而，我另外推薦歐卡多和克羅格公司一個解決方案，如果採用的話，就能消除歐卡多將面對的阻礙。該解決方案還將改變歐卡多的業務模式，使它們能拓展到目前沒有服務的通路。我的方案是，克羅格公司不利用歐卡多的倉庫（它們自稱為「shed」）來履行線上雜貨訂單，而是利用以下策略：

❶導入包材揀選科技和機器人，並以克羅格公司的商店貨架為設計基礎打造商品托盤。利用該技術可為克羅格公司所有的商店補貨。如果落實此策略，克羅格公司將得以關閉大部分的傳統配送中心。歐卡多管理階層對此表示肯定和支持。

❷在同一個歐卡多的倉庫內，也安裝能履行線上雜貨訂單和 ClickList 取貨服務的模組。

在建造每個顧客履行中心時，打造出滿足補貨和訂單履行雙重用途的能力，將大幅減少克羅格公司的總物流成本、提升獲利能力，並增加克羅格公司的競爭優勢。克羅格公司與歐卡多達成協議的另一個好處是，克羅格公司將能進入許多目前沒有提供服務的州，主要在東岸。克羅格公司可以在像紐約、費城、匹茲堡和邁阿密等大型、人口稠密的都市內和外圍設立顧客履行中心。

由於與克羅格公司簽訂排他協議，其他在美國經營的雜貨零售商將無法使用歐卡多的技術。我相信雜貨零售商別無選擇，只能複製克羅格公司或冒著落後的風險。CommonSense Robotics──專門建造與歐卡多的顧客履行中心類似的自動化雜貨配送設施，很可能是此次克羅格公司與歐卡多達成協議的主要受益者。

布里德・拉德是策略和供應鏈管理的專家。拉德也是

前 Amazon 高階管理者，他是首先意識到 Amazon 需要擴張其業務模式，以囊括實體零售業務的人之一。在 2013 年名為〈拯救沃爾沃斯超市（Woolworths）的出色方式〉的研究論文中，拉德提出的論點是，Amazon 應該併購零售商全食超市或以德州為本的區域型雜貨零售商 HEB。拉德於 2015 至 2017 年在 Amazon 工作，帶領 Amazon 生鮮、儲物櫃和雜貨業務向全球拓展。

　　Amazon 突擊雜貨業勢必會促使奇怪的對象結盟。儘管在歐洲併購同盟並非前所未聞，但當看到世界上最大的兩家食品零售商——特易購和家樂福，在 2018 年宣布達成收購協議的消息還是令人震驚。同樣地，雖然我們都預期英國的雜貨業將有更多整併，但不是很多人都預料到阿斯達和森寶利超市會整併以確保能對抗 Amazon。

　　建立技術合作關係現正盛行，特別是由 Google 和微軟領軍的反 Amazon 聯盟。零售收購也已準備完成，用意在於趕上 Amazon 或與 Amazon 保持距離——僅舉幾個例子：Target 百貨公司／Shipt、沃爾瑪／Flipkart 和克羅格公司／Home Chef。在 Amazon 來襲前，每個人都在選邊站。

> 我同意對很多零售商來說，它們已盡力面對了，但最終
> 與像 Amazon 這樣的對象合作可能才是應付數位領域的
> 好方法。
>
> 馬庫斯·易斯特（**Marcus East**），
> 馬莎百貨前管理階層，**2018** 年 [10]

　　有些零售商甚至希望與 Amazon 結夥。正如我們已在本書
中提到的，越來越多的零售商正求助於 Amazon 的規模和專業
知識，甘冒這種伙伴關係中木馬屠城的風險，以換取在數位表
現的快速升級。與此同時，其他人則堅持不考慮與 Amazon 合
作。「我們討厭 Amazon，」英國連鎖超市冰島（Iceland）的
董事總經理塔山·達利瓦（Tarsem Dhaliwal）在 2018 年時說。
「它們會霸凌我們並對我們做糟糕的事。它們會利用我們；我
們不想與它們有任何牽連。」[11]

■ 競合：傾向 Amazon 的其他零售品牌

Amazon 功用	零售伙伴	之前的零售伙伴
Amazon.com 官網 *	Nike、Under Armour、The Children's Place、Chico's FAS、愛迪達（Adidas）、凱文克萊（Calvin Klein）	

Amazon 置物櫃	Rite Aid 連鎖藥局、7-11、西夫韋超市（Safeway）、西班牙國家石油公司（Repsol）、dm 藥妝、埃德卡超市（Edeka）、奧樂齊超市、莫里遜超市、Co-op	RadioShack、史泰博
Prime Now 兩小時到貨服務	莫里遜超市、布斯超市、迪亞天天超市、Monoprix 超市、法商 Bio c'Bon 超市、Fauchon、羅斯曼藥妝連鎖店、Feneberg 超市	天然食品零售商 Sprouts
Alexa 整合服務	Peapod、歐卡多、莫里遜超市、達美樂（Dominos）、Gousto、JD Sports、AO.com、B&H Photo、Woot	
Amazon 店內店	柯爾百貨公司	
Amazon 設備站 **	百思買、購物站百貨（Shoppers Stop）	
Amazon 退貨服務處	柯爾百貨公司	
Amazon 協力商店	Tuft & Needle、凱文克萊	
獨家合作商品／服務	百思買（獨家智慧電視產品線）；西爾斯（在自家的汽車中心提供 Amazon 網站上所有輪胎品牌的安裝服務）	
AWS	布克兄弟、Eataly、吉爾特集團（Gilt）、Made	

附註：範例（表列非所有合作對象）；來源：作者調查，截至 2018 年中。

* 這些品牌的商品會在 Amazon 官網上販售。

** 不像店中店，設備站裡的員工不隸屬 Amazon。

知道何時承認失敗

特易購於 2018 年終止 Tesco Direct 線上購物的服務，這是被 Amazon 擊敗最明顯的宣告。畢竟，Tesco Direct 的用意就是複製 Amazon 的市集模式來與之面對面競爭，也將特易購的產品範圍拓展到既有的超市和官網所提供的項目以外。但如果說今日的零售業有什麼規則的話，一定是這項：面對 Amazon，你是無法青出於藍而勝於藍的。

除了消費高價金額能累積會員點數外，購物者很少有誘因選擇在 Tesco Direct 購物而不是去 Amazon。特易購的網站相較之下讓人困惑且充滿阻力，定價不一致、缺乏產品推薦和評論，而且產品種類既不廣泛也不夠吸引人到足以讓它成為一般商品的購物網站首選。別忘了，現在許多購物者不是用 Google 而是透過 Amazon 來搜尋商品。

Tesco Direct 不僅虧損且對營業額貢獻甚低，是一個可以借鏡 Amazon 的警示教訓：承認失敗並迅速地繼續前進。線上提供九十四種跑步機無法幫助特易購維持英國最大食品零售商的稱號。當 Amazon 已侵門踏戶時，是沒辦法分散注意力在代價高昂的業務上的。特易購將雜貨和非食品類產品合併到同個平台上會好很多，就像一些競爭對手幾年前做的一樣，並聚焦在拓展符合邏輯的產品類別上，以反映購物者預期能在店內找到的項目。

Tesco Direct 業務加入了不斷增長的特易購品牌墳場，包括 Giraffe、Euphorium、Harris + Hoole、Nutricentre、Hudl、Blinkbox 和 Dobbies，曾經被認為是經營關鍵的多角化現在被視為一種奢侈的分心。Tesco Direct 不會是管理者淘汰的最後一個項目，因為他們仍在擺脫非核心的資產，以利於繼續加強聚焦在食品上。畢竟，世上只會有一間「包山包海的商店」。

向全食超市道別，迎接 Prime 生鮮？

在 Amazon2017 年收購全食超市後幾天，娜塔莉公布以下預測：

一旦 Amazon 在供應生鮮食品方面建立信任和可靠度，全食超市品牌（將）會明顯淡化或完全消失。這不會轉眼間就發生。目前，Amazon 需要全食超市的原因如下：生鮮商品的優勢、品牌權益、重疊的客群，更不用說既有的實體商店。但 Amazon 現有的雜貨方案——想想 Amazon 生鮮、Prime 儲物櫃、訂閱享優惠、Prime Now 兩小時到貨服務，彼此業務交疊且到了適合整併的時機。未來若 Amazon 真的想在雜貨業取得成功，它的線上和店內服務將需要一個統一的訊息。

這勢必以 Prime 為中心，因其已成為 Amazon 最受人喜愛服務的入門磚。[12]

　　這份預測公布已超過一年，作者們也都支持這個主張。有些人可能不同意——畢竟 Amazon 就是為了全食超市的品牌而買下它！但我們相信，到了 2025 年，Amazon 將破解雜貨業；到了 2025 年，它的雜貨方案將更無縫地連結線上和線下通路；到了 2025 年，Amazon 將擁有可拓展的超市概念，並將之輸出到世界各地，改變全球消費者購買食品的方式。

　　我們也認為，根據當初的預測，Amazon 的雜貨策略將由 Prime 來奠基。我們是否會看到未來全食超市更名為 Prime 生鮮（Prime Fresh）？ Amazon 生鮮和 Prime 儲物櫃會被捨棄嗎？我們是這麼認為的。而有一件事可以肯定—— Amazon 將不斷精煉其雜貨策略，直到它找到正確的成長模式。

　　那麼自 2017 年的預測以來發生了什麼變化？在收購完成後的幾個月裡，Amazon 縮減了九個州的 Amazon 生鮮服務。轉移後的焦點正是 Prime Now，這部分如前所述，就是 Amazon 積極在各全食超市店裡推廣的服務。我們相信，結合全食超市的實體基礎建設和 Prime Now 兩小時到貨的物流配送服務，將使 Amazon 真正顛覆產業現況。

　　在全食超市收購案後，Amazon 生鮮和 Prime Now 兩小時到貨服務的業務默默地合併；但從顧客的角度看來，仍有很多混淆之處。在 2018 年的文章中，「Amazon 仍在釐清其雜貨策略」，《彭博》新聞記者席拉・歐薇德舉例像購買奶油一樣單純的物品來說明箇中複雜之處：

如果達拉斯的一位 Prime 用戶希望收到一磅全食超市品牌的奶油，他可以從全食超市訂購，而 Amazon 的物流士會把奶油送到他家。在科羅拉多州的波德（Boulder），由於 Amazon 沒有自家的配送選項，該名奶油買家會被導引至 Instacart 註冊一個帳戶。[13]

同時，在費城的購物者可以從全食超市或 Amazon 生鮮收到同樣的商品品項；而在紐約，購物者可以從 Prime Now 買到幾十種不同品牌的奶油（但沒有全食超市的品牌）。

顯然，已經有許多工作正等著 Amazon 的管理階層來完成。短期的複雜之處可在他們一邊整合全食超市，並釐清如何經營傳統實體商店時被原諒，但從長遠來看，Amazon 將需要一項更連貫的雜貨策略。

1.Jena McGregor (2017) Five telling things the Whole Foods CEO said about the Amazon deal in an employee town hall, *Washington Post*, 20 June. 連結：https://www.washingtonpost.com/news/on-leadership/wp/2017/06/20/five-telling-things-the-whole-foods-ceo-said-about-the-amazon-deal-in-an-employee-town-hall/?utm_term=.1e861128178f [最後瀏覽日：2018 年 7 月 11 日]。

2.(2017) Thomson Reuters Streetevents edited transcript WMT-Wal-Mart Stores Inc 2017 Investment Community Meeting, 10 October. 連結：https://cdn.corporate.walmart.com/ea/31/4aa1027b4be6818f1a65ed5c293a/wmt-usq-transcript-2017-10-10.pdf [最後瀏覽日：2018 年 6 月 19 日]。

3.Robinson Meyer (2018) How to fight Amazon (before you turn 29), *The Atlantic*, July/August issue. 連結：https://www.theatlantic.com/magazine/archive/2018/07/lina-khan-antitrust/561743/ [最後瀏覽日：2018 年 7 月 11 日]。

4.Jena McGregor (2017) Five telling things the Whole Foods CEO said about the Amazon deal in an employee town hall, *Washington Post*, 20 June. 連結：https://www.washingtonpost.com/news/on-leadership/wp/2017/06/20/five-telling-things-the-whole-foods-ceo-said-about-the-amazon-deal-in-an-employee-town-hall/?utm_term=.1e861128178f [最後瀏覽日：2018 年 7 月 11 日]。

5.Berkeley Jr. Lovelace (2018) Amazon could double Whole Foods' customer base with Prime perks: analyst. *CNBC*, 25/6. 連結：https://www.cnbc.com/2018/06/25/mark-mahaney-amazon-could-double-whole-foods-customer-base-with-prime.html [最後瀏覽日：2018 年 7 月 11 日]。

6.Nat Levy (2017) How Amazon's $13.7B purchase of Whole Foods is a 'blessing in disguise' for Instacart, *Geekwire*, 10 October. 連結：https://www.geekwire.com/2017/amazons-13-7b-purchase-whole-foods-blessing-disguise-instacart/ [最後瀏覽日：2018 年 7 月 11 日]。

7.Naomi Rovnick (2017) Ocado dismisses fears of increased competition from Amazon, *Financial Time*s, 5 July. 連結：https://www.ft.com/content/f48fecac-6151-11e7-8814-0ac7eb84e5f1 [最後瀏覽日：2018 年 7 月 9 日]。

8.Nat Levy (2017) How Amazon's $13.7B purchase of Whole Foods is a 'blessing in disguise' for Instacart, *Geekwire*, 10 October. 連結：https://www.geekwire.com/2017/amazons-13-7b-purchase-whole-foods-blessing-disguise-instacart/ [最後瀏覽日：2018 年 7 月 11 日]。

9. 客座評論。

10.David Dawkins (2018) Marks and Spencer told to team up with Amazon to save retailer as stores close, *Express*, 20 June. 連結：https://www.express.co.uk/finance/city/977070/amazon-uk-marks-and-spencer-m-and-s-high-street-online [最後瀏覽日：2018 年 7 月 11 日]。

11. Alys Key (2018) Iceland Food rules out deal with Amazon as Food Warehouse attracts new customers, *City AM*, 15 June. 連結：http://www.cityam.com/287618 /iceland-sales-heat-up-food-warehouse-attracts-new-customers [最後瀏覽日： 2018 年 7 月 11 日]。

12. Natalie Berg (2017) 3 Predictions: Amazon and Wholefoods, 21 June. https:// www.linkedin.com/pulse/3-predictions-amazon-whole-foods-natalie-berg。

13. Shira Ovide (2018) Amazon is still sorting out its grocery strategy, *Bloomberg*, 12 June. 連結：https://www.bloomberg.com/view/articles/2018-06-12/amazon -whole-foods-anniversary-sorting-the-groceries [最後瀏覽日：2018 年 7 月 11 日]。

自有品牌的主宰者：
開始壓縮獲利空間

當 Amazon 擴張到雜貨和時尚等新類別時，它同時在暗中建立自有品牌的商品組合。然而，許多購物者甚至不會意識到這些產品線是 Amazon 專屬的：一百多個自有品牌中，[1] 只有極少部分的名稱中有「Amazon」或「Prime」字樣。而像 Amazon Echo 智慧音箱或 Fire 平板等設備則是例外。

> 你的獲利空間就是我的機會。
>
> **傑夫・貝佐斯，2018 年** [2]

為什麼要費這麼大勁朝自有品牌推進呢？首先，它將幫助 Amazon 逐漸具備長遠的獲利能力。因著自有品牌，Amazon 可以在不拉抬價格的情況下擴大利潤，這使 Amazon 能對供應商有更大影響力，並讓 Amazon 提供給 Prime 會員更划算的交易，因為許多自有品牌的商品都是 Prime 會員才能購買的。由於 Amazon 擁有大量的顧客資料，沒人能比 Amazon 更了解顧客需求，並為顧客專門開發系列產品。

Amazon 是一個顛覆者，它的自有品牌也不例外：太陽信託銀行（SunTrust）預測 2022 年時，Amazon 的自有品牌產品銷售額可能達到兩百五十億美元。[3] 但在我們深入研究 Amazon 的策略前，重要的是先了解自有品牌在美國發展的脈絡，以及為什麼它現在才開始流行。

經濟大衰退後期的心態

美國人一向很喜愛全國性品牌。美國最大的零售商沃爾瑪常認為自己是自有品牌殿堂，另外現今許多居家用品的品名仍以當初的品牌名稱來稱呼──面紙（Kleenex，品牌名：舒潔）、保鮮盒（Tupperware，品牌名：特百惠）、棉花棒（Q-tips）、OK 繃（Band-Aids）、保鮮膜（Saran Wrap）等。

但早在半個世紀前，維克托・萊博等零售分析師就警告過零售商有關商品相似的危險性。在 1955 年《零售研究期刊》的文章中，萊博寫道：

> 相當多研究顯示，所訪問的很多購物者都無法分辨他們剛離開的連鎖店或超市，跟其他幾家競爭對手的差異。但在這些看起來像雙胞胎的商店裡，因為商品相似度高，反而能提供機會給彼此店裡不一樣的商品，讓這些商品看起來與眾不同、特別又有自己的特色。[4]

萊博遠超過他的時代：過了半個多世紀，他的建議才被接納。長期以來美國食品雜貨業的自有品牌受到市場分散和與最近相比較缺乏的雜貨折扣店兩者的綜合影響，一直不太流行。只要將眼光放遠到大西洋對岸，就會看到當市場高度集中並充滿奧樂齊超市和利多超市時，自有品牌擁有的生機。例如，在英國和瑞士，自有品牌可占所有雜貨銷售額的一半。然而在美國，自有品牌產品往往與全國性品牌產品相比較為劣等，常限

制在貨架底層，價格便宜但令人提不起勁。因此，從前自有品牌產品的成長僅限於經濟不穩定的時期，一旦發現經濟開始好轉，購物者會迅速捨棄自有品牌，並回購全國性品牌商品。

但在 2009 年經濟大衰退結束前，發生了有意思的事。這次，很多購物者都沒有回購全國性品牌商品，習慣似乎徹底轉變了。對於節儉的看法從感到羞恥到被讚賞，且開始有「聰明消費」的概念了。所以與之前的經濟衰退相比，這次有哪裡不一樣？答案是科技的導入。

當時是智慧型手機時代的開端——一個將持續發展至包羅萬象的科技，對許多人來說，則變得不可或缺。到大衰退結束時，消費者已可以輕易掌握資訊，創造出前所未有的價格透明度，達到賦權。

與此同時，媒體的零碎化和超級市場的合併此二者的結合，導致全國性品牌的影響力移轉，使它們與顧客建立聯繫變得更具挑戰。這是讓自有品牌發展的沃土。許多超市認為這是一個透過強化產品品質和用自家產品傳遞訊息，以加強顧客關係的好機會，將自有品牌從普通的模仿品轉成自己掌握權利的品牌。同時，眾所周知品牌忠誠度較低的千禧世代，在大衰退時期也進入成年，為零售商提供額外的機會擴張到新的、利潤更高的類別，如有機食品和 DIY 餐點食材配送包。

Amazon 的自有品牌野心

> 對於自有品牌我們採取相同的策略，就像我們在 Amazon 做的其他事一樣：我們以顧客為始，往回操作。
>
> **Amazon，2018 年** [5]

　　Amazon 也意識到這個行為的轉變，並在 2009 年推出了自有品牌 AmazonBasics 系列商品。當時，Amazon 早已開始涉獵自有品牌，包括 Pinzon 廚房器具、Strathwood 戶外家具、Pike Street 浴用和家用產品以及 Denali 工具。但這是 Amazon 首次在產品品名掛上品牌名稱（除了硬體設備），也就是說從低風險、曾商品化的品項，以及與其核心產品系列相呼應的電子周邊產品著手有其道理。

　　AmazonBasics 系列商品的定價比主要品牌低約 30%，且產品線最初只有電線、充電器和電池等配件。但在短短幾年內，該品牌就占 Amazon 電池近三分之一的銷售額，超過了勁量（Energizer）和金頂（Duracell）等全國性品牌。[6] 推出不到十年，AmazonBasics 已經擴張到幾十種類別——家居、家具、寵物用品、行李箱、運動用品等，據零售業數據分析公司 One Click Retail 稱，2017 年時，AmazonBasics 是 Amazon 網站上第三暢銷的品牌。

　　這應該不值得訝異。一如本書探討的，Amazon 處於許多人搜尋產品的起始網站這個令人欽羨的地位。從這些搜尋項目，

當然還有交易本身之中，Amazon 可以蒐集關於購物者想要什麼的大量資料，辨識分析後排定自有品牌應先投資在哪些特定品項的優先順序。

電子商務資料分析商 Profitero 的策略與洞察資深副總裁基思‧安德森（Keith Anderson）解釋：

> 用零售商的網站搜索和用 Google 或傳統搜尋引擎搜索所透露出的意圖存在極大差異。我們經常發現零售商網站上的搜索內容更為詳盡，往往是有關產品效益的敘述或聚焦在產品特點；而 Amazon 有可能分析人們正在搜尋和找到的商品，或者同樣重要的是，在網站上既有的選項裡找不到的商品。[7]

◎（另一個）不公平的競技場

所以，Amazon 在了解自有品牌必要的條件方面已經領先。而它另一項龐大的競爭優勢就是：能見度。

在實體環境中，品牌廠商會支付上架費，購買貨架空間以確保接觸到顧客。然後，超市傾向於將特定類別中「與全國性品牌同等級」之自有品牌商品配置在領導品牌商品旁。零售商的目標是為自己的高毛利商品提供最佳的貨架空間配置，以獲得最高的轉換率。

同樣的原則也適用於虛擬貨架。對現今許多品牌來說，沒有什麼比世界上最強大零售平台的能見度更重要。問題是 Amazon 購物者不傾向用品牌名稱搜尋商品，透過網站搜尋的單

詞約 70%[8] 是商品的通稱（像是找刮鬍泡而不是吉列）。而對這些無品牌或以特性為主導的搜尋，Amazon 對於將購物者導向自有品牌商品越來越得心應手。

當然，品牌廠商還是可以為 Amazon 網站上的配置付費，並展示它們的包裝和商標——而這正成為一樁大生意。根據《紐約時報》（*New York Times*）的報導，一些大品牌每個月花六位數的金額在 Amazon 平台上廣告。[9] 無怪乎在 2018 年撰寫本書時，廣告是 Amazon 成長最快的業務，華爾街分析師預期廣告業務將迅速拓展，從目前估計的二十到四十億美元[10]，到 2022 年的兩百六十億美元。[11]，又是飛輪上的另一支輻條。

> 我認為無論從產品還是財務的方面來看，廣告業務都持續是亮點。
>
> 布萊恩・奧爾薩夫斯基（Brian Olsavsky），
> Amazon 財務長，2018 年[12]

今天，如果你在 Amazon 上搜尋咖啡，搜尋結果頁面頂端看到的第一項是由 Folgers 贊助的橫幅廣告。但只要往下滑一點點就可找到 Amazon 同等「我們品牌中最高評價」的自有品牌商品廣告；以及在搜尋結果頁面第一頁裡列出的 Amazon 生鮮和 Solimo 系列產品。Amazon 的自有品牌商品也通常會有標誌，表明該商品是熱銷商品、贊助商品或「Amazon 精選」（Amazon's Choice）（代表該商品符合有庫存且顧客評價的評

分至少為四分等 Prime 標準）。

　　Amazon 擁有一切的主導權。在透過數位廣告賺錢的同時，它同時優化了自有品牌商品的版位，以最大程度地將購物者移轉到購買自有品牌。這與品牌廠商支付超市貨架陳設費用後，卻發現該超市的自有品牌商品就陳列在自己商品旁邊沒什麼不同。但這部分有 Amazon 做出的差異化──顧客評價。想像站在貨架前的雜貨購物者，嘗試在像亨氏（Heinz）或可口可樂（Coca-Cola）這些有信任基礎的全國性品牌與不太著名的自有品牌之間做決定。購物者可以看到購買自有品牌的價格優勢，但商品品質如何呢？它的味道和全國性品牌一樣嗎？孩子們會對自有品牌商品嗤之以鼻嗎？

　　因為其線上顧客評價，Amazon 可以在這一個部分幫忙說服購物者。如果同一個購物者能看到自有品牌商品有數千筆四點五顆星的評分，那麼他們可能會更有信心嘗試一下。所以，為建立對其自有品牌商品的信任和意識，Amazon 一直積極運用 Amazon Vine 計畫來累積這些新商品的顧客評價資料。這是個邀請制的活動，由 Amazon 網站上最積極評論的買家，透過張貼有關使用新商品和預售商品後的意見，來換取免費商品。據分析商品評論的第三方網站 ReviewMeta 稱，分析顯示 Amazon 網站上超過一千六百種自有品牌商品中，約有半數經過 Vine 評價。[13]

　　「我們認為，自有品牌是 Amazon 內部被高度低估的趨勢之一，長期下來會為 Amazon 帶來強烈的『不公平』競爭優勢，」太陽信託銀行分析師尤瑟夫・斯夸利（Youssef Squali）2018 年表示。「『不公平』是因為一旦自有品牌站穩腳步，就很難將

Amazon 再排除於競爭外；而說公平，是因為那是 Amazon 自己掙來的，不是白白獲得的。」[14]

　　有時，Amazon 會訴諸更具侵略性的手法來驅使自有品牌轉換率，例如在其他品牌的商品說明頁面上投放自有品牌的廣告。根據 2018 年的 Gartner L2 報告，紙類產品（廁紙）中竟有高達 80% 的商品頁面都有 Amazon Presto 系列（家用清潔產品）的廣告。[15]「Amazon 能接觸到其他品牌無法觸及的東西──比如多種內容和商品陳列方式的特殊網頁樣板」，[16] 前 Amazon 資深幹部梅麗莎‧布爾迪克（Melissa Burdick）在 2016 年 LinkedIn 的文章中提及。她舉例說明在 Amazon Elements 嬰兒紙巾商品頁面裡無法使用「熱門連結」功能，該功能可查看該類商品在 Amazon 網站暢銷排行榜上的其他商品，讓購物者更難找到其他暢銷的品牌替代品。

　　而隨著聲控購物開始主導，情況對供應商來說只會變得更加艱困：Alexa 只提供兩個搜尋結果。「談到語音搜尋，若你不是第一個被推薦的項目，就沒得玩了，因為除了第一或第二名外，是沒有未來的。」前 Amazo 消費性商品事業主管賽巴斯帝安‧施瑟潘拿克（Sebastien Szczepaniak）說，他現在負責雀巢（Nestlé）的電子商務。[17]

　　我們將在下一章中討論 Alexa 如何排定搜尋結果中的先後順序，但目前重要的是了解在顧客購物記錄未知的情況下，Alexa 會推薦 Amazon 精選的商品。在 2017 年的一項研究中，貝恩策略顧問公司發現對於進行首次購買但沒有指定品牌的顧客中，Alexa 對超過一半的人推薦 Amazon 的精選產品（而不是搜尋結果中的第一項）。而對於那些有 Amazon 自有品牌商品

的類別，Alexa 推薦自有品牌商品的機率有 17%，即便這些商品銷量僅占總銷售量的 2%。[18]

對於品牌廠商來說有一個好消息，當購物者已明確地知道他們要買什麼時，用聲控購物的效果最好。所以如果對於品牌的忠誠度已經建立，那 Alexa 就只是縮短購買路徑，和非常關鍵的是，為下次購物記憶顧客的偏好。

Amazon 必須在推動自有品牌業績和為顧客提供他們想要的東西之間保持微妙的平衡；但對於供應商來說，Amazon 已經不打算手下留情。許多人也因為 Amazon 無庸置疑的觸及範圍而屈服於透過它來銷售，但隨著自有品牌成為 Amazon 的焦點，Amazon 的影響範圍也跟著擴大。

◎時尚發電機？

令人更驚訝的是，Amazon 的自有品牌商品主要集中在時尚。它不動聲色地建立了一個高度針對性的副牌組合—— Lark & Ro（女裝）、Ella Moon（女裝）、Mae（女性內著）、Amazon Essentials（服飾）、Buttoned Down（男士正裝）、Goodthreads（男裝）、Scout + Ro（童裝）、Paris Sunday（女裝）和 Find（男女裝，主打歐洲市場），僅舉幾例。事實上，根據 2018 年的 Gartner L2 報告，服飾、鞋類和珠寶商品占 Amazon 自有品牌產品線的 86%。

Amazon 有其觸及範圍，但它能否說服購物者它是一個可靠的時尚解答呢？它有關便利性和多樣選擇的獨特賣點（USP）是否真的適合時尚，一個商品比比皆是的類別？就像雜貨業一

樣，時尚界也是著名的變化莫測。我們不懷疑 Amazon 可以更替大量衣服（記得，在本書出版時它可能已成為美國最大的服飾零售商 [19]），但賣襪子和 T 恤不等於時尚銷售。

> Amazon 的模式是──你可以買到一切，既便宜又方便。
> 但這是非常事務性質的，並非時尚的最佳價值主張。
>
> 魯賓·里特（**Rubin Ritter**），
> 歐洲時尚電商 **Zalando** 共同執行長，**2017** 年 [20]

銷售自有品牌服飾有助於改善 Amazon 的整體利潤組合，因隨著 Amazon 加強銷售雜貨商品的力道，利潤將進一步被壓迫；同時，銷售自有品牌服飾也能在一些時尚品牌不願意透過 Amazon 販賣商品時，填補關鍵的商品缺口。「很長一段時間，人們只覺得 Amazon 就是買廁紙或貓食的地方，」Amazon 時尚業務的前幹部依蓮·權（Elaine Kwon）說。「2014 年時，許多時尚品牌甚至對公開與 Amazon 合作的意願都猶豫再三。」

但權力的天平正在改變。線上時尚正蓬勃發展，而在以商場為主的百貨公司銷售狀況正走向衰落。現今 Amazon 無處不在，它已成為一個不容忽視的銷售通路，但透過 Amazon 銷售不僅是為了賣出更多數量──還能使品牌廠商對商品的定價和展示有更好的掌握，因為許多商品已經有第三方賣家在 Amazon 販售了。

> 你不能不顧大多數平台都有經營第三方市集這個事實，
> 因此無論你喜歡與否，它們大概都會有個第三方市集來
> 銷售你的品牌；不管怎樣你的品牌就是可能會出現在那
> 個網站上。
>
> 奇普・伯格（Chip Bergh），
> 利惠公司（Levi Strauss）執行長，2017 年 [21]

　　破解這種第三方賣家銷售是 Nike 在 Amazon 上銷售的主要動機——2017 年 Nike 宣布這項決定時頗引人注目。據摩根史坦利的資料，即便 Nike 不是直接透過 Amazon 銷售，卻已是 Amazon 網站上的服飾品牌第一名。作為交易的一部分，Amazon 同意監控其網站裡的仿冒行為，並不再允許第三方供應商銷售 Nike 產品。

　　根據摩根史坦利 2017 年的報告，Amazon 表現優異的其他服飾品牌包括愛迪達、Hanes、安德瑪和凱文克萊。而 Amazon Essentials 品牌是表現最佳的自有品牌產品線，整體來看也是服飾品牌中占第十二名的銷量。「現在的最大挑戰是，Amazon 正推出自有品牌服飾，而且它們的服飾將隨時間經過大量增加。」利惠公司的伯格在 2017 年表示。[22] 大品牌不只得擔心第三方供應商——還得加上 Amazon。

　　但這些都不會隔夜就發生。打造一個品牌需要很長的時間，而且許多人質疑 Amazon 實用的形象是否會阻礙它被視為時尚發電機的機會。Amazon 需兼顧大品牌的可信度和自有品牌

的利潤率，但它也必須找到其時尚業務的獨特賣點。近乎無窮盡的商品種類很強大，但也使人眼花撩亂——搜尋一件黑色洋裝會跑出四萬多項結果。

Amazon 可能不是瀏覽的首選終點站，但它正透過創新來彌補自己的弱點，例如推出 Prime 衣櫃和 Echo Look 造型助理，以及收購 Body Labs。Amazon 還取得一個隨需求生產的自動化服裝工廠的專利，該工廠僅在訂單成立後才迅速製造出服裝——此舉不僅驅動自有時尚品牌的業務，還可以重塑整個供應鏈，並在過程中震懾整個服飾業。很明顯地，Amazon 時尚還不到退流行的時刻。

◎品牌難題：混雜的 Amazon 雜貨品牌

2014 年，Amazon 在快速消費品（FMCG）類別推出了第一個主要的自有品牌—— Amazon Elements。許多屬於快速消費品產業的廠商害怕 Amazon 的特價紙尿褲和溼紙巾是受 Amazon 期待已久的自有品牌侵略的開端。但兩個月內，紙尿褲就停止出貨了。

市場反應一直不太熱烈，讓 Amazon 引證紙尿褲「設計改良」的必要性。紙尿褲作為自有品牌初次推出的第一項快速消費品產品來說，是一風險極高的類別。品質有時可能是主觀的，但是紙尿褲有沒有用一翻兩瞪眼，而且在像嬰兒用品這樣的類別中，顧客不常給品牌第二次機會。儘管如此，Amazon 仍保留 Elements 品牌，在最終拓展出其他商品前，專門用來販售溼紙巾，而新進的商品有點奇怪——維他命和營養補充品。不過請

謹記，Amazon 認為失敗是一次驗證和改進的機會，因此幾年後看到自有品牌重新推出紙尿褲並不奇怪——這次是屬於 Mama Bear 品牌。

Mama Bear 生產線還包括嬰兒的有機食品，是 2016 年 Amazon 收購全食超市前，推出的幾個新的快速消費品品牌系列之一。其他還有：Happy Belly（綜合口味零嘴、堅果、香料、雞蛋和咖啡）；Presto（廚房紙巾、廁紙、洗衣精）；和 Wickedly Prime（美味零嘴，包括洋芋片、爆米花、湯、茶）。記取 Elements 失敗的經驗，Amazon 步步為營，完全避開一項龐大的產品類別——易腐品。

而當 Amazon 收購全食超市後情況就不一樣了，Amazon 承接了全食超市備受好評的 365 Everyday Value 和旗下的自有品牌食品系列。一夕之間，Amazon 成為可靠的雜貨供應商，擁有一系列吸睛的自有品牌商品。根據零售業數據分析公司 One Click Retail 的資料，四個月內，365 Everyday Value 的銷售額達一千萬美元，成為 Amazon 第二大自有品牌。

除了本章先前提到的所有效益之外，因為雜貨業具有高購買頻率／習慣性的本質，故自有品牌對雜貨業者來說特別重要。請記得，Amazon 的目標是透過日常用品的自動補貨，來淘選掉雜貨採買中的繁雜性。這個概念本身就非常有力，更不用說當自動補貨的是零售商的自有品牌商品了。截至 2018 年，Amazon 已 經 為 AmazonBasics、Amazon Elements 和 Happy Belly 等少部分自有品牌提供一鍵購物鈕，我們預期一旦 Amazon 與全食超市完全整合，這部分將拓展出更多商品選項。

自收購全食超市以來，Amazon 已經默默地推出其他系列產

Amazon 快速消費品的自有品牌內容

上市年份	品牌	分類						
		嬰兒用品	美妝美容	食品和飲品	健康和個人照護	居家用品	寵物照護	維他命和營養補充品
2014	Amazon Elements	X						X
2016	Happy Belly			X				
2016	Mama Bear	X						
2016	Presto					X		
2016	Wickedly Prime			X				
2017	Amazon 生鮮			X				
2017	全食超市*		X	X	X	X		
2017	365*	X	X	X	X	X		X
2017	Engine 2 Plant-Strong*			X				
2018	Basic Care**				X			
2018	Wag						X	
2018	Solimo		X	X	X	X		X
2018	Mountain Falls**	X	X		X			

* 收購全食超市品牌；** Amazon 獨家，但不屬於 Amazon。

品，包括 Amazon 生鮮（寫作本書時仍只有咖啡商品）、Wag 和 Solimo，以及獨家品牌如 Basic Care 和 Mountain Falls 等。人們可以體諒 Amazon 處在實驗狀態，但在某個時點，Amazon 必須為其自有品牌組合設計出更一致、連貫的訊息。

這帶出關於品牌彈性的重要觀點。Amazon 是多角化的王者，但將觸角伸進新產業和服務，是冒著稀釋自己品牌的風險——或甚至更糟，顧客反彈。購物者會想要 Amazon 品牌的雜

貨以及 Amazon 品牌的 Echos 設備、Kindles 裝置、影音串流服務，和未來可能有的銀行帳戶與健康照護服務嗎？我們相信在雜貨業中，Amazon 注定會有混沌的自有品牌群，但這不會使 Amazon 的威脅性減少。競爭者應優先考慮投資自有品牌，而供應商應確保自己有恰當的策略以保護市占率。更深的顧客參與程度將不可或缺，而在適當的情況下，也應考慮生產自有品牌。

1.Julie Creswell (2018) How Amazon steers shoppers to its own products, *New York Times*, 23 June. 連結：https://mobile.nytimes.com/2018/06/23/business/amazon-the-brand-buster.html [最後瀏覽日：2018 年 6 月 29 日]。

2.Morgan Housel (2013) The 20 smartest things Jeff Bezos has ever said, *The Motley Fool*, 9 September. 連結：https://www.fool.com/investing/general/2013/09/09/the-25-smartest-things-jeff-bezos-has-ever-said.aspx [最後瀏覽日：2018 年 6 月 29 日]。

3.Thomas Franck (2018) Amazon's flourishing private label business to help stock rally another 20%, analyst says, *CNBC*, 4 September. 連結：https://www.cnbc.com/2018/06/04/suntrust-amazons-private-label-business-to-help-stock-rally-20-percent.html [最後瀏覽日：2018 年 6 月 29 日]。

4.Victor Lebow (1955) Price competition in 1955, *Journal of Retailing*, Spring. 連結：http://www.gcafh.org/edlab/Lebow.pdf [最後瀏覽日：2018 年 9 月 3 日]。

5.Julie Creswell (2018) How Amazon steers shoppers to its own products, *New York Times*, 23 June. 連結：https://mobile.nytimes.com/2018/06/23/business/amazon-the-brand-buster.html [最後瀏覽日：2018 年 6 月 29 日]。

6. 同前注。

7.Keith Anderson (2016) Amazon's move into private label consumables, *Profitero* (blog post) 28 July. 連結：https://www.profitero.com/2016/07/amazons-move-into-private-label-consumables/ [最後瀏覽日：2018 年 9 月 11 日]。

8. 同前注。

9. 同前注。

10.Anonymous (2018) Amazon worth a trillion? Advertising may hold the key to growth, *Ad Age*, 13 March. 連結：http://adage.com/article/digital/amazon-worth-a-trillion-advertising-hold-key-growth/312716/ [最後瀏覽日：2018 年 6 月 29 日]。

11.David Spitz (2018) Wow, RBC's @markmahaney out with report forecasting Amazon AMS to hit $26 billion in revenue by 2022 – most aggressive projection I've seen (and I tend to agree). $AMZN [Twitter] 22 June. 連結：https://twitter.com/davidspitz/status/1010278559213084673 [最後瀏覽日：2018 年 6 月 29 日]。

12.Daniel Sparks (2018) Amazon.com, Inc. talks advertising, Prime's price increase, and more, *The Motley Fool*, 29 April. 連結：https://www.fool.com/investing/2018/04/29/amazoncom-inc-talks-advertising-primes-price-incre.aspx [最後瀏覽日：2018 年 6 月 29 日]。

13. Julie Creswell (2018) How Amazon steers shoppers to its own products, *New York Times*, 23 June. 連結：https://mobile.nytimes.com/2018/06/23/business/amazon-the-brand-buster.html [最後瀏覽日：2018 年 6 月 29 日]。

14. Thomas Franck (2018) Amazon's flourishing private label business to help stock rally another 20%, analyst says, *CNBC*, 4 June. 連結：https://www.cnbc.com/2018/06/04/suntrust-amazons-private-label-business-to-help-stock-rally-20-percent.html [最後瀏覽日：2018 年 6 月 29 日]。

15. Cooper Smith (2018) 我們一直以來對 Amazon 的自有品牌行銷策略做了許多分析，而其中一項最明顯的發現就是 Amazon 在其他品牌產品的頁面上操作的廣告數量……例如，紙類產品（即廁紙）中竟有高達 80% 的商品頁面都有 AmazonPresto 系列（家用清潔產品）的廣告！[Twitter 原文]6 月 25 日。連結：https://twitter.com/CooperASmith/status/1011314597213634560 [最後瀏覽日：2018 年 6 月 29 日]。

16. Melissa Burdick (2016) Should CPGs be worried about Amazon Private Label? *LinkedIn*, 27 June. 連結：https://www.linkedin.com/pulse/should-cpgs-worried-amazon-private-label-melissa-burdick/ [最後瀏覽日：2018 年 6 月 29 日]。

17. Saabira Chaudhuri and Sharon Terlep (2018) The next big threat to consumer brands (yes, Amazon's behind it), *Wall Street Journal*, 27 February. 連結：https://www.wsj.com/articles/big-consumer-brands-dont-have-an-answer-for-alexa-1519727401 [最後瀏覽日：2018 年 6 月 29 日]。

18. 同前註。

19. Lauren Thomas (2018) Amazon's 100 million Prime members will help it become the No. 1 apparel retailer in the US, *CNBC*, 19 April. 連結：https://www.cnbc.com/2018/04/19/amazon-to-be-the-no-1-apparel-retailer-in-the-us-morgan-stanley.html [最後瀏覽日：2018 年 6 月 29 日]。

20. Guy Chazan (2017) Zalando updates its look as it prepares for a new push by Amazon, *Financial Times*, 28 May. 連結：https://www.ft.com/content/2e9d7e80-3bc0-11e7-821a-6027b8a20f23 [最後瀏覽日：2018 年 6 月 29 日]。

21. Business of Fashion and McKinsey (2017) The State of Fashion 2018 report. 連結：https://cdn.businessoffashion.com/reports/The_State_of_Fashion_2018_v2.pdf [最後瀏覽日：2018 年 6 月 29 日]。

22. 同前註。

科技與無阻力零售

> 即使顧客自己還沒發現，他們總是追求更好的事物，所以你希望取悅顧客的想望會繼續驅使你代表他們創新。
>
> 傑夫・貝佐斯 [1]

　　在第 4 章中，我們開始探討「隨時可買」類型的購物者。我們討論科技對零售業的影響，以及科技如何改革我們的購物方式——「隨時可買」。

　　要了解在一般消費者的日常中「隨時可買」真正代表的含意，其關鍵要從一位購物者是怎麼為自己的採買行程設定「時程」開始探討。簡單來說，快速的科技發展為消費者提供了可依自己的時程採買的手段。現代生活的數位化不僅鞏固我們對於追尋更「有趣」或更明智的顧客體驗日益增加的胃口，以及強化追尋的能力，也不再是強調更功能性的、每週例行採買那樣的購物方式。所謂的科技「消費化」，也激起越來越多消費者對便利性、即時性、透明度和相關性抱持更高期望。

　　或許零售業末日迫近的論調太誇張，但對此產業未來的憂慮，是基於許多日常熟稔的連鎖零售商店已退出市場的事實。我們主張這些連鎖零售商店的消亡絕不是不可避免，而是因為它們無法適應現在經數位化養成下，隨時可購物的顧客。這就是為什麼限縮在將 Amazon 視為病原體的討論站不住腳。但是，有越來越多的零售業的陣亡將士，因為沒有利用科技來進行數位轉型和做出差異化，以回應隨此一產業面的挑戰，值得我們深入探討：Amazon 如何能夠在競爭關係和顧客需求兩方面都搶

得先機。

在第 10 和 11 章裡，我們將探討 Amazon 如何繼續在人工智慧（AI）和語音技術兩大焦點領域運用科技發展，並結合此發展下回應變化的根本驅力，還有此發展有助達成的，現在的隨時可購物者對於無阻力零售體驗下階段的期待和需求。透過此探討，能了解不僅是 Amazon 的業務，更多的是在背後支持 Amazon 執行的科技優勢，將持續淘汰自滿的業者，並推動整個零售業往創造顧客體驗的方向前進，使店內購物跟網購一樣毫不費力，且將功能性轉化為更有趣的事物。

顧客至上

那些不了解也不依照隨時可購物者需求調整其價值主張的零售商，正是那些自滿的業者，這也代表它們沒有跟上帶來改變的科技驅力的影響；它們沒有認知到網路、行動技術和後繼受科技影響的服務創新，如網路訂購、實體通路取貨或購物式媒介（shoppable media），正永久地改變零售業的前景。

在深入了解科技本身如何發展前，讓我們先檢視它對產業前景更全面、整體性的影響，以及它在賦能給隨時可購物者中扮演的角色。我們即將抵達一個重要的轉折點──地球上超過一半的人都可以使用網路。科技的廣泛導入與零售的牽連，讓顧客牢牢地被購買過程的時程所控制，這就是不可能忽視 Amazon 魅影的原因。我們可以看到，從零售商到消費者的權力平衡移轉不僅與科技發展密切相關，而 Amazon 又是如何利用這種移轉來支持其成長和發展。對於理解像 Amazon 一樣成功的企業

如何應用科技於自身和顧客的效益而言，了解這種移轉是至關重要的。但正如貝佐斯所言，能「取悅」其顧客也是 Amazon 的期望，這讓 Amazon 能發揮其科技優勢。將顧客需求置於創新核心的心態，也是所有企業能從中學習的。

在 2010 年 Amazon 的年度報告中，貝佐斯寫道：

> 察看現今關於軟體架構的教科書，你會發現未被 Amazon 使用的模型很少。我們使用高效能交易系統、複雜的圖像處理和快取記憶體、工作流和排隊系統、商業智慧和數據分析、機器學習和圖形識別、類神經網路和用機率決策，以及許許多多其他技術。而雖然我們的許多系統都是基於最新的資訊科技研究，但通常是不夠的；我們的設計師和工程師不得不在沒有過往學術研究的方向上推進、優化研究。我們面臨的許多問題在教科書裡並沒有解決方案，因此我們——愉悅地，發明了新的方法……。

那在採用消費者科技後，Amazon 的成功如何與數位零售的崛起密切相關？我們堅定認為，這是因為 Amazon 先是一間科技公司，接著才是零售商，但它設法成功地保持其服務的顧客位在其掌握的科技創新的核心位置，以支持其企業策略。例如，身為 Amazon 領導者的十四項原則中，第一項就是「顧客至上」。如第 2 章所述，正是這種以顧客為中心的觀念，幫助 Amazon 在消費者開始接受科技賦能或運用優化的科技購物工具時能更好地服務顧客。然而，也不能低估科技創新為 Amazon

核心業務奠基的貢獻，在省視此創新前，讓我們先回溯過往，因為 Amazon 並非一直如此。

回到 2002 年，那時真的是「需要為所有發明之母」，因著運作 Amazon 零售市集而產生對充足的大量數字運算能力，和標準化、自動化的基礎運算設備的需求，AWS 首先應運而生。Amazon 從 2006 年開始將雲端運算功能作為服務轉售，包括其網路、儲存、運算能力和虛擬化等技術進展。

然而，從 2014 到 2015 年，Amazon 的股價下挫 20%。在此期間，不能責怪股東們懷疑公司會不會賺錢，而其下跌的股價更反映出此憂慮。相對來看，Amazon 小於沃爾瑪，就連同年秋季才上市的阿里巴巴也讓 Amazon 2014 年的市值相形見絀。但同時 Amazon 已經悄悄地在滿足快速成長的雲端運算服務需求方面，鞏固了市占率。

然後到了 2015 年，對公司來說是關鍵的一年，Amazon 首次揭露 AWS 的獲利變得多麼豐厚，其毛利率可以媲美星巴克，而投資人開始看到持有的 Amazon 股價攀升。今天，AWS 的顧客包括 Netflix、[2] 美國國家航空暨太空總署（NASA）[3] 以及諾德斯特龍百貨公司、歐卡多和安德瑪等零售商。[4] 在那決定性的一年裡，AWS 占 Amazon 獲利的三分之二；到 2017 年，就增長到 100%。這就是為什麼我們一定不能忘記 Amazon 並非一般的零售商，它是以科技公司起家的。

◎執著的力量

若問能持續定義 Amazon 科技創新的價值為何，那非第三

項身為 Amazon 領導者的原則──「創新和精簡」莫屬。

雖然 AWS 發揮了潛力，提供動能給 Amazon 今日的霸業成就，但它並不怕創新和精簡自己的營運，且接著重新包裝並轉賣這些服務給企業和消費者。因此從 2015 年──股票慘跌後的一年起，到 2018 年時其市值已增長五倍。它也為其零售業務提供了龐大的資產負債表和大量運算的能力，來建立以人工智慧為基礎的精密系統，以為其龐大的全球電子商務、供應鏈和履行營運，同時還有零售業的下個數位新領域──自動化和語音，帶來動能。

正如第 2 章所述，根據身為 Amazon 領導者的第三項原則，Amazon 表示它可以承受「長時間被誤解」。如果關於 AWS 如何獲得成果的故事無法明確陳述這個事實，那讓我們接著研究另一個典型的事證── Prime 日。

2015 年是 Prime 日開始的第一年，也是 Amazon 公司成立的第二十年。那時 Prime 會員方案已推行十年了。雖然有些針對這新推出的折扣日的報導指出它缺乏重量級的交易，但線上零售市場資訊科技服務提供商暢路銷（ChannelAdvisor）發現，Prime 日刺激 Amazon 美國的銷售額成長 93%，而歐洲的銷售額則是上漲 53%。

第二年的 Prime 日，Amazon 在二十四小時內的訂單總量比前一年增加 60%，對各地的實體零售競爭者造成打擊，而現在它們為了跟進這個年度折扣日都非常掙扎。到了 2017 年，Prime 日已在十二個國家推行，並提供使用 Alexa 語音助理的 Amazon 顧客特殊優惠。我們必須了解，也將在稍後深入探討 Alexa 是如何在最近扮演如此吃重的角色。這裡我們應暫停一下，了解

2017 年 Amazon Prime 日的交易額為二十四億美元。即使如此，將交易金額的眼界放遠，會發現 Amazon 的中國競爭者阿里巴巴在同年的光棍節間，交易額達到約兩百五十億美元。[5]

　　儘管中國對手讓 Prime 日看起來變化不大，但它確實是 Amazon 驚人成長的一個很好的代表例子。將這一點放入思考脈絡中時，我們需要再次回到 2015 年──不僅是因為 AWS 的利潤和第一屆的 Prime 日，還因為它是銷售額首度超過一千億美元的一年。讓銷售額成長是貝佐斯「三樣支柱」中的最後一項，其中 AWS 提供了成本基礎，而 Prime 則繼續推動顧客購買和留客的策略。針對銷售額爆量，Amazon 表示，其自家的批發商品出貨量與其他數百萬間獨立店家的出貨量平分秋色，這些獨立店家付費使用 Amazon 的市集作為店面，也可以付費使用電子商務和 Amazon 物流的整套服務，處理供應鏈和物流。

◎創新的力量

　　很容易就能理解為什麼 2015 年對 Amazon 來說是重大的一年，身為 Amazon 領導者的原則開始看到成效，而貝佐斯的「三樣支柱」變得夠穩以維持其「飛輪」生態系統，這個策略使 Amazon 能提供更多隨時可購物者想要的東西。

　　因此，Amazon 擁有的第一個科技趨勢是，利用行動裝置使用網路的人數迅速增長。根據電信業者的數據，到了 2025 年，行動通訊用戶人次將達到五十九億，相當於全球人口的 71%。[6] 其他網路和行動裝置帶來的相關發展改變了我們的購物方式，包括付款，也透過網路銀行和行動錢包達成。借記和貸記此類

「無卡支付」的付款方式，以及 PayPal 等可以節省時間並為輸入的付款訊息提供額外安全性，為線上購物帶來消費者，就像非接觸式信用卡和借記卡為推動店內行動支付方案鋪路一樣。

無縫體驗

這種創新的共通點源自消費者對身臨其境和方便攜帶的需求。導致產生消除顧客體驗中「阻力」的目標，因為此創新與整個購物過程中的速度、便利性、透明度和相關性皆有關。例如，阻力可能是在網路瀏覽、使用應用程式或造訪商店時，發現所尋找的商品缺貨，或者必須加入大排長龍的結帳隊伍。要消除這種阻力，零售商可以讓該顧客從線上訂購所需的商品再宅配；或者，在店內找到商品後，就幫助消費者搜尋評論或如何獲得最划算的優惠；一直到最後階段，透過行動裝置或極速交貨快速完成付款。相反地，任何會導致顧客體驗中產生阻力的事情，如排隊、配送狀況或糟糕的銷售服務，都與今日的隨時可購物者不相容。為了提供顧客更多想要的東西，無阻力零售中的「達成什麼」（what）應運用數位系統來改善顧客體驗，並透過科技實現「如何達成」（how）。這就是 Amazon 的科技業務為其提供的空前優勢，以及為什麼傳統和線上零售商兩者，把自身跟 Amazon 用對立關係來比較是錯的。它們是傳統零售商；Amazon 是一間零售科技公司。

科技驅力

科技不僅改變了消費者與零售商的互動方式，還模糊了實體和數位的分界。了解 Amazon 如何成功利用其科技優勢來提

供數位化、無阻力的購物體驗之前，有必要先拆解出能支持隨時可購物者達成無阻力購物的目標，其相關科技的基礎驅力。如下所示：

❶隨時隨地可連網（ubiquitous connectivity）
❷普及的設備互動介面（pervasive interfaces）
❸自主運算（autonomous computing）

我們看到了第一項驅力對行動技術在家中、戶外、商店內與其他公共場所的影響。因著 5G 行動網路，以及全面的 Wi-Fi 覆蓋率、無線充電和任何讓我們能以更快的速度保持連線和在線上的設備或方法，使得連網這件事只要越能隨時隨地，我們就越渴望更多的選擇、更直覺的搜尋和即時的回應與履約時限。

　　第二項科技驅力的脈絡，是朝更多「普及的設備互動介面」發展，讓我們回顧早期、在網路發明以前的年代，那時手持的指向裝置或稱「滑鼠」的概念相對來說很新穎。例如，在 1984年，記者桂格・威廉斯（Gregg Williams）寫到，第一台麥金塔（Macintosh）電腦的問世「讓我們朝擁有作為應用工具的理想電腦邁進一步」。

> 麗莎電腦（Lisa computer）的重要性在於，它是第一個使用滑鼠、視窗、桌面此種介面的商用產品。麥金塔也一樣重要，因為它讓這種介面的價格變得親民。
>
> **桂格・威廉斯（Gregg Williams），1984 年**[7]

僅過了三十年，我們就習慣使用觸控板和軌跡球、簡報筆、繪圖筆和繪圖板，其他個人電腦周邊設備就更不用說了，像耳機和麥克風，甚至智慧眼鏡、手錶和其他所謂的「穿戴式裝置」。連結這些發展的共同主軸，正是找到如何與運算設備互動的方法，需要能無縫或無阻力地達成。在這層意義上，介面的使用變得如此直覺，以至於技術根本就「消失」到背景裡，而功能本身則輕易地脫穎而出，來滿足使用者的特定需求。也許在普及的設備互動介面中，一項最常見的現代例證是觸控螢幕，以至於在 Apple 推出 iPhone 後出生的小孩，較有可能用手指去戳他們手上的所有運算設備的螢幕，而不是找開關鍵來打開它。

自主運算

目前討論的連網和介面都是硬體基礎，第三個全球科技驅動力則是基於越來越「智慧」、幾乎可以自行思考並提出解答的軟體發展，且不需寫入必要的程式資料。自主運算系統可以交互參照和連結截然不同的資料來源，擴充自己的演算法和回答像是複雜的假設性問題「如果……？」。因此，包括機器學習和深度學習技術的人工智慧，若沒有最後一項全球科技驅力——自主運算的發展，就不可能存在。而事實上，人工智慧的進展為過去十五年間許多功能性運算的進步負起責任，從搜尋演算法、垃圾郵件篩選器和防詐騙系統，到自駕車和個人智慧助理。

我們可以追蹤得到這些驅力在 Amazon 稱霸過程中的影響，它運用這些驅力為基礎，使其技術開發時發展出更重要的數位

能力，以提供更無阻力的購物體驗。

◎遠見的力量

從每個驅力來看，Amazon 試圖將它們拓展到本業以外的應用（即，雲端運算和零售），並已獲得不同程度的成功。而雖然知道連 Amazon 有時也會犯錯能讓人心安（比方說它試賣自有品牌的尿布），但貝佐斯鼓勵他的員工想出能給顧客更好服務的點子，這代表 Amazon 肯定不怕在這些探索嘗試中留下敗績。也因為 Amazon 下的賭注夠大，當它們實現後，得以彌補其他的失敗。

關於這點，讓我們先來思考由隨時隨地可連網和普及的設備互動介面所驅動的 Amazon 發展。可能有些人還記得 Amazon 嘗試製造智慧型手機的多舛命運，這是我們在第 2 章中首次提到的關鍵例子。在 2014 年 6 月，Amazon Fire 手機問世後，該裝置被大量的負面評論襲捲，這些評論對 Fire 手機表示輕蔑，不僅「沒有記憶點」[8]，而且「平凡無奇」[9]。其實，一位宣稱 Fire 手機「沒有記憶點」的記者進一步建議消費者「等下一代產品」。

然而，Fire 手機如此失敗，所以也沒有下一代產品了。經歷僅一個月的上市和那些慘烈的評論後，Amazon 將其手機的價格從一百九十九美元（32GB 版本）砍至九十九美分。而好像這還不足以證明該設備不幸的失敗似的，Amazon 還在 2015 年透露，在 Fire 手機產品開發、製造和光彩奪目的發表會活動後，產生了一億七千萬美元的損失。或許 Amazon 還算幸運，因為

我們在本章先前提到的，擁有明星光環的 AWS 數字在當時吸引了人們的注意力。

對一本目標在解構 Amazon 成功祕方的書來說，這裡值得花點時間來剖析 Fire 手機如何失敗和為何失敗，尤其因為 Amazon 似乎從 Fire 手機的錯誤中學習了。多數認為，Amazon 在只有以三星（Samsung）為首的少數 Android 作業系統手機可以匹敵的蘋果 iPhone 全盛時期推出一款智慧型手機，此一意圖注定失敗。在由兩大行動裝置作業系統開發商主宰的市場中，Amazon 更需要在價格或品質上為其產品明確地做出差異化，但它兩項都沒做到。不過同時，我們承認 Amazon 很快就意識到這點並採取行動來改善。

然而，Fire 手機確實顯露出 Amazon 跨越其首款電子書閱讀器——2007 年的 Kindle，涉足至個人電腦硬體的雄心。正如 2015 年馬庫斯・沃爾森（Marcus Wohlsen）於 Wired.com 中寫到：「『Fire 手機』專案一開始就注定失敗，因為真正需要 Amazon 手機的人就只有 Amazon。」[10]Amazon 可能認為有 Fire 手機才能更接近顧客，並在其飛輪上增加另一支輻條來將顧客鎖進其生態系。一個預載在 Fire 手機裡，名為 Firefly 的應用程式就是為了實現此目標。Firefly 是一項文字、聲音和物體識別工具，用來讓購物者辨識超過一億種不同的產品，然後線上購買——無阻力，且當然由 Amazon 出貨。但即使經過一連串的降價，該行動裝置仍在 2015 年中之後停產。

從錯誤中學習

Amazon 從 Fire 手機的失敗中汲取教訓，而此失誤肯定沒

有消滅 Amazon 利用可落實隨時隨地連網和普及的設備互動介面等掘起中科技的雄心。畢竟，它的 Fire 平板電腦（2011 年 11 月推出）確實成功了，也拯救了大眾對其硬體開發的信任度。這款平板電腦在 Fire 手機推出時已來到第四代，它以 Amazon 的電子書銷售和 Kindle 電子書閱讀器的成功為基礎，也可以讓用戶直接從螢幕主頁造訪 Amazon 的電商網站。但 Fire 平板電腦不允許連結到 Amazon 商店功能外的網路，而早期的版本也未使用最新的觸控介面，儘管蘋果已在四年前推出 iPhone 時就將觸控螢幕商品化了。不過 Amazon 更成功地運用前兩項全球科技驅力的地方是在其核心零售業務，它將隨時隨地可連網和普及的設備互動介面的概念發揮到極致，並取得更豐碩的成果。

從點擊一次到無需點擊

將前兩項全球科技驅力套進 Amazon 的時間軸，可以發現相關應用對於幫 Amazon 提供的線上購物體驗消除阻力是如此重要。它的「一鍵」專利是個極佳的範例，即使該專利於 2017 年到期。許多產業觀察家質疑先將發票、付款和配送等詳細資訊登錄進系統，再把產品加入購物車並透過「一鍵」結帳購買的這項能耐，是否應該獲得專利。他們認為這項專利扼殺電商的競爭，因為它基於一項相較之下只多一點方便性且已快速成為電商必備的技術，就帶給 Amazon 不公平的壟斷。但，若回溯至 1999 年，也許較容易理解「一鍵」在當時如何被視為一種前端的創新，以及發現 Amazon 從那時起如何持續視購物阻力為敵，一面改變常規的蛛絲馬跡。故在取得專利後，Amazon 著

名地隨即起訴美國邦諾書店（Barnes & Noble），因為它們採用類似 Amazon 專利中的方法，允許其顧客重複購買（兩家公司在 2002 年達成未公開的協議）。

在此同時，因該專利與 Amazon 的縝密防禦，使 Amazon 在近二十年的時間裡相較競爭者有顯著優勢，競爭者得選擇在結帳流程中加設更多次點擊，或支付 Amazon 授權費以提供「一鍵結帳」服務。而「一鍵結帳」之所以是 Amazon 一項如此強大的功能，正是因為它所消除的購物阻力有助於減少購物者放棄購物車中的商品。

就像早期的電商經營者一樣，Amazon 可以看到顧客曾瀏覽與放進購物籃中的商品。但，線上零售的購物車遺棄率（cart abandonment rate），即整筆被放棄的購物籃數量與已開始和／或已完成的交易數量之比例，一直居高不下。在 2017 年時的一次研究，針對三十七個不同的電商網站進行分析，發現平均的購物車遺棄率為 69.2%。[12] 而不出所料，Amazon 未公布其遺棄率。但透過在 Amazon 市集銷售的某匿名商家透露，Amazon 已設法將遺棄率一直維持低於平均值。另一項公開的估計，則認為「一鍵結帳」保守估計使 Amazon 的銷售額增長了 5%，使該專利的價值達到每年二十四億美元。[12]

◎為特權付費

Amazon 憑著一鍵專利獲得的優勢，證明了結帳流程對無論是線上還是線下的零售業來說，是多大的阻力來源。我們只要想想那些，當我們對結帳櫃檯前的大排長龍感到沮喪，而打

消在實體店採買的片段——許多人「就此離開實體商店」（just walk out）（我們稍後將探討這個詞的重要性）。但這裡，Amazon 再次證明了它能領先其他競爭者的本事，不僅利用其一鍵的專業，還為透過市集銷售的商家開發了必要的便利付款和履行服務功能。2013 年，Amazon 向第三方業者推出「Amazon 支付」（Pay with Amazon）服務。該功能可使電商網站讓顧客選擇使用他們儲存在 Amazon 網站裡的信用卡和配送資訊（與用 Google 或 Facebook 的單一登入加快網站註冊的方式一樣），透過在 Amazon 的電商交易軌道上運行，將購買流程省略到只要幾次點擊——當然，還需要先比較價格和合作成本。[13]

最終也或許是最重要的是，Amazon 如何定義無阻力購物的發展，以及意識到它「創新和精簡」的領導者原則會回歸到其 Prime 服務的例子。我們已檢驗了結帳過程會帶來多大的轉換阻礙，但是運費成本是一個更大的阻礙。獨立網路可用性研究組織 Baymard Institute，於 2017 年針對美國消費者展開的研究（那些只是逛逛並無意願購買的消費者會從資料庫中被排除）發現，與運費、稅金和手續費等有關的高附加成本，是放棄結帳購物車內商品的首要原因。

Amazon 用 Prime 服務解決了網路購物中兩項主要的阻力來源。藉由為加速到貨的服務支付每月或年度的固定費用，Amazon 已消除隱藏的運費成本及線上購物比實體零售店購物更慢的認知。Prime Now 以在城市地區能一小時到貨的承諾，將 Prime 服務發揮到極致，它所提供的即時性和即刻滿足感，只有去實體商店自己購買產品才能超越。此外還提供媒體串流服務——隨選即用的音樂、電視、電影和音樂正是 Prime 服務

的一部分，所以很容易理解為什麼今天 Prime 全球一億多名的會員規模，會讓一些同樣受歡迎的線上訂閱服務相形見絀，包括 Spotify（擁有七千一百萬名用戶）、Hulu（一千七百萬）和 Tinder（三百萬），[14] 並證明其為 Amazon 服務飛輪生態系的中流砥柱。

Prime 模式的透明度及其消除的阻力，是最能代表 Amazon 最出名的創新數位購物成就的能力，還讓 Amazon 在所謂履行的「最後一哩路」中擊敗其他許多電商競爭者。與 Amazon 最近到期的一鍵購買專利的簡便和優雅結合，這些發展也可算是為 Amazon 的一鍵購物鈕打下基礎，還有使用 Alexa 語音助理來進行聲控購物──以上這些都將顧客拉入更深層的 Amazon 飛輪生態系。

簡易自動補貨

正如第 6 章首次提到的，Amazon 一鍵購物鈕首發的時間──是的，你猜對了，2015 年。除了為從點擊一次到「無需點擊」的線上購物打下地基之外，一鍵購物鈕也第一次讓 Amazon 及合作伙伴在消費者家中有實體的、有品牌露出的一席之地。推出的時間在愚人節前一天，讓一些分析師認為這是個玩笑，有些人則嘲笑這個相對來說技術層次較低的主意，按下一鍵購物鈕，再透過無線網路連線來傳遞重新訂購的指令到使用者的 Amazon 行動裝置應用程式。顧客仍可以從應用程式內確認是否重新訂購，以免有其他意外的購買。但它確實進一步推進並成功增強了 Prime 履行方案的訂閱。

迄今為止，Amazon 有超過三百種產品的一鍵購物鈕，並

且在 2017 年表示使用一鍵購物鈕的訂單已達每分鐘下單四次以上，相較前一年是每分鐘一次。雖然這只是 Amazon 整體銷售的一小部分，但零售數據公司 Slice Intelligence 發現，這代表在第一年後，一鍵購物鈕的訂單就成長了 650%。[15]Amazon 隨後推出購物魔杖——一個帶有喇叭、麥克風和條碼掃描器，透過電池供電的裝置，來延續一鍵購物鈕的成功效應。比起前一代靜態的一鍵購物鈕，購物魔杖具有更先進的語音功能。

在上述提到的所有要素外，還有 Amazon 現在是美國超過一半的消費者搜尋產品的首站此一事實，而為何它爬升至今日的線上主導地位也很容易理解。著實，在千禧世代（許多人是在全球資訊網於 1991 年誕生後出生的）的心目中，Amazon 是他們在行動裝置裡最不可或缺的應用程式。[16] 但 Amazon 並不滿足於利用徹底改變我們生活、工作和購物方式的隨時隨地可連網和普及的設備互動介面，來創新和開發一種商業策略，它還將目標設在仰賴其自主運算能力，來使購物流程更加迅速與直覺。

1.Amazon Investor Relations (2017) 2016 Letter to Shareholders, 12 April. 連結：http://phx.corporate-ir.net/phoenix.zhtml?c=97664&p=irol-reportsannual [最後瀏覽日：2018 年 4 月 2 日]。

2.Amazon Netflix case study (2016) Amazon AWS. 連結：https://aws.amazon.com/solutions/case-studies/netflix [最後瀏覽日：2018 年 4 月 2 日]。

3.J Breeden II (2013) The tech behind NASA's Martian chronicles, *GCN*, 4 January. 連結：https://gcn.com/articles/2013/01/04/tech-behind-nasa-martian-chronicles.aspx [最後瀏覽日：2018 年 4 月 2 日]。

4.Amazon retail case studies (2018), Amazon AWS. 連結：https://aws.amazon.com/retail/case-studies/ [最後瀏覽日：2018 年 4 月 2 日]。

5.Helen Wang (2017) Alibaba's Singles' Day by the numbers: a record $25 billion haul, *Forbes*, 12 November. 連結：https://www.forbes.com/sites/helenwang/2017/11/12/alibabas-singles-day-by-the-numbers-a-record-25-billion-haul/#4677e8b81db1 [最後瀏覽日：2018 年 4 月 24 日]。

6.GSMA Intelligence (2018) The Mobile Economy 2018, 26 February. 連結：https://www.gsmaintelligence.com/research/?file=061ad2d2417d6ed1ab002da0dbc9ce22&download [最後瀏覽日：2018 年 6 月 10 日]。

7.John Dvorak (1984) The Mac meets the press, San Francisco Examiner, 2 February, quoted in Owen Linzmayer, *Apple Confidential* 2.0, p115.
連結：https://books.google.co.uk/books?id=mXnw5tM8QRwC&lpg=PA119&pg=PA119#v=onepage&q&f=false [最後瀏覽日：2018 年 4 月 24 日]。

8.Brad Molen (2014) Amazon Fire phone review: a unique device, but you're better off waiting for the sequel, Endgadget, 22 June. 連結：https://www.engadget.com/2014/07/22/amazon-fire-phone-review/ [最後瀏覽日：2018 年 5 月 1 日]。

9.Eric Limer (2014) Amazon Fire Phone review: a shaky first step, *Gizmodo*, 22 June. 連結：https://gizmodo.com/amazon-fire-phone-review-a-shaky-first-step-1608853105 [最後瀏覽日：2018 年 5 月 1 日]。

10.Marcus Wohlsen (2015) The Amazon Fire Phone was always going to fail, *Wired*, 1 June. 連結：https://www.wired.com/2015/01/amazon-fire-phone-always-going-fail/ [最後瀏覽日：2018 年 5 月 1 日]。

11.Staff researcher (2017) 37 cart abandonment rate statistics, *Baymard Institute*, 9 January. 連結：https://baymard.com/lists/cart-abandonment-rate [最後瀏覽日：2018 年 5 月 1 日]。

12.Shareen Pathak (2017) End of an era: Amazon's 1-click buying patent finally expires, *Digiday*, 13 September. 連結：https://digiday.com/marketing/end-eraamazons-one-click-buying-patent-finally-expires/ [最後瀏覽日：2018 年 5 月 1 日]。

13.Eliza Brooke (2014) Amazon touts reduced shopping cart abandonment with newly expanded 'login and pay' service, *Fashionista*, 16 September. 連結：https://fashionista.com/2014/09/amazon-login-and-pay [最 後 瀏 覽 日：2018 年 5 月 1 日]。

14.Rani Molla (2018) Amazon Prime has 100 million-plus Prime memberships - here's how HBO, Netflix and Tinder compare, *Recode*, 19 April. 連結：https://www.recode.net/2018/4/19/17257942/amazon-prime-100-million-subscribers-hulu-hbo-tinder-members [最後瀏覽日：2018 年 5 月 1 日]。

15.Leena Rao (2017) Two years after launching, Amazon Dash shows promise, *Fortune*, 25 April, 連結：http://fortune.com/2017/04/25/amazon-dash-button-growth/ [最後瀏覽日：2018 年 5 月 1 日]。

16.Andrew Lipsman (2017) 5 interesting facts About Millennials' mobile app usage from 'The 2017 U.S. Mobile App Report', *comScore*, Insights, 24 August. 連結：https://www.comscore.com/Insights/Blog/5-Interesting-Facts-About-Millennials-Mobile-App-Usage-from-The-2017-US-Mobile-App-Report [最後瀏覽日：2018 年 5 月 1 日]。

人工智慧和聲控：
零售的新領域

預計到 2020 年，在所有平台中，30% 的搜索查詢將不再需要透過螢幕操作，使用者會更依賴由 Alexa 推薦的任何事物。

海瑟‧佩姆柏頓‧勒薇（Heather Pemberton Levy），
2016 年 [1]

回顧我們先前已探究的內容，關於科技在 Amazon 和更廣泛的零售產業發展裡，必須扮演的關鍵角色，我們看到全球科技驅力如何幫助促進 Amazon 的成長，以及最重要的，若 Amazon 不是一間科技公司的話，就不可能徹底發揮這些科技驅力的優勢。Amazon 仰賴隨時可購物者已經接受網路、觸控螢幕和行動裝置應用程式以及其他科技創新的現狀。我們也討論 Amazon 的科技能力如何在功能性購物和娛樂性購物的分界上，應用它的重要能耐來創新，這些創新包括：AWS、Prime、Prime Now 兩小時到貨服務和 Prime 日；其市集和商家服務；一鍵專利；Amazon 支付；和它的一鍵購物鈕和購物魔杖。

Amazon 駕馭的科技驅力助其打造電商購物歷程，並引入了新的購物體驗，包括一小時到貨和自動補貨。但我們故意將最具革命性的創新留到最後討論：即語音技術。先前我們也概述了前兩項全球科技驅力（隨時隨地可連網和普及的設備互動介面）對零售業的影響及 Amazon 對其的支配程度，現在開始將單獨討論第三項驅力──自主運算，在語音技術方面的運用。為理解第三項科技驅力對 Amazon 發展的重要性，我們需要知

道以下兩種技術的區別：能「自動化」和數位化處理過往人力密集和容易出錯的流程；能不靠內含的指示來解決問題，即「自主」的程式。後者的技術也被描述成「能學習的機器」，為一條人工智慧的分支發展鋪路──「機器學習」。

自主運算的發展──從單純的自動化演進到不需人為介入，若沒有像網際網路的大範圍網絡系統，加上如桌上型用戶端的個人電腦，還有智慧型手機和平板電腦等可以造訪網路中資料的種種方式，就不可能實現。像雲端運算這類的技術，是為了趨向隨時隨地可連網和存取資料所發展，同時也是自主運算系統的重要基石。大數據，是因逐漸普及的設備互動介面而生，鼓勵用戶從音樂、訊息到回憶，將更多的個人生活內容數位化，為系統提供各式各樣、有潛力的非結構化資料，需要從裡面無數的「如果……？」類型的情境中萃取出洞察結果來。

運算系統趨向越來越自主的最顯著證明是人工智慧。反之，人工智慧已讓無人商店、機器人學、自動駕駛車、無人機和語音助理成真，而我們才正要開始開拓其潛能。確實，市場調查公司 The Insight Partners 預測，到 2025 年零售業在人工智慧的支出將超過二百七十二億美元，從 2016 年的七億一千兩百六十萬美元估計值起算，年複合成長率達 49.9%。[2] 所以不意外，AWS ──擁有 Amazon 顧客的豐富資料，和 Amazon 以創新為名義進行無止境的簡化過程，能支持 Amazon 在迅速崛起的人工智慧及透過語音系統應用的領域中成為主宰。

推薦的重要性

在已確認人工智慧為形塑今日科技創新主要驅力的顛峰（尤其源自對於更自主的電腦系統的需求），且在深入目前人工智慧的模範——語音技術前，有必要檢視 Amazon 如何在它的業務和顧客家中應用人工智慧系統，就像我們已對隨時隨地可連網和普及的設備互動介面的檢驗一樣。這次檢視將使我們更了解 Amazon 如何從普通的購物歷程中移除阻力，和創造可回頭產生更多銷售和成長的正向循環。

事實上，正是人工智慧讓 Amazon 的搜尋和推薦引擎如此強大。早在 1990 年代，Amazon 就是首批極度仰賴產品推薦的電商之一，當 Amazon 拓展至書籍之外的領域時，產品推薦也有助於交叉銷售新類型商品。這是一種貝佐斯描述為「機器學習的實際應用」的技術發展類別。Amazon 在搜尋和推薦的機器學習能力，也支持其複雜的供應鏈掌握度，以及最近的聲控購物助理功能。在所有這些應用中，Amazon 得以利用其 AWS 業務強大的運算能力來應付數十億個數據，以完成測試各種選項和結果，從而快速找出哪些方案適用於顧客且具成本效益，哪些則否。麥肯錫公司估計，Amazon 因產品推薦而完成的交易占比為 35%。[3] 2016 年，Amazon 開放它的人工智慧框架 DSSTNE（發音同「Destiny，命運」），以利延伸深度學習的應用至超越言詞和語言理解以及物體識別，到如搜尋和推薦等領域。將 DSSTNE 開源的決策也證明，Amazon 意識到需要合作來發揮人工智慧的龐大潛力以獲得利益。

在 Amazon 網站上，這些推薦會根據之前搜尋或瀏覽過的

類別和範圍進行個人化,以增加轉換率。同樣地,Amazon 的推薦引擎會顯示與搜尋或瀏覽過的類似產品,用意在將顧客轉換到競爭者的品牌或產品上。還有基於「與您所查看的產品有關的」任何產品的推薦;或者它們可以靠「經常一起購買」的商品或「購買此商品的顧客也買了⋯⋯」的推薦,來提高訂單的平均價格。在這些情況下,由人工智慧驅動「如果那樣,那就這樣」的決策引擎會在背景運作,用來為你購物籃中的商品配對其他的搭配產品。例如,瀏覽一台裝置可能會引發 Amazon 推薦尺寸剛好的保護套或相容的周邊配件。

這些複雜的行銷都是由人工智慧的機器學習演算法來達成,這些演算法可以動態地將使用該網站的任何人與他們看到的事物配對。有無數種變因可以利用,例如顧客的購買記錄和偏好,以及仍有庫存的商品和需要快速調撥的庫存品,也只有以人工智慧為基礎的先進系統,才能完成如此即時的資料傳輸。

中國的阿里巴巴集團對沒有過往交易記錄的購物者,也提供由人工智慧產生的商品推薦。根據阿里巴巴商家事業部數據技術總監魏虎表示,阿里巴巴的引擎會研究曾瀏覽和購買資料的其他數據,為新購物者配對相關商品。使用阿里巴巴集團旗下的天貓和淘寶網平台的回頭客,所得到的商品推薦不只基於他們過去的交易,還包括瀏覽記錄、產品回饋、書籤、所在位置和其他與網路活動有關的資料。在 2016 年「光棍節」購物節期間,阿里巴巴表示它利用人工智慧推薦引擎,以商家的目標顧客資料為基礎,創造出六十七億個個人化購物頁面。阿里巴巴說,在 11 月 11 日的活動裡,這種大規模的個人化讓轉換率提高了 20%。[4]

除推薦建議和個人化之外，Amazon 協調統合其眾多的業務營運和直接服務顧客所仰賴的人工智慧系統，而那些人工智慧系統是至今我們探索 Amazon 所發展出的零售業最佳實務中最重要的部分，所以我們只要討論 Amazon 和人工智慧，就必須談其供應鏈和 Amazon Go 便利商店。

供應鏈的複雜性

同樣地，為理解 Amazon 供應鏈中人工智慧優勢真正的重要性，就有必要先知道產業界正面臨什麼挑戰。零售科技分析公司 IHL Group 在 2015 年進行的全球調查發現，為應付無法預測的高峰需求，零售公司供應鏈預先囤積的庫存成本約為四千七百一十九億美元，而因庫存不足耗費的成本為六千三百億美元。[5] 相反地，Amazon 的人工智慧演算法讓它通常能早在十八個月前，預測其銷售的數億種商品的需求量。即便如此，Amazon 的機器學習總監拉爾夫・赫布里希（Ralf Herbrich）最近表示，服飾是最難預測需求量的品項。[6] 公司必須根據附近買家的體型和品味，來決定在哪些倉庫存放哪些尺寸和顏色，而買家的需求也會受到趨勢改變和天氣變化的影響。

因此，很容易理解為什麼 Amazon 在這個領域推進一段時間——當「預測分析」（predictive analytics）界定出早期試用人工智慧的極限時，正好可作為後援。Amazon 在 2014 年申請的「預期出貨」（anticipatory shipping）專利引發業界熱議，顯示 Amazon 打算使用人工智慧，在鎖定的顧客還不知道他們想買那些商品時，就預先存放相關商品到離鎖定顧客較近的倉

儲中，以從既有的供應鏈中擠出更多效率。畢竟 Amazon 可能在此方面較其他競爭者的損失更大，因它自 2005 年起推出的 Prime 就提供了免費兩天到貨服務，而不斷增加的需求可能會成為超過它供應鏈和履行能力的威脅。Amazon 表示，根據該項專利，它希望依據過往訂單和其他考量，在相關商品被訂購之前，就能完成揀貨、包裝和運送至 Amazon 預期的顧客會想買的特定區域。在發出訂單前，商品包裹可暫存在集貨站或物流車上。就算在 2014 年，普因‧戈博雷（Praveen Kopalle）教授也可以看出這種精密分析的潛力，她說：「如果運用得宜，此策略有將預測分析提升至新階段的潛力，讓精通數據的公司能廣泛地開拓其忠實顧客群。」[7] 接著在 2014 年年底，當 Amazon 加碼投資進電商最後一哩履行服務的競爭──在城市裡開展 Prime Now 一小時到貨服務，自此 Amazon 在這個領域費這麼大勁的真相大白。

　　快速擴張的 Prime 服務承諾，幾乎可說是 Amazon 的催化劑，多年來將其雲端服務的隨時隨地可連網用於發展漸漸自主、聽指令動作的營運履行能力。透過這種方式，它還將倉庫託付給機器人和有自主功能的無人運輸機來維持成長。如前所述，2012 年，Amazon 買下 Kiva Systems，這間機器人公司一直為 Amazon 提供倉儲機器人、自動化訂單履行流程，現已成為 Amazon 機器人學部門的支柱。《麻省理工科技評論》（MIT Technology Review）在 2015 年指出，在參訪 Amazon 位於紐澤西州的配送與履行中心時，有約兩千台橘色的 Kiva 機器人協助人類將商品上架；[8] 今天，一般估計 Amazon 的機器大軍總計超過十萬台。這意味著機器人數至少占公司員工總人數的 20%，

並在不同的人工智慧自主程度中工作。然後，在 2016 年，Amazon 開始在英國測試無人運輸機，並使用一台半自主無人運輸機完成首次送貨，同時懷著遠大的抱負：「總有一天，看到 Prime Air 運輸工具將像在路上看到郵務車一樣平常。」[9]（我們將在第 14 章深入探討 Prime Air 的影響。）

◎拿了就走（Just Walk Out）

雖然我們在其他章節也探究過 Amazon 無人結帳便利商店 Amazon Go 的重要性，但我們必須再次將它囊括進來，以佐證 Amazon 的科技雄心。Amazon 不止步於嵌入我們的家中、安裝在伴隨我們到天涯海角的行動裝置裡，或透過它的供應鏈和履行操作接觸到我們，它現在也著手征服實體零售空間。如果零售商因電子商務冷酷地分食自己以商店為基礎的市場大餅感到四面楚歌，那 Amazon Go 就等同於是對其核心實體零售業務和從業人員的生存威脅。

Amazon 的「拿了就走」技術系統，可偵測顧客從貨架上拿取或放回哪些商品，並在虛擬購物車中追蹤被拿取的商品，所以在顧客離開商店後就會被自動收取對應的費用。這裡除了與 Amazon 追求運用人工智慧來提供更無阻力的零售體驗有關以外，也顯示了 Amazon 如何利用改變的科技驅力讓實體零售體驗就此省略結帳這道工序。

Amazon Go 利用改變的科技驅力服務隨時可購物者：

❶隨時隨地可連網：查看顧客花在購物過程中每個資料點

的活動和屬性——線上或線下。

ⓐ若沒有先向 Amazon 註冊個人和付款細節等資料，顧客甚至無法踏進 Amazon Go。

ⓑ顧客必須使用行動裝置上的 Amazon Go 應用程式來提供識別以進入商店，也因此可在店內追蹤顧客的行動。

❷**普及的設備互動介面**：移除所有購物障礙，例如因邊掃邊買（scan-as-you-shop）、自助系統這些倚靠顧客使用自己的行動裝置或零售商自費提供的專用手持裝置等而產生的技術問題。

ⓐ當顧客造訪 Amazon Go 時，使用行動裝置裡的應用程式是最能保證順暢、無阻力的購物方式。

ⓑ將人工從所有以商店為基礎的購物歷程裡最具阻力的結帳流程中移除，讓顧客感受前所未有的速度和簡化。

❸**自主運算**：基於人工智慧的電腦視覺（computer vision）、感測器融合（sensor fusion）和深度學習技術，提供 Amazon Go 拿了就走技術相關動能。

ⓐ拿了就走技術無需人為干涉即可運作，省去結帳人員或硬體需求。

ⓑ它還消除了傳統實體零售商的主要損失來源——店內偷竊。就算顧客嘗試瞞過店內滿布的電腦視覺相機系統，還是會被收取他們所攜帶出去的任何商品的費用。

語音未被利用的潛能

我們總算要開始討論語音了。但現在，在 Amazon 追蹤記錄利用改變的科技驅力的脈絡下，很明顯可以看出它對聲控的投資是多麼重要——特別是當考慮到業界普遍估計的預測為，2020 年時美國的聲控設備採用率將達到 40%，國際間則為 30%。事實上，Amazon 數位設備業務高級副總裁大衛・林普（David Limp）預測，2017 年「聲控在家中將無所不在。今日的小孩會在從不知道房子是無法與他們對話的環境中成長」。[10]

Amazon 在——（驚喜！）2015 年，發布了第一款聲控的硬體設備 Echo，主打運用人工智慧的 Alexa 語音助理。正如它對 AWS、一鍵點擊、Prime、其行動裝置應用程式、Amazon 支付、一鍵購物鈕、無人機配送、機器人和 Amazon Go 一樣的做法，Amazon 正在嘗試運用精密的人工智慧系統，定義一種新的、普及的運算界面模式，可以完全發揮其優勢，並灌溉現有的生態系統，再將其進一步嵌入居家的日常功能中。OC & C 策略顧問公司預測，透過像 Google Home 和 Amazon Echo 等裝置完成的交易，將從 2018 年的二十億美元躍升至 2022 年的四百億美元。[11]Amazon 的 Alexa 語音助理的目標不僅僅是增加 Amazon.com 本身的銷量，還是為了加深目前為止都服務得很好的隨時可購物者對 Amazon 生態系統的依賴，讓他們陷得更深。這就是為什麼有些人說「Amazon 以智慧型手機一役落敗而獲勝」。[12]

根據這一觀點，如果推出 Fire 手機在 2014 年獲得成功，那從那一刻起，Amazon 就會深陷為行動裝置硬體和 Fire 手機的

作業系統更新的繁雜事務裡。也許 Amazon 的管理階層意識到它與蘋果和 Google 打智慧型手機大戰是永遠不會獲勝的，它們的核心業務都建立在行動裝置的軟體和硬體開發上，而不是零售。總之，首度問世的 Echo 聲控裝置，及 2017 年底推出的改良和延伸版的 Echo 系列裝置，都是 Amazon 真正差異化和其飛輪策略顛峰的例證。飛輪策略有 Amazon 的三項支柱打底，而這三項支柱則建立在促進越來越多無阻力零售體驗的三大科技發展全球驅力上。

◎先進者優勢

雖然語音助理裝置的市場仍處於發展階段的早期，但 Amazon 已經鞏固了先進者優勢，讓它的用戶能觀看網路影片（用 Fire 智慧電視）、開啟廚房的計時器、聽音樂、確認天氣狀況，當然，少不了在 Amazon 購物的功能──以上這些都只需要用戶開開金口。Amazon 還在 2017 年底將其升級版的 Echo 裝置成本從一百八十美元降至一百美元──所有行動都意在定位其語音裝置為如此不可或缺，故能穩固地深扎進顧客家裡。同樣值得一提的是，黑色星期五和 Prime 日絕對有助於 Amazon 賣出更多 Echo 裝置。Amazon 也以這些人為的促銷活動為名義，提供透過 Alexa 下單的專屬折扣，讓購物者對語音購物感到自在。

回想 Fire 手機的失誤，彭博的席拉・歐薇德當時正確地觀察到：「Amazon 正在建構一個不受智慧型手機束縛的未來，而它擁有所有與智慧型手機有關的軟體知識和更多其他的

資料——都圍繞著 Amazon 為中心開發。因著它最近的失敗，Amazon 可以全力迎接這樣的未來。」[13] 每銷售一樣裝載 Alexa 的裝置都讓那位顧客更深陷 Amazon 的飛輪生態系，因為在使用該裝置時不可能不與 Amazon 互動，這與 Google 和蘋果分別將顧客導向各自的生態系如出一轍，還需要消除相關阻力以確保在不同的自家產品間能無縫地互通，才能最大程度地將顧客留在生態系中。歐薇德補充：「透過 Amazon 裝置買東西的預設應用程式，就會是 Amazon 官網。」

Amazon 生態系統運作是其語音發展的核心，所以或許發現在大多數的家庭中，購物並不是 Alexa 的主要用途並不令人意外。事實上，電子商務數據分析公司 Clavis Insight 發現，它是 Alexa 最不常用的指令。這間公司每天單從美國的 Amazon 就能收集到超過一萬條搜尋語句，同時追蹤顧客使用 Amazon 的 Alexa 語音助理來啟動這些搜尋的成長指標，以及人們要求 Alexa 做的其他事項。

對 Alexa 下的最多指令

❶待辦事項和播放音樂。

❷啟動家中自動化的設備。

❸使用內建技能和購物。

由 Clavis Insight 彙整，2016 — 2018

這些結果是由 Amazon 電子商務數據分析公司，也是 Clavis 的合作伙伴 One Click Retail，在 2017 年底協助進行的調查，該公司發現在 Amazon.com 上購買的居家自動化裝置的銷量其年均成長率為 71%，並可與 Alexa 搭配使用。然而，同一時期想找可與 Alexa 串接並控制照明、居家安全和暖氣空調系統裝置的購物者們，用 Amazon 購買最多的裝置是其競品：Google Nest 智慧空調控制器。Amazon 隨後在 2018 年 3 月將 Nest 裝置從網站上下架，清楚地表現它對冷酷地解決競爭一點都不感到抱歉。

◎聲控是下一個領域

對每位零售商和品牌擁有者而言呼之欲出的問題是，聲控會增加或蠶食其他通路的銷售成績？ One Click Retail 發現，32% 的 Alexa 用戶僅曾用他們的語音助理購買過一次產品，更不用說是否有重複購買。事實上，它發現用 Alexa 購買商品的數字在首次購買後即大幅下降，也就是顧客不會使用 Alexa 進行重複購買。但這個狀況或許不會像對每位個人品牌擁有者或零售商一樣那麼困擾 Amazon，因為無論購買什麼，只要透過 Amazon.com 來進行即可。

事實上，Alpine.AI 與 InfoScout 合作進行的一項研究揭露，雖然 Amazon 的一般用戶在一年內會進行約十九次交易，但 Echo 擁有者會多出二十七倍的差異，顯示 Echo 會鼓勵購物者進行額外的衝動購物。在曾透過 Alexa 進行重複購買的購物者中，最可能在聲控操作中勝出的種類，是那些品牌依賴程度高，

且必須較頻繁遞補的產品，例如寵物食品和零食、烘焙和烹飪用品、刮鬍和美容用品以及口腔衛生相關用品。最常購買的產品來自健康和美容類別，在十二個月的時間內，這些產品的購買頻率增加了 53%。[14]

另一個令零售商和品牌對聲控擔憂的問題是，當花費數十億美元的行銷和廣告費用不能轉換到語音平台時，會如何影響其產品的曝光度。這就是為什麼 Alcxa 對一項搜索查詢只會回覆兩項結果，而不是像使用行動版或桌面版 Amazon 搜尋時出現的多篇搜尋結果頁面（還有那些包含購物體驗的廣告、推薦與各種其他行銷工具）。基於迄今為止的研究共識，有一些因素將決定是哪兩項搜尋結果會透過語音回覆（資料來源：One Click retail）：

❶購買歷史記錄──如果之前曾購買過，Alexa 會重新提供一模一樣的商品選項。

❷如果沒有過往購買歷史紀錄可讓 Alexa 回溯，它會提供「Amazon 精選」商品──與第一個 Echo 裝置上市時一併推出，基於一些指標判斷分配給商品的動態標籤。這些指標包含商品必須透過 Prime 提供，所以會經由 Amazon 物流運送（由 Amazon 或是 Amazon 賣家出貨）；它必須有庫存且可補貨；它必須有四顆星或更高的評價。

❸如果沒有過往購買歷史或 Amazon 精選，Alexa 將回覆與透過行動版或桌面版本搜尋相同搜尋結果的前兩項。

這代表著，為了贏得透過 Alexa 購買的機會，搜尋的基本

要件——關鍵字、標題和產品功能列表和描述，仍然有效。換句話說，仍然是那些對產品的內容和屬性的描述，能同時從傳統和語音搜尋結果中，驅動更高點擊率和銷售轉換率，也將決定產品的搜尋排名位置。

企業也急著開發所謂的 Alexa「技能」（skills）來整合它們的產品，這與消費型智慧手機導入的早期，為蘋果和 Android 應用程式商店開發行動裝置應用程式風潮一樣。事實上，像歐卡多和 Peapod 這樣的線上雜貨店，是全球第一家將 Alexa 整合進業務中的雜貨商，而忽略了 Amazon 生鮮對其業務越發嚴重的威脅。對於雜貨電商來說，語音是應運而生的下一段發展。例如，在 2017 年，Peapod 為 Alexa 開發「Ask Peapod」技能，讓消費者口述訂單內容，然後將商品加入購物者每週的購物車中。[15] 正如先前的討論，Peapod 絕不是第一家利用 Alexa 訂購能力的公司——比方說啤酒愛好者，可以在一些情況下透過 Alexa 訂購美樂淡啤（Miller Lite），指示：「Alexa，美樂時間開始（Start Miller Time）。」但 Peapod 認為投資這項技能是值得的，因為它使消費者能立即將商品加到採購清單中，使 Peapod 或母公司皇家阿霍德（Ahold Delhaize）處於滿足訂單的最有利位置。否則，購物者可能之後決定在其他通路購買，或根本忘記將該物品加到線上購物籃中。

在 2018 年，Google 同樣推出名為「購物行動」（Shopping Actions）的競爭方案，提供一台通用購物車，可在行動裝置、個人電腦或透過聲控裝置購物。包含沃爾瑪、Target 百貨公司、猶他彩妝和香水沙龍（Ulta Beauty）、好市多和家得寶在內的主要零售商已簽訂該方案，以利在 Google 搜尋結果、Google

Express 購物服務，以及在智慧型手機和像 Google Home 這類的智慧音響的 Google Assistant 應用服務搜尋結果中出現產品選項。[16]

對於千禧世代和其他購物者逐漸轉向透過網路購買雜貨，Peapod 說其 Ask Peapod 功能是一項好辦法，會吸引到可能使用該技術作為訂購多項雜貨首選方式的顧客。隨著 Amazon 擴張它的雜貨版圖——特別是它最近買下全食超市和像 Instacart 的競爭者（儘管全食超市被勁敵 Amazon 收購，在撰寫本書時，Instacart 仍然是全食超市的雜貨配送合作對象），對於像 Peapod 這樣擴張迅速的營運商可能面對的競爭壓力是如此龐大，以至於無論顧客使用語音訂購的頻率是高或低，他們無法承受不採取讓消費者用來為冰箱和櫥櫃囤貨的其他辦法。歐卡多是第一個採納的英國雜貨商，展示了語音驅動「競合」的力量，以及為純線上雜貨商示範盡速導入聲控的重要性。Alexa 只是科技應用層面最新的競爭工具，進一步灌溉 Amazon 的飛輪生態系統之外，也迫使像 Peapod 這樣的對手在它的平台上建立服務，以滿足與 Amazon 這個對手保持相關性的需求，因為這個競爭者正幫助零售業驅動前所未見、以科技推進的變革。

「如果沒有一點妄想症和提心吊膽的警覺性，你無法在這產業中生存，」Peapod 的行銷長凱莉・班考沃斯基（Carrie Bienkowski）在 Ask Peapod 技能推出前的採訪中表示。「十年前，只是將雜貨商品送到你的手裡——這很單純。但我們真正內化的其中一件事，是我們必須繼續進化到超越單純地配送。」

雖然 Peapod 能因為接受「競合」和開發適用於 Alexa 的服務而得到喝采，但其努力的結果很可能讓真正的贏家不是消

費者，而是 Amazon。Clavis Insight 的行銷長丹尼・西爾弗曼（Danny Silverman）指出：「實際狀況是，現在公開的約三萬種技能中，只有很小一部分真的被下載，而使用超過一次的甚至更少。」[17] 這解釋了為什麼 Amazon 投入資源將 Alexa 硬體打造成，不只促進線上購物、加入撥打設備，甚至是最近的螢幕（這看似與越來越多的運算介面「淡出」至背景運作的概念背道而馳）都能使用。2018 年，居家技能應用程式介面（API）拓展更多智慧型設備，從烤箱到電視，增加了八百多項技能和一千多種設備讓現在的 Alexa 可以在家中控制。

因此，One Click Retail 合夥人史賓賽・米勒伯格（Spencer Millerberg）建議，當要決定投入多少資源進 Alexa 語音搜尋時「都照優先程度決定」。「如果你是音樂事業的執行長，那麼這絕對是（策略發展方面）的優先事項之一。如果你是消費者品牌的執行長，那看來不需要那麼優先，因為購物不是 Alexa 最常被使用的功能；而如果你做家庭智慧化相關業務，也許優先程度差不多排在中間。因為我們主要必須聚焦在業務的根本上。」[18]

西爾弗曼補充：「最終，（所謂根本就是）驅動語音搜尋的因素與驅動桌面和行動搜尋的相同。如果你有數據和洞察來了解什麼是（對 Amazon.com 的搜尋排名）有效或無效的，並且以桌面和行動裝置進行過優化，那麼你也在聲控部分取得成果。」

因此，除了很難在不把造成科技發展驅力的 Amazon 加入討論的狀況下，描繪出無阻力零售與科技發展驅力之間的演變過程，我們也無法預期 Amazon 對這種演變日益增加的影響力

會減弱。

◎零售科技智慧化

但是，這條朝向真正無阻力零售體驗的創新之路，將會把零售業的其他部分帶往何處？確實，隨著零售市場在最近一波利潤示警和業內管理階層中的震盪，許多零售商將尋求數位科技差異化來度過險峻時刻和保障它們的未來。

提供人工智慧與深度學習解決方案的 Blue Yonder 執行長烏韋‧魏斯（Uwe Weiss）認為，「Amazon 效應」──在零售市場持續受科技消費化和隨時可購物者出現的顛覆和演化的狀況下，因著零售商們保持市占率和顧客忠誠的奮勇抵抗，將會增加影響力。例如，當涉及對品牌的影響時，業界正焦急地等待，看語音是否會對品牌忠誠度和行銷策略產生確實的影響──特別是在語音系統維持無廣告的情況下。對於精準內容和屬性導向的管理方式的需求，以獲得搜尋排名較頂端的位置，在某些公司裡可能需要做出重大的組織重整。[19]

魏斯指出，由於 Amazon 已使用人工智慧來提供個人化的購物推薦並優化其供應鏈，傳統零售商如果想保持市占率，就必須更有野心地導入新一代技術。他說：「隨著更多傳統零售商面臨倒閉的命運，創新比過往任何時候都更應該受到關注。」他正確地強調出人工智慧領域的發展速度快到難以置信。Amazon 的推薦系統在一個完全透過機器學習的架構上運作，所以它對下個該購買、觀看或閱讀的建議「極其聰明」，而 Google 的深度學習部門 DeepMind 正在為其人工智慧演算法提

供「想像力」，所以它就可以預測一個特定的情境將如何演變並做出判斷。魏斯補充：「這可以帶來更高的轉換率和更多的追加銷售，並提供 Amazon 如何對顧客定價產品，以及該持有多少庫存的洞察。」

就算如此，不過魏斯也警告不要為了使用科技而使用科技，特別是在無法勝過 Amazon 骨子裡是一間科技公司此一優勢的領域。雖然人工智慧提高零售業生產力、效率和個人化水準的潛力很明顯，但他建議零售商對人工智慧和機器學習的期待也要夠實際。「零售業的人工智慧不能預測未來──至少現在還不會！」他強調。「它分析大量複雜難解的行為和環境數據，以辨識出模式和趨勢。這些趨勢讓零售商能夠做出明智的決策，從而產生更準確的庫存量，以及更適合產品生命週期的定價。」

魏斯還正確地指明，如果傳統零售商，特別是食品雜貨業的零售商要生存，並與 Amazon 等線上巨擘競爭的話，它們將需要從根本上調整技術和數據策略。「零售商需開始將數據視為其重要的資產之一，也是能夠讓它們與顧客建立更好的關係、優化供應鏈和定價，以及與線上競爭者較勁的關鍵。」他總結。例如，研究顯示，超過一半的 Amazon Echo 裝置都放在廚房，這代表對於有相關業務和品牌的營運商來說，更多有關家用商品和雜貨的備料食譜以及特定產品包套方案，這種以特定類別吸引消費者涉入的方式可能相較於競爭者有較多的機會。語音拓展了「當下」的購物趨勢，特別是在雜貨零售商和消費性品牌中更是如此，從零售銷量的角度來看，甚至可能成為購物者的守門員。

所以無怪乎那些仍舊不願意加入 Amazon 的雜貨商已與

Google 成立一個「反 Amazon」聯盟，並使用 Google 的語音助理，而這個網路巨頭當然非常樂意幫忙。沃爾瑪、特易購和家樂福，不意外地都已參加開發能讓其顧客透過 Google Express 購物服務，使用 Google Assistant 從線上訂購商品的技術。比方說，家樂福於 2018 年宣布與 Google 合作，建立一個叫做「Lea」的線上語音助理，作為這間法國零售商五年三十五億美元的數位轉型計畫的一部分。這間法國零售業巨頭當時表示：「Lca 是為了讓我們顧客的日常生活更容易的設計——他們可以用 Lea 來管理採買清單……只需要開開金口。」

◎競爭版圖

Google 是目前唯一可行，可替代 Alexa 用來購物的語音平台。但儘管位於第二，Google 仍遠落後 Amazon 一大截，2017 年屬於智慧喇叭類別的 Echo 占總銷量超過 70%。不過單就 Google Assistant 本身可說有更高的滲透率，其現在可以在超過四億台裝置上使用，包括 LG 的家用電器、Bose 的耳機和來自十五家不同公司的一系列喇叭，以及所有使用其 Android 作業系統的裝置。但 Google Express 購物平台的支援程度，與 Amazon 市集、Amazon 物流和 Prime Now 服務相比，在規模、範圍和履行速度等層面來說都相對較低。

其他對手也正加入競爭舞台。2018 年，星巴克與南韓的新世界集團（Shinsegae Group）合作，將語音辨識訂購功能與三星的語音助理 Bixby 整合，後者可在特定的三星 Galaxy 裝置上使用，這些功能是星巴克行動預購（order-ahead-and-pay）技術

的延伸。蘋果的 Home Pod 裝置於 2018 年年初推出，配備了語音助理 Siri，市場反應卻很冷淡。雖然 Home Pod 提供可聲控的智慧家居和視聽控制與裝置整合，以及新聞、天氣、日曆和地圖等功能，比方說你可以問 Siri：「這附近最好的素食是什麼？」，但蘋果尚未建立可讓消費者透過它購物所需要的合作關係或生態系。

然而，消費者是否相信委託給 Alexa 和其他語音助理的購物任務完全是另一件事，因為這些裝置運作的本質代表其中一些被設計成永久開機以接收語音，而其他的在啟動聲控功能前，則需要與裝置進行另一種實體互動才能啟動語音辨識功能——想想蘋果的 iOS 裝置需要長按 Home 鍵來啟動 Siri 語音助理。但是，許多報導都提到，Alexa 會聽錯對話中或甚至在電視上的詞語，並認為這是啟動它的信號。曾有報導這種意外被喚起的狀況，導致 Alexa 任意發出令人毛骨悚然的笑聲，甚至也曾被認為它被提示錄下一個男人和他妻子間的談話，然後將錄音檔發送給他的一名員工。[20]

另一個未知的是如何在商店裡也發揮語音的作用，我們將在下一章探討更多細節。同時，Amazon 與寶馬汽車（BMW）達成協議，將 Alexa 整合進含 2018 年中期以後的車款中，並且已與豐田汽車（Toyota）有類似的合作。甚至連衛星導航製造商也正採取行動，如 Garmin，其 Speak Plus 是一點五英寸行車記錄器，也將 Alexa 整合進去。用戶可使用語音指令知道路線、播放音樂、撥打電話、控制其車聯網（Connected Car）中的智慧型裝置，以及下產品和服務的訂單，例如外送或取貨。但這部分 Amazon 必須與汽車製造商自家的語音提示系統競爭，還

有蘋果的 CarPlay 系統，將 iOS 裝置與汽車相連，並整合導航、音樂和語音提示功能，所創造出的龐大吸引力。

　　如果我們從研究 Amazon 在人工智慧和語音發展中的關鍵角色，以追求更加無阻力的零售體驗中學到了什麼，那就是人工智慧掌握了改進投資報酬率的能力，實體店和電子商務皆然。而其是藉由簡化購物歷程、提高庫存量精準度和優化供應鏈來幫助成長所達到的。正是改變的科技驅力演進的顛峰，搭配科技創新和發展帶來的數位購物工具生成的數據運用所實現的。人工智慧以這種方式變得如此重要的原因是，像 Amazon 這樣的企業正使用它來為今日的隨時可購物者提供更多便利性、即時性、透明度和相關性，這些隨時可購物者是想要讓功能夠用即可，以凸顯購物有趣的部分。很明顯，零售商應該視科技，特別是人工智慧、數位工具和數據等等，為幫助它們跟上線上顛覆者的腳步，以配合今日因數位誕生的消費者期待的關鍵。同時，現在應該很容易理解為什麼 Amazon 從以前到現在一直為它們展示這樣的道路。

■ 2011～2018 年 Amazon 推出的硬體技術

Amazon 裝置	推出日期	上市售價	功能
Kindle Fire	2011 年 11 月	199 美元	平板電腦
Fire 智慧電視	2014 年 4 月	70 美元	智慧電視媒體串流裝置
Fire 手機	2014 年 7 月	199 美元	智慧型手機
一鍵購物鈕	2015 年 3 月	4.99 歐元（完成第一次購買後會退回此金額）	一鍵點擊、自動補貨裝置
Echo	2015 年 6 月	100 美元	智慧喇叭和語音助理
Echo Dot	2016 年 3 月	50 美元	智慧喇叭和語音助理的迷你版本
AmazonTap	2016 年 6 月	80 美元	智慧型、以電池為電源的喇叭和語音助理
Echo Look	2017 年 4 月	120 美元	智慧喇叭、語音助理和免持相機
Echo Show	2017 年 6 月	230 美元	智慧喇叭與螢幕、語音助理和視訊會議系統
購物魔杖	2017 年 6 月	20 美元	以電池為電源、透過語音助理控制的雜貨掃描器
Cloud Cam	2017 年 9 月	120 美元	居家安全攝影機
Blink	2017 年 9 月	100 美元	智慧型居家安全攝影機和門鈴
Echo Plus	2017 年 9 月	150 美元	智慧喇叭、語音助理和居家裝置連線中樞
Echo Spot	2017 年 12 月	130 美元	智慧喇叭、語音助理和數位鬧鐘
Echo Connect	2017 年 12 月	35 美元	與 Echo 設備相連的電話連接器
Echo Buttons	2017 年 12 月	20 美元	與 Echo 設備相連的遊戲控制擴充元件
Amazon Fire Cube	2018 年 6 月	119 美元	語音助理控制的 4K 串流電視機上盒

1. Heather Pemberton Levy (2016) Gartner predicts a virtual world of exponential change, *Gartner*, 18 October 連結：https://www.gartner.com/smarterwithgartner /gartner-predicts-a-virtual-world-of-exponential-change/ ［最後瀏覽日：2018 年 6 月 27 日］。

2. Staff researchers (2018) Artificial intelligence in retail market 2025 – global analysis and forecasts by deployment type, retail type, technology and application [Report] *The Insight Partners*, February 2018, 連結：http://www.thein sightpartners.com/reports/artificial-intelligence-in-retail-market ［最後瀏覽日： 2018 年 5 月 1 日］。

3. Ian Mackenzie, Chris Meyer and Steve Noble (2013) How retailers can keep up with consumers, *McKinsey & Company*, October. 連結：https://www.mckinsey. com/industries/retail/our-insights/how-retailers-can-keep-up-with-consumers ［最後瀏覽日：2018 年 7 月 9 日］。

4. Jim Erickson and Susan Wang (2017) At Alibaba, artificial intelligence is changing how people shop online, *Alizila*, 5 June. 連結：https://www.alizila.com /at-alibaba-artificial-intelligence-is-changing-how-people-shop-online/ ［最後瀏 覽日：2018 年 7 月 9 日］。

5. Greg Buzek (2015) REPORT: Retailers and the ghost economy: $1.75 trillion reasons to be afraid, *IHL Group*, 30 June. 連結：http://engage.dynamicaction. com/WS-2015-05-IHL-Retailers-Ghost-Economy-AR_LP.html ［最後瀏覽日： 2018 年 5 月 1 日］。

6. Staff writer (2018) In algorithms we trust: how AI is spreading throughout the supply chain, *Economist* Special Report, 31 March. 連結：https://www.economist .com/news/special-report/21739428-ai-making-companies-swifter-cleverer- and-leaner-how-ai-spreading-throughout ［最後瀏覽日：2018 年 5 月 1 日］。

7. Professor Praveen Kopalle (2014) Why Amazon's anticipatory shipping is pure genius, *Forbes*, 28 January. 連結：https://www.forbes.com/sites/onmarketing /2014/01/28/why-amazons-anticipatory-shipping-is-pure genius/#4011e6ba4605 ［最後瀏覽日：2018 年 5 月 1 日］。

8. Will Knight (2015) Intelligent machines: inside Amazon, *MIT Technology Review*, 23 July. 連結：https://www.technologyreview.com/s/539511/inside-ama zon/ ［最後瀏覽日：2018 年 5 月 1 日］。

9. Amazon (2018) Amazon Prime Air, *Amazon.com.* 連結：https://www.amazon. com/Amazon-Prime-Air/b?ie=UTF8&node=8037720011 ［最後瀏覽日：2018 年 5 月 1 日］。

10. Mark Harris (2017) Amazon's latest Alexa devices ready to extend company's reach into your home, *Guardian*, 27 September. 連結：https://www.theguardian.com/technology/2017/sep/27/amazon-alexa-echo-plus-launch[最後瀏覽日：2018 年 11 月 12 日]。

11. OC&C News (2018) Alexa, I need ... everything. Voice shopping sales could reach $40 billion by 2022, *occstrategy*, 28 February. 連結：https://www.occstrategy.com/en-us/news-and-media/2018/02/voice-shopping-sales-could-reach-40-billion-by-2022 [最後瀏覽日：2018 年 6 月 10 日]。

12. Shira Ovide (2018) Amazon won by losing the smartphone war, *Bloomberg*, 28 September. 連結：https://www.bloomberg.com/gadfly/articles/2017-09-28/amazon-leaped-ahead-on-gadgets-by-losing-the-smartphone-war [最後瀏覽日：2018 年 5 月 1 日]。

13. 同前注。

14. Adam Marchick (2018) Strong signals that the Amazon Echo is changing purchase behaviour, 30 May. 連結：https://alpine.ai/amazon-echo-changing-purchase-behavior/ [最後瀏覽日：2018 年 6 月 24 日]。

15. Peapod (2017) Ask Peapod Alexa Skill, *Amazon.com*, 25 June. 連結：https://www.amazon.com/Peapod-LLC-Ask/dp/B072N8GFZ3 [最後瀏覽日：2018 年 5 月 1 日]。

16. Blog (2018) Help shoppers take action, wherever and however they choose to shop, *Google Inside Adwords*, 19 March. 連結：https://adwords.googleblog.com/2018/03/shopping-actions.html [最後瀏覽日：2018 年 6 月 24 日]。

17. Clavis Insight (2018) One Click Retail: the double click episode (video podcast), 15 March. 連結：https://www.youtube.com/watch?v=218LelVkGDQ&t=11s [最後瀏覽日：2018 年 9 月 13 日]。

18. 同前注。

19. Blue Yonder (2018) Media alert: 'Amazon effect' will grow as retail challenges increase, say Blue Yonder, 16 April. 連結：https://www.blueyonder.ai/sites/default/files/media-alert-amazon-effect-will-grow-as-retail-challenges-increase.pdf [最後瀏覽日：2018 年 9 月 11 日]。

20. Niraj Chokshi (2018) Is Alexa listening? Amazon Echo sent out recording of couple's conversation, *New York Times*, 25 May, 連結：https://www.nytimes.com/2018/05/25/business/amazon-alexa-conversation-shared-echo.html [最後瀏覽日：2018 年 6 月 10 日]。

未來的商店：
數位自動化如何增進顧客體驗

> 這些數據有靈魂。我們正吸收手上的數據,並根據它們來建立實體據點。
>
> 珍妮佛・卡斯特(Jennifer Cast),
> Amazon 實體書店副總裁,2015 年 [1]

　　我們已經看到 Amazon 的科技創新和先進者優勢如何發展出電子商務服務和功能,在網路上以及家中,藉由各種硬體裝置和 Alexa 語音助理讓 Amazon 獲得優勢。Amazon 利用套用人工智慧的數位購物工具來移除線上購物的阻力,並以客製化的產品推薦來個人化購物體驗。因此,用 Amazon 可享受到的線上購物、隔天到貨或 Prime Now 兩小時免費到貨的便利性,為 Amazon 在商店沒落狀況中的角色等爭論增加討論熱度。我們已經說明我們的觀點,即實體零售還不到最終的衰退期,且大部分交易仍在實體商店中發生。

　　然而,我們主張,從 Amazon 創立的二十多年以來,連鎖零售商對 Amazon 將數位自動化和創新技能套入傳統實體零售的方式有許多可學習之處,而 Amazon 則是必須增加對過往由傳統連鎖零售商主宰超過四十年的實體銷售領域的掌握。我們認為,Amazon 仍需要學習的有關零售的課題,是基於它一直以來試圖在線上克服的實體店根本優勢:摸到、感覺到和試用的能力;能馬上付費後帶走的立即滿足感;以及由有資格的客服專員和知識專家帶來的人際互動機會。這些實體的好處正是即使透過網路訂購,還有這麼多的銷售仍在實體商店內完成的原

因，也是為什麼若 Amazon 想延續目前的成長水準的話，必須無可避免地走線下這步棋的主要理由，提供實體書店、買下全食超市、Amazon Go 和 Amazon 四星評等。我們也將在第 13 章，剖析 Amazon 履行策略的內容中花極多篇幅描述融合線上到線下服務的效益。但為了了解未來的商店可能的發展，相關營運商絕對可從 Amazon 和它的電商同業那學到一些東西，有關如何讓實體購物體驗更具吸引力，且沒有人潮、排隊或空貨架等狀況來干擾。

諷刺的是，Amazon 進入傳統實體零售業也顯示它這麼迫切需要的技能，同樣受實體零售商珍視：在有限空間裡行銷和銷售一個或多個品牌，透過季節性和促銷活動進行策展的藝術，而不是像在 Amazon.com「無限貨架」中發現搜尋結果的那種購物體驗；能最大化產品和員工可用性所需的採購、規劃和預測能力，同時最小化庫存風險和顧客等待時間；以及店內整體提供驚喜和愉悅體驗的能力。實體商店這些天生的優點，加以有技巧地運用，正是零售商為了與 Amazon 競爭需要集中精力發展的，而這些也都可以透過數位自動化來混合、增強或增加。

當我們將注意力轉移到店內，我們看到 Amazon 如何率先將數位自動化和創新兩者都應用在常見的有形零售阻力，例如商品選擇和結帳，以及 Amazon 的對手如何利用自己的實體商店據點，部署可以增進顧客體驗的科技，以抵抗 Amazon 效應。在這些脈絡下，我們會檢視 Amazon 如何影響一般購物歷程中的搜尋、瀏覽和發現階段，還有以這種方式，其他零售商可在自己的商店中，使用類似的混合數位工具，來向 Amazon 學習和利用其電商與迅速發展的實體零售所帶來的影響。

線上研究、實體商店購買

我們先退一步，了解為什麼傳統商店的純粹交易重心受到威脅。許多消費者在第一波的電商發展中，發現可以透過電腦或筆記型電腦進行網路和線上購物，結果就是電子商務銷售的成長和逐步併吞了傳統商店的地盤。2017年一次針對美國的調查[2]發現，消費者分為三群：偏好線上購物的族群（32.5%）、偏好實體商店的族群（29.7%）和兩者皆可的族群（37.8%）。超過一半（52%）的人表示他們選擇線上購物的主要原因，是便利性和比價能力，還有更多供選擇的商品、免費送貨和退貨，以及有更詳盡的產品資訊和顧客評價。但他們不喜歡不能接觸商品以評估尺寸和剪裁，或品質和新鮮度，以及必須等待到貨，並可能有錯失包裹或無法成功投遞的狀況。

然而，在世界各地，目前和下一波浪潮的消費群眾首先會透過行動裝置來探索電子商務，而在線上購物時沒有實體限制。當社群媒體、行動支付和應用程式加入戰局時，零售商必會發展——有人會稱之為轉變——自己的數位化行動才能加入競爭。他們必然會推出自己的電商通路來利用網路，有些甚至聯合起來提供線上到線下的服務，例如網路訂購、實體通路取貨。但這是為什麼行動應用程式和其他支持行動裝置的數位自動化領域，在未來的商店中扮演要角的原因，因為它們能將線上購物歷程有關的速度、便利性、透明度和關聯性，從顧客手中帶入商店內運用。

不過再一次地，Amazon在行動方面又領先了。根據美國媒體分析公司2017年進行的一項調查，近一半的千禧世代可以從

螢幕首頁上取用他們的 Amazon 應用程式；[3] 2017 年進一步針對美國、英國、法國和德國的消費者研究發現：

★ 72% 的人在決定購買前會用 Amazon 查找商品資訊。
★ 26% 的人若將在商店購買東西，會先確認 Amazon 上的商品價格和資訊。[4]

　　Amazon 在其運作市場中的線上霸權，將繼續在任何購物歷程的網路搜尋階段產生重大的影響，無論購物者的搜尋在哪裡發生，同時可能偷走實體競爭者的業績。然而，考慮到三分之二特別喜歡在店內或結合網路購物的族群，ROBO ——線上研究、實體商店購買的流行，或者也稱為「反展示廳現象」（webrooming），則對實體零售商有利。在 2018 年，於商店內購買過產品的消費者中，近一半（45%）表示他們先在網上研究過。由數位行銷公司 Bazaarvoice 進行的同一份調查顯示，受 ROBO 影響最大的商品類別是家電（59%），健康、美容和健身（58%），玩具和遊戲（53%）；緊追在後的是電子產品（41%）和嬰兒用品（36%）。[5] 因此，可以說零售商的線上銷售可能會在搜尋階段被 Amazon 截走，但它可能因 ROBO 趨勢贏得實體商店的業績。

　　因為 ROBO，零售商必須在購物歷程的搜尋階段就贏得顧客青睞，不論是在價格、產品種類和資訊或實體店址任一方面贏過 Amazon ——但我們都知道價格，因著網路巨擘 Amazon 的霸權，要贏過它是天方夜譚。隨著 ROBO 趨勢的發展，Amazon 在 2010 年推出價格檢查器（Price Checker）的條碼掃描應用程

式時，就很早地建立起優勢。在 2011 年底，它甚至提供三件商品，每件 5% 的單次折扣（每件最高折抵五美元），一天的購物總折扣可達十五美元的活動，來鼓勵消費者使用該應用程式。它也邀請顧客回報商店內的廣告價格和位置資訊給 Amazon，以確保它能提供最具競爭力的交易。

反展示廳現象

（名詞，非正式定義）

定義：購物者先用網路研究商品，以查看和比較眾多選項，但之後在實體商店完成購買，這個方式也被稱為線上研究、實體商店購買（ROBO）。通常當消費者想在確定購買前明確地了解產品實體時，會使用這種方法。

Amazon 辨識出顧客評分和評價的力量，以加強有用的產品資訊的先進者優勢，也影響了它往實體發展的策略。根據 Bazaarvoice 的研究，45% 的實體商店購物者在購買產品前，會先在線上閱讀顧客評價；到了 2018 年，這個現象的年增長率已達 15%。Amazon 作為先驅，卓越地運用顧客產品和市集賣家評價作為決定產品在搜尋結果排名的關鍵因素，比起電子商務功能發展較不完善的零售商來說，有明顯的優勢。但零售商仍可以利用線上評價來取得自己的優勢，一家電子商務系統供應商表示，每五十條或更多的評價能為該項產品的線上轉換率增加 4.6%，而在顧客與評價互動後，轉換率更可能提高至 58%。[6]

如此一來就很容易理解，為什麼 Amazon 透過 2015 年在家鄉西雅圖登場的 Amazon 實體書店（Amazon Books）首次涉足實體零售時，就將顧客評分和評價列為重中之重。正如第 5 章的討論，每本書都配有一個標籤，或書商術語中的「貨架插卡」（shelf talker），附上一則 Amazon.com 裡的顧客評價、星等以及條碼。未在貨架邊緣放置價牌，讓顧客一定得用 Amazon 的應用程式掃描條碼，才能取得價格和相關資訊，或由配備有手持裝置的店員為你掃描。

然而，在 Amazon 被指控消滅傳統書店後，業內一些人很快指出，Amazon 跨入他們地盤的舉動，暴露出它對經營實體零售空間缺乏經驗。Amazon 實體書店被批評書籍在架上的位置過於靠近、配置沒有邏輯且不多花心力將書本按字母順序排列等，而競爭書商則質疑 Amazon 呈現書籍封面而不是書背的方式過度浪費空間，只能存放有限的五到六千本書籍選擇。[7] 此外，第一家 Amazon 實體書店無法領取在 Amazon 訂購的商品，而 Amazon 實體商店也沒有提供給 Prime 顧客的優惠價格，直到 2016 年底第三間書店開張後才開始嘗試。有些人將首次登場的 Amazon 實體書店描述為「沒有牆的書店」（stores without walls），因為顧客可以在書店裡線上瀏覽無限貨架後下訂單；其他人則稱 Amazon 實體書店為「行銷費用」，[8] 就像蘋果將它的實體商店定位在展示硬體設備一樣── Amazon 實體書店也賣 Kindle 閱讀器和 Echo 智慧喇叭系列產品等其他 Amazon 裝置。但相較於蘋果滿是玻璃帷幕、雄偉明亮，彷彿城鎮中心廣場的旗艦店設計，評論員也強調，第一間 Amazon 實體書店的外觀和印象較偏實用導向。

進一步支持 Amazon 實體書店作為 Amazon 的宣傳展示比作為書店更有價值的是，在 Amazon 首次公開到 2017 年底實體書店的銷售狀況時，這間相對小規模的商店幾乎沒產生收入。[9] 而在大範圍的行銷脈絡中，更容易看出 Amazon 實體書店的目標不是一定要賺錢，而是測試它怎麼將線上的最佳實務經驗轉換到線下，並開始為它的飛輪模式建置實體領域的輻條。從這裡我們看到行動技術如何成為關鍵，為商店裡的顧客揭露更多樣的 Amazon 系列服務，同時讓已註冊的 Amazon 和 Prime 應用程式用戶，將他們的線上偏好和消費歷史等資料同步到實體店，讓 Amazon 能知道顧客完整的購物歷程，以準確地從線上到線下衡量出歸因。

　　這種顧客在店內、因行動技術而得以實現的視角，我們將其理解為是 Amazon 以顧客為中心的價值主張的重要推動因素，也是 Amazon 實體書店真正的差異化因素——不是裡面的書籍或那些 Amazon 裝置。正如它讓 Amazon 在店內識別出某一位顧客和他的消費歷史與偏好，並提供像網站一樣的優惠和商品推薦，所以 Amazon 可以再根據顧客實際在店內購物的方式來優化其線下的服務內容，還有它可為個別商店顧客提供對應的價格、產品資訊和促銷活動。Amazon 的目標一直是創造一個實體零售場域，讓顧客欣然認同，以便 Amazon 可以反覆使用顧客之後共享的數據，來個人化他們的體驗並調整到最佳，進而在顧客購物歷程中的任一階段提供輔助。透過推送價格和其他類似資訊到顧客個人裝置上的應用程式，無論顧客是在 Amazon 或是競爭者的店裡，Amazon 極有可能即時地為每位顧客提供個人化優惠、推薦和價格資訊，以優化轉換率和每次的交易。

位置作為關聯價值的代表

　　儘管評分和評價一直屬於純電子商務的保護區，為購物的研究階段提供資訊，但我們可以看到 Amazon 如何透過行動技術將它們轉換到 Amazon 實體書店環境中以個人化相關服務，從而加強顧客體驗。而 Amazon 也使用它的顧客進行線上購物活動時產生的數據，來調整這些實體店的各個層面——從商品類別和銷售，到定價和促銷，這樣 Amazon 就能再將線下的結果與線上的資料連結起來；反之亦然，成為不斷精煉和改進的良性循環。

　　請記住在數位化的影響下，行銷人員現在將購物歷程的研究階段視為「零類接觸」（zero moment of truth，或 ZMOT，Google 在 2011 年創造的用語）。[10] 由於購物者可以在線上不具名地檢視產品，也可以在實體店內這麼做，所以看到 Amazon 推出這些功能並不奇怪，因為可以透過促進線下的轉換率，來正向影響 ZMOT。在提到將商店的實體優勢運用於 ZMOT——例如暗中幫助 ROBO 銷售，根據所在位置或「我的周遭」（near me）的搜尋方式，是傳統實體零售商隨手可得的有力工具，利用商店能提供即時性滿足感的實體優勢（如果要找的產品有庫存的話）。這也就是為什麼，在 Amazon 尚未出現前，位置一直是關聯價值的有力代表，更是世界上最大的零售商坐擁如此大量，在某些情況下是商店網絡中彼此店址緊密靠近的原因。

　　正如 Google 表示的，「我的周遭」搜尋不再只與位置有關，而是有關即時地連接人與物，就像找到一個地點，同時還有關於這個地點的資訊。2017 年，這家搜尋巨擘提出，「我的周遭」

的搜尋還包含「我可以購買嗎？」或「購買」字樣等層次的問題，這些相關問題在兩年內增加了 500%。[11] 這是因為購物者通常會使用搜尋來找出一個立即需求的答案，但是當與立即性有關時，商店幾乎每次都會勝過網路──特別如果零售商還允許線上訂購商店內的庫存，提供無庫存商品「挽回交易」的機會。這也是為什麼顧客預期在商店內和在網路上看到一樣的產品種類並擁有同樣體驗的另一個原因──數位體驗都做到了，零售商為什麼不也這樣做呢？

這也是為什麼實體店的數位化行動不能忽略搜尋引擎優化（search engine optimization, SEO）的基本條件，以確保它和它的存貨可以被搜尋到。其他 Google 功能，例如有專利的知識面板（Knowledge Panel）功能，出現在搜尋結果的右側欄位，就是設計成幫助品牌或在地業務曝光；而且，與 Amazon 一樣，Google 的付費搜尋以及購物和配送平台，可以讓傳統實體零售或線上零售商在搜尋的當下被找到，而這部分是 Amazon 兩小時到貨尚未囊括的。我們將在第 13 章探討 Google 如何進一步利用「Amazon 做不到的事」（WACD）的履行能力優勢。

Google 在 2018 年推出一項名為確認商店庫存（See What's In Store, SWIS）的新工具，給購物者搜尋在地店家庫存的能力，向 Amazon 和其他先從網路，或只有透過網路進行業務的零售商施壓。購物者可以用 Google 主要的搜尋欄位或 Google 地圖搜尋特定商品，並發現哪些在地店家有庫存，或確認某間商店的所有庫存。選擇最近的商店店址將在 Google 知識面板中產生第二個搜尋欄位，讓購物者能搜尋該商店的庫存，這些是 Google 目前免費提供的功能。購物者還可以在 Google

搜尋欄位中鍵入特定商品的名稱，會顯示出哪些在地店家有庫存。然而，商店必須付費才能顯示在這些本地庫存廣告（Local Inventory Ads）中。

> 電子商務領先許多商機，是因為人們不知道該到哪裡找想要的東西，這是在地店家面對 Amazon 的主要劣勢。如果你知道在一個街口外就有你要的東西，或者可以不必等待配送就可以從在地商店買到，你可能就不會選擇網路下單。
>
> 馬克・康明斯（**Mark Cummins**），**Pointy** 執行長，
> 總部位於都柏林的科技公司，
> 與 **Google** 合作推動 **SWIS** [12]

雖然 Amazon 可能還沒有很完善的實體店網絡來跟它全球性的雜貨和日用品對手所擁有的實體店數匹敵，但就算有 Google 努力提供本地庫存廣告和 SWIS 等功能拉近競爭差距，Amazon 仍主宰了商品搜尋。像之前說過的，近一半（49%）的消費者線上搜尋產品時會先從 Amazon 開始；搜尋引擎居次，占 36%；零售商排名第三，占 15%。當被問及為什麼用該項方式搜尋時，價格反而不是最重要的考量（見下頁圖），再次顯示在 ROBO 爭奪戰中，有更多的方式能與 Amazon 競爭。[13]

討論如何在 ZMOT 獲勝時，我們不能在思考購物歷程的研究階段時省略視覺搜尋的崛起。技術供應商 Slyce 為眾多零售

商提供視覺搜尋引擎影像辨識，例如在美國和英國的家得寶、梅西百貨和湯米席爾菲格股份有限公司（Tommy Hilfiger）。該公司表示，它們的影像辨識品質優於 Amazon 和 Google，因為建置了分類器（classifiers）和偵測器（detectors），這兩者是辨識的最初層次。機器學習則是用於訓練軟體辨識由用戶所產生、品質不一的照片。Slyce 宣稱，零售商發現，當運用此技術至自身的電子商務網站或行動應用程式的搜尋時，平均訂單價值會增加 20%，而轉換率則提高 60%。

■ 美國消費者最先用 Amazon 搜尋產品的首要原因 [14]

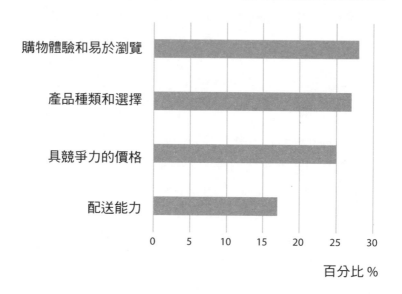

百分比 %

2009 年，Amazon 先憑著影像辨識和機器學習的人工智慧能力，在其應用程式 Amazon Remembers 中推出視覺搜尋方案，意在掃描書籍條碼，之後於 2014 年在其應用程式裡正式推

出名為 Flow，利用相機鏡頭來搜尋的一項附加功能。後來將它以一支叫做 Firefly 的應用程式整合進命運多舛的 Fire 手機，並在同年稍後也導入到 Kindle Fire HD 平板，同時在 2016 年，將 Amazon 應用程式裡的視覺能力增強到幾乎可辨識所有物品。[15] 這款視覺搜尋應用程式的功能能持續進步，歸功於 2017 年與三星（Samsung）的合作，將此功能預載進手機製造商的智慧型手機旗艦機種之一 Galaxy S8 中。將 S8 相機與三星智慧助理 Bixby 搭配使用，在購物者拍下物品或條碼的照片後，從 Amazon 商品目錄中顯示相關結果。

如視覺搜尋等功能有助於和實體商店遠距地連接線上和線下，以增進顧客體驗，根據顧客的視覺屬性創造出瀏覽一系列類似商品的機會。毫不意外，微軟的 Bing 搜尋引擎也有自己的視覺搜尋功能，連 Pinterest 也加入戰局，在 2017 年推出了 Lens。這裡的重點是，實體商店零售商現在必須考慮如何利用這些數位工具，讓它們能在網路世界裡被找到，而實體商店零售商的店點、產品範圍和庫存量結合售價，可能足以從 Amazon 那裡把訂單搶過來。

商店作為展示廳

截至目前，我們所探討的發展都可以在商店外的任一處發生，而商店內也行。導入主流行動技術的重要性，代表搜尋動作可在任何地方進行，但當購物者在商店內時，行動技術也會對他們的購買決策產生重要影響。雖然 ROBO 是針對購物歷程中的搜尋和購買階段，而其中瀏覽單純指一種虛擬體驗，但「展

示廳」隱含的概念卻是完全在商店裡進行瀏覽階段。與 ROBO 不同的是，交易不在商店內完成。

展示廳現象

（名詞，非正式定義）

定義：當顧客到店內確認一件商品，但實際上透過線上購買產品時，有時能得到較低的價格。根本上來說，商店成為線上購物者的商品展示廳。

　　所以，部分因為 Amazon 占優勢的網路主宰地位，即便早在 2013 年，Amazon 與 Google 相比，被作為展示廳後消費者使用的線上購物網站的次數達兩倍之多，也就不令人意外。[16] 就算在那時，也發現 58% 的智慧型手機擁有者，或三分之一的美國購物者，購物時常有展示廳現象的狀況。在這些人中，有 56% 曾在實體店內的貨架通道間，透過他們的手機完成購買該項商品。有趣的是，在有展示廳行為的人中，有 46% 也是 Amazon Prime 的會員。該研究得出的結論是，Amazon 以自身的推薦引擎為燃料，透過提供可供比較、有競爭力的商品，巧妙地避免了所有庫存和商品問題。你可以想像這對功能性商品，如書籍或家用雜貨類別來說特別有用，因為這些類別的商品能從品牌評價或商品描述較充分地理解，不同於時尚或電子產品等產業，更注重商品的外觀和感受。

　　Amazon 還透過它在 2017 年宣布收購全食超市的一個月前，

及時獲得的反展示廳專利，展現出它對此限制的意識。[17] 該專利運用展示廳現象的趨勢以達成自己的目的，設計用來防止顧客把 Amazon 的實體店當作展示廳。它的機制是，能辨識出購物者透過 Amazon 店內的無線網路連到的瀏覽器中在讀取的內容。如果讀取的內容被認為是 Amazon 競爭者網站中關於商品或價格的資訊，它會採取任何它覺得必要的行動，像從比較被搜尋的商品到店內目前有哪些商品庫存，然後將價格比較資訊或折價券推送到你的瀏覽器，推薦互補的商品給你，或甚至直接遮蓋掉你正在閱讀的內容。當然這項專利也代表 Amazon 可能在其他技術供應商或零售商未來開發出類似系統時受益，可視為 Amazon 擁有的一項具攻擊性的競爭力。

行動應用程式和裝置中的視覺辨識能力，包含影像辨識的功能和特性，在線上研究、實體商店購買的兩段購物歷程中，就可被用在零類接觸時搶下訂單，也是對實體店內展示廳現象的回應。擴增實境依賴於類似的影像辨識和機器學習等，購物者用做圖片搜尋，結合其他電腦視覺和地理位置定位研發結果的人工智慧功能。這就是為什麼擴增實境命名為 Augmented Reality，因為與虛擬實境耳機和控制器完全沉浸其中的感受相比，擴增實境是在智慧型手機相機看到的現實世界景象上疊加圖片、文字、影像、圖形和其他媒體素材。擴增實境是零售商和品牌廠商迄今淺嘗即止的領域，但在未來的商店中，它有著在商店內或外的購物瀏覽階段真正強化行銷和銷售的潛力。

舉 IKEA 為例，它是率先將行動擴增實境技術應用在家飾領域的廠商之一。它在 2013 年推出一款擴增實境應用程式，能在顧客家中具象化店內家具的 3D 模型。2014 年時，它將此應

用程式與領先全球的商品型錄結合，顧客只要將型錄放在他們想要疊加商品圖示的地方，就能用應用程式模擬出實際產品出現在該處的示意圖。2017 年，IKEA 利用蘋果剛為其 iOS 行動作業系統發布的擴增實境軟體開發套件（software development kit，簡稱 SDK）推出了 IKEA Place 應用程式，該程式將超過兩千項的家具模型圖樣升級成可查看不同視角的 3D 模擬圖，它還能讓顧客在應用程式內保留他們想要的商品，並導向 IKEA 官方網站完成交易。在 IKEA Place 應用程式於蘋果 App Store 上架以來的六個月內被下載超過兩百萬次後，這間家飾巨擘正考慮將其三個應用程式（分別用於造訪商店前的規劃、瀏覽 IKEA 商品型錄和虛擬家飾規劃）整合成一個。

京東的一號店（Yihaodian），中國最大的線上雜貨店，實驗了擴增實境便利商店的概念，允許顧客使用行動裝置裡的應用程式在指定地點進行虛擬購物。樂高（LEGO）於 2010 年首次在其商店中安裝了擴增實境資訊亭，當商品被放到資訊亭的螢幕前時，會將該組商品完成後的樣貌疊加到包裝盒上，樂高並在 2015 年推出一款應用程式 LEGO X，供愛好者在自己的手機上建造 3D 的積木模型。日本服飾零售商優衣庫（Uniqlo）於 2012 年與擴增實境專業 Holition 公司合作，在部分商店推出「魔鏡」，讓顧客看到他們試穿商品後的樣貌，還可直接變化商品顏色。2016 年，化妝品品牌蜜絲佛陀（Max Factor）與另一家擴增實境技術供應商 Blippar 合作，讓它全部共五百項產品可供互動，並讓購物者能使用 Blippar 應用程式看到針對每項產品量身打造的多媒體內容。

數位顧客體驗

　　即使消費者沒有在實體店看完商品後使用 Amazon 應用程式購買，也沒有掃描貨架上的商品來取得擴增實境內容，但消費者因為自身線上購物的經驗，對於能在實體店內進行數位互動的程度或能夠自助服務等更高的期待正在發展，而無線網路是達到這些期望的先決條件。當然，無線網路會促使展示廳現象的發生，但若商店在行動網路的覆蓋範圍內，那麼購物者也會使用自己的行動數據來進行。不同的是，無線網路也是零售店經營者需要的基礎連網能力，希望能從所有顧客取向的數位接觸點中將投資報酬率最大化。回顧零售商在店裡裝設無線網路的原因，一位業主（不具名地）說明，行動數據訊號無法像他們的無線網路一樣遍布店內——也就是商店角落對行動網路不友善，代表如果店家不提供無線網路，他們絕對無法從 Amazon 那裡搶到這筆交易。因為顧客會離開商店，取得行動數據訊號以確認價格，然後就再也不會回到店內。

　　還有，儘管行動網路覆蓋率和速度會隨著新的通訊協定和頻寬頻譜的發展而不斷增加，但是店內安裝無線網路的關鍵驅力是激發更多的數位接觸點，以改善實體購物歷程，並勸阻購物者到其他地方完成購買。至少透過無線網路，零售商可以確保零類接觸是發生在店內的任一角落，包括貨架旁，在那裡零售商可以發揮最大的影響力。我們已經提過行動裝置的內建相機如何幫助購物者在線上找到他們在線下世界中搜尋的類似商品，但是這些裝置的地理位置定位功能，意味著地圖功能也有了很大的進步。

關於商店和相關優惠的精確即時性、定位和適合行動裝置介面的資訊，可以說服消費者前往造訪商店；但一進入店內，零售商經優化的行動網站和應用程式裡的「尋路」（Wayfinding）功能，有助於為消費者導航到正確的貨架，並更快找到需求的商品。法國雜貨商家樂福測試了一項應用程式內的服務，該服務允許購物者透過手機接收方向指示，還有通常與個人喜好連動的商品促銷訊息。家樂福在羅馬尼亞的二十八間大賣場中，安裝了六百個藍牙低功耗（Bluetooth Low Energy，簡稱BLE）信標以連接購物者智慧型手機上的應用程式，或家樂福提供搭載三星平板電腦的購物車。家樂福位於法國里爾的歐拉里爾（Euralille）大賣場，也安裝了八百個程式化操控的飛利浦（Philips）LED 燈具，作為主要改裝的一部分。這款燈具不僅可以節省能源，還可以使用飛利浦可見光通訊（visual light communication，簡稱 VLC）技術，將有關商品和促銷的數據利用光波編碼，並直接傳輸資訊，經由購物者智慧型手機的相機接收。接著，應用程式會顯示方向資訊，幫助引導消費者前往該商品的位置。

◎智慧空間

在商店內擁有網路連線能力的效益，是網路可以從它產生的數據中提供情資。例如，零售商傳統上仰賴根據紅外線攝影機的影像或進出商店的購物者跨越門檻的次數的人數統計系統，來追蹤來客數。未來的商店將使用透過無線網路和測繪系統取得的數據以及其他來客監控技術，以改善商店設計和配置，配

合特別會在定期更新的商品種類和範圍的商店裡購物的顧客。

2017 年，蘋果為其行動作業系統推出了擴增實境軟體開發套件（SDK）——用於 iOS 的 ARKit，為蘋果的測繪功能增加沉浸式虛擬和 3D 功能，並追趕對手 Google 地圖。隨著可見光通訊和視覺搜尋等技術發展，擴增實境地圖繪製也可用於購物遊戲化。Shopkick 是這方面早期的先驅，從 2012 年起便與美國零售商百思買、傑西潘尼、Target 百貨公司和梅西百貨合作，為購物者提供以所在位置為準，在合作商店內進行打卡和掃描特定商品條碼等任務後，獲得獎勵和優惠。2016 年年底，連鎖咖啡店星巴克和電信方案零售商 Sprint 與任天堂（Nintendo）合作，在寶可夢遊戲（Pokémon Go）裡增設名為 PokéStops 的擴增實境「誘餌」，吸引玩家進入它們的商店以帶動來客數。

在討論將店內所有體驗數位化時，電子貨架標籤（electronic shelf labels，簡稱 ESLs）並不是新技術。但它們確實代表無線網路在那樣的未來商店中應該要夠健全的理由，那樣的未來會利用科技，將數位接觸點建立進購物歷程發現階段中終極零類接觸時刻的顧客體驗裡。先不說 2018 年一項電子貨架標籤研究發現，對於 80% 的消費者而言，在貨架旁時價格對購買決策的影響最大，對 67% 的零售商來說，手動管理店內與售價和促銷有關的價牌或標示變動的成本，占商店月平均營業額的 1% 至 4.99%，這在 2017 年時代表驚人的一千零四十億美元。[18]

加上紙類的貨架價牌代價高昂的低效率，包含一批配備有預先印出的標籤或標籤紙捲印表機的商店員工，這種不準確更可能發生在舊式的定價方法上，比方說若商店在歐盟地區，可能導致店家違反定價[19]和產品資訊[20]準確度的相關法規。但手

動改變價格所花的時間，也代表傳統商店對競爭者提供折扣後做出快速反應的能力嚴重受限，使其面對 Amazon 以人工智慧操控的動態定價演算法時處於劣勢，因為 Amazon 一天可以線上變更售價數百萬次；相較百思買和沃爾瑪一整個月內的價格變化次數一共為五萬次。[21]

鑑於該 ESL 研究還發現，精確的價格是購物者希望從價標上獲得的主要資訊類型（82%），只有 43% 的人始終相信標示的價格與結帳時一致，ESL 可以在貨架標價的準確度上增加購物者的信心，提升消費體驗。加以經人工智慧電腦視覺軟體強化後的功能，貨架上的臉部辨識功能甚至可以操作個人化體驗。英特爾在 2018 年的一次產業高峰會上，展示了用於電子貨架標籤的實感™（RealSense）技術，支援由沃爾瑪、好時公司（The Hershey Company）和百事可樂等五間商店試用的 AMW 公司提供之 Smart Shelf（智慧貨架）和 Automated Inventory Intelligence（自動化庫存智慧型）軟體。該軟體讓數位式的貨架標籤能夠辨識在人們走過貨架時顯示商品定價；當附近沒人時，則顯示促銷圖資。克羅格公司也參加了同一活動，展示自己的智慧貨架解決方案。它說，其數位貨架標示能讓零售商流暢地更改價格，並為購物者提供個人化體驗。在撰寫本書時，該技術已導入十七間商店，而克羅格公司表示它們計畫在 2018 年底前推廣到一百四十間。

更新電子貨架標籤所需的雙向、無線通訊技術，也可以轉換成朝向顧客，透過無線網路、藍牙信標或與行動錢包、感應式信用／借記卡所使用的相同近場通訊（NFC）技術與他們的行動裝置連接。將來，透過貨架邊上的連繫方式，以傳遞具互

補性的推薦商品、評價和優惠等為顧客體驗提供資訊的應用，將變得更加重要。電子貨架標籤可以透過提供比傳統貨架標籤上能顯示的更詳細定價、產地和過敏原等資訊，驅動顧客更積極地互動。一些零售商已經建置了大尺寸的電子貨架標籤，以提供更多資訊，並附上 QR 碼，引導顧客從線上取得更多資訊。歐洲家居裝修零售商樂華梅蘭（Leroy-Merlin）配置電子貨架標籤，以解決從紙製標籤以來就有的準確性、生產力和價格變化速度等相關挑戰；但它也使用電子貨架標籤，為顧客提供店內商品自動且即時的地理位置。

◎購物的數位接觸點

無線網路、信標、可見光通訊、電子貨架標籤和擴增實境，可以將商店內的多種元素轉化成購物的數位接觸點。英國的弗來澤百貨（House of Fraser）和 Ted Baker（譯注：英國奢侈品服裝零售公司）已經嘗試過裝有信標，可以發送促銷資訊的時裝人體模型。OfferMoments 使用這些技術，讓數位廣告看板在購物者路過有符合自身偏好優惠的商店時，於看板上呈現出他們的頭像和相關優惠訊息。它的微型定位應用程式讓購物者接受並在附近的商店裡兌換優惠。同時，信標也已被用於得來速式的空間，用餐者可以在自己的車內使用聲控技術來訂必勝客（Pizza Hut），餐廳則會透過信標收到顧客即將到來的通知。付款透過 Visa 完成，其系統已整合進汽車的儀表板裡。

另一項關鍵領域是互動式數位廣告。三星在 2018 年公開了雲端數位商店軟體平台 Nexshop，該平台有使用 IP 和行動裝置

的即時行為感測功能。除了分析功能外，該方案還能讓商店員工透過平板電腦或互動式顯示裝置使用雲端內容和購物者互動，以提供更深度的顧客體驗。同年，Finish Line（譯注：美國運動服飾零售商）和艾羅科技（Elo）分別展示出 MemoMi 公司的智慧鏡子技術應用，讓顧客利用螢幕拍攝自己穿著新衣服的照片，並將圖片疊加在各式背景上。該螢幕可以將圖片發送給顧客，讓他們輕鬆地與親友分享圖片。

　　總部位於美國的線上鮮花零售商 1-800-Flowers，最近將人工智慧的對話式商務（conversational commerce）運用到店內的服務創新，包含電話訂購、電子商務以及行動和社群媒體。它是第一家推出 Facebook Messenger 購物助理的零售商，有位名叫「GWYN」（Gifts When You Need）的人工智慧禮賓機器人，而且它已與 Amazon 和 Google 合作，讓顧客只要聲控就能下單。但在未來商店中運用語音的趨勢正在普及，而 Amazon 和它的 Alexa 語音平台極可能扮演重要角色。

　　位於亞琛（Aachen）的德國獨立零售商 HITSütterlin，於 2017 年，測試了一項以 Alexa 智慧助理為基礎的商店客服系統，該系統可與顧客溝通，根據顧客的語音提示，利用數位顯示器提供優惠和商品的資訊。「Alexa 購物助理」（Alexa Shop Assist）概念僅為了 TechCrunch Disrupt 2017 Hackathon 開發，使用 Alexa 驅動的硬體、Alexa 技能組合和語音服務，AWS Lambda 平台和 iOS 應用程式，使顧客能夠出聲詢問某樣商品在哪裡後，被告知該去哪個貨架通道，它還意在根據顧客提出問題的地點和周遭環境來追蹤顧客。

　　未來的商店必然會提供由數位加乘的協助。但由於未來商

店強調自助服務，大多數零售商的第一線員工又將何去何從？一位（由於明顯的原因而）保持匿名的零售業資訊主管，幾年前在一次公司活動中感嘆「顧客進入商店時手裡的手機資訊比我們店裡員工還多」。這裡，用於奢侈品零售的「黑皮書」（Black Book）系統能為高價值客戶提供服務，稱為「clienteling」（給顧客一流的購物體驗），而數位化的黑皮書系統可以培力商店員工，透過數位裝置來協助包含在健康和美容、消費性電子、汽車和奢侈品等產業中的高附加價值、高質感、諮詢性的銷售進行。例如，在 2016 年，博姿藥妝推出 MyBeauty 應用程式，幫助員工說明產品資訊、評分和評價、線上查詢庫存，並根據線上分析製作個人化的顧客推薦。

◎有人味的重要性

因此，工作人員在未來商店中的角色，將是激發更多數位化的諮詢而不是交易服務。雖然像「給顧客一流的購物體驗」一樣，員工也可以配備讓顧客結束排隊的裝置，像運用整合手持商品條碼掃描器、信用卡支付和 PIN 碼輸入機來支應結帳，尤其是不用現金交易時的購物，但尚需考量到包裝和除去防盜標籤的實際執行過程。在雜貨店中更廣泛使用的是自助掃描和結帳系統，雖然這樣的系統在結帳時增加了顧客速度和進出量，但也將購物歷程中所有的苦差事都移轉到顧客身上；更甚者，還在顧客即將離開商店前，要求他們在結帳流程中掃描會員卡！誠然，機器複誦的「不應出現在包裝區的商品」語句，已增生出許多網路迷因（internet meme）圖，透露出消費者對

此系統的強烈反感，而零售商不得不接受與使用此系統相伴的竊盜風險。由於使用頻率低，沃爾瑪在 2018 年捨棄了「Scan & Go」（中國的沃爾瑪有與微信支付合作的「掃碼購」）行動應用程式，也有傳言說是多起商品竊盜事件之故。不過，山姆會員店（Sam's Club）和好市多仍提供類似的店內掃描與付款的應用程式，而星巴克運用其應用程式裡的儲值卡功能進行支付，顧客也可以預購商品以利更快速的取貨。

因此，最終階段的購物歷程是聚焦在結帳和付款層面，而下個發展階段是從無人結帳到無人商店，和「免結帳」（checkout-less or checkout-free）購物。這部分，中國是領頭羊。中國廣州的 F5 未來商店使用行動支付和機器履行，顧客在特殊的終端設備或透過無線網路使用個人智慧型手機進行訂購和付款，商品領取和用餐桌面清潔由與設備相連的機械手臂獨立完成。其他無人商店的原型還有歐尚中國（Auchan China）的分鐘（Minute）和繽果盒子（BingoBox）商店，以及瑞典新創公司 Wheelys 與中國合作的自駕行動便利店 Moby Mart，靠顧客使用應用程式跟行動便利店互動，掃描 QR 碼來為商品結帳，或在離開店裡時，透過電腦影像辨視從顧客的帳戶裡扣款。南韓也有 7-11 的無人概念旗艦店（7-Eleven Signature）。

這些與 Amazon 打對台的競爭者正在插旗，但未來的商店不太可能會完全由無人、機器操控的廂型商店主宰。建造這些商店所需的高成本技術限縮了這些商店在小規模便利商店中的應用，而在有更多諮詢類業務的產業中，保持人味的待人方式將永遠被看重。至少沃爾瑪和 Sonae 集團也都為行動不便的購物者測試自動購物車。

當討論到機器人在商店中的角色時，像是 Target 百貨公司測試 Simbe 公司開發的 Tally 機器人，可能會取代重複且費力的貨架審核任務，以辨認出缺貨、庫存量低和錯置商品，以及標價錯誤。還有其他例子，像美國家居裝修零售商勞氏（Lowe's）測試的 LoweBot，能與顧客進行有限的互動。LoweBot 可以理解多種語言，並使用 3D 掃描器檢測商店裡的人。購物者可以透過與之交談或在機器人胸前的觸控螢幕中鍵入物品名稱，請機器人協助搜尋任何商品，然後機器人會利用智慧雷射感測器引導顧客找到商品。軟銀集團（Softbank）的 Pepper 機器人已經在多個直接服務顧客的場合中被採用，包括在亞洲接受必勝客（Pizza Hut）訂單。而電子產品零售商 MediaMarktSaturn 則是部署了一個叫做 Paul 的機器人來迎賓和引導顧客，這間德國零售商也在世界各處測試由 Starship 開發的自動機器運輸車。Starship 是由 Skype 通訊應用軟體創辦人阿賀帝・黑因那（Ahti Heinla）和耶努斯・弗利斯（Janus Friis）擁有的新創公司。就算這樣，機器人也不會很快就完全取代人類。

◎從自助結帳到無需結帳

讓我們來談談 Amazon Go 吧，它於 2018 年在西雅圖開張。這間安裝了電腦影像辨視以及人工智慧驅動的商店，採用 Amazon「拿了就走」的專利技術，讓顧客真的不需要任何結帳過程就可以帶著商品走出商店。顧客必須掃描他們的 Amazon Go 應用程式才能進入店裡，並註冊一種付款方式，以利顧客離開商店時，能收取被電腦影像辨視系統偵測到從貨架拿取的商

品費用。它的美妙之處在 Amazon 能精確地知道誰在它的店裡以及顧客的每項行為，而科技則弭平相關疑慮。據 Amazon Go 副總裁吉安娜‧普黎尼（Gianna Puerini）的說法 [22]，無結帳模式的成功，尤其是在吸引重複顧客方面，代表他們可能會在舊金山、芝加哥和倫敦開設更多家店。但它並不是無人管理，因為員工隨時都在附近為貨架補貨並準備新鮮商品，而且它極度依賴人口稠密、交通繁忙的地點，以利潤率更高的便利形式抵消高成本的科技建置。

　　儘管如此，Amazon Go 已經為競爭對手零售商提高遊戲水準。2017 年皇家阿霍德也宣布它正嘗試一種無結帳的概念，結帳方式是用感應式卡片來輕觸電子貨架標籤以驗證交易。與此同時，森寶利超市測試了讓顧客能略過收銀台直接使用個人手機支付商品的功能，而英國的競爭對手特易購正嘗試「掃了就走」技術，讓顧客在它韋林花園市（Welwyn Garden City）總部裡的 Express 便利店，透過零售商的 Scan Pay Go 智慧手機應用程式支付雜貨費用。至於科技巨頭微軟，正在研究一個無結帳商店的概念，靠著在購物車上裝設相機，顧客一邊購物，一邊被追蹤他們欲購買的商品。京東則擊敗了美國的競爭對手，與歐尚在 2017 年時合作，開設第一家自動化無人商店，即上述的繽果盒子（儘管有遠端客服，且每天由人工補貨）。同年，第一家無人又無結帳的 D-Mart（智能門店解決方案）便利商店在京東公司總部開張。這個所謂的智能門店（Smart Store）配備了由英特爾提供的響應式技術套件，包括智能貨架、智能感知攝像頭、出入管制和傳感器，用省去結帳步驟的智能稱重結算台和智能廣告牌。京東的「智能門店」解決方案提供低成本

以及具增值效果的客製化彈性，讓傳統零售店經營者得以有「低人工」和具成本效益的方式更新營運模式。它也是京東創辦人暨執行長劉強東（Richard Liu）在未來四年內於中國每個村莊都開設一間現代化京東便利店此一鴻圖的支柱。[23]

　　京東和阿里巴巴在線下的進展都可說比 Amazon Go 更令人激賞，因為它們提供了更多可親近的數位化體驗。而將重點移到新鮮、便利和食品服務上時，京東的 7fresh 概念店和阿里巴巴的盒馬鮮生超商還將實體店的精華與 QR 碼、包含電子貨架標籤和付款等以應用程式為基礎的數位接觸點相結合。再一次，行動支付將在實現未來商店方面起關鍵作用——如果零售商認真考慮要自動化這個決定性、最充滿阻力的購物歷程階段，它們還可以將顧客的身份綁定確認後交易和購物項目。Visa 和萬事達卡最近都展示了生物辨識支付（biometric payments），讓顧客不用排隊等結帳。中國的肯德基（KFC）與阿里巴巴旗下的螞蟻金融服務公司合作，最近推出了中國第一個「微笑支付」的付款系統。支付寶（Alipay）顧客可以透過人臉掃描以及輸入手機號碼兩者結合的方式來驗證自己的支付，代表顧客再也不需要錢包——甚至是智慧型手機。7-11 在首爾的無人概念旗艦店使用「HandPay」，一種掃描手掌靜脈樣式的生物辨識系統。

　　當許多以既有商店為基礎的零售商正面臨著銷售趨緩和賣場過度擴張的現實考驗時，其他數位起家的同業也已意識到取得實體據點的重要性。商店透過訂單取貨、退貨服務和一個展示品牌商品的實體空間，提供更多彈性，幫助實踐全通路的理念。因此，零售商應引進普及的科技介面、隨時隨地連網以及數位化和行動化的自主運算系統，讓實體商店可在不論是線下

還是線上，從瀏覽和全面搜尋到發現和支付的每個購買階段都能支應購物歷程，以匹配網路所具有的疾速、可近性和可用性。

商店之於數位零售商的角色，與僅銷售商品的傳統商店的主要作用不同。我們相信，這些數位零售商，憑其科技的強大技術和能力，才是真正推進未來商店數位化和自動化願景的實踐者，在它們廣大的顧客生態系統裡，將未來的商店強化成一個無所不能、有形的接觸點。

1.Jay Greene (2015) Amazon opening its first real bookstore-at U-Village, *Seattle Times*, 2 November. 連結：https://www.seattletimes.com/business/amazon-opens -first-bricks-and-mortar-bookstore-at-u-village/ [最後瀏覽日：2018 年 6 月 25 日]。

2. 新聞稿 (2017) The shopping habits of today's consumers: ecommerce vs. in-store, *Imprint Plus*, 16 October. 連 結：https://prnewswire.com/news-releases/ the-shopping-habits-of-todays-consumers-ecommerce-vs-in-store-300535550. html [最後瀏覽日：2018 年 6 月 25 日]。

3.Andrew Lipsman (2017) 5 interesting Millennials' mobile app usage from the '2017 mobile app usage report', *comScore*, August 24. 連結：facts about https:// www.comscore.com/Insights/Blog/5-Interesting-Facts-About-Millennials-Mobile-App-Usage-from-The-2017-US-Mobile-App-Report. [最 後 瀏 覽 日： 2018 年 9 月 6 日]。

4.White Paper (2017) Amazon: the big e-commerce marketing opportunity for brands, *Kenshoo*, 13 September. 連結：https://kenshoo.com/e-commerce-survey/ [最後瀏覽日：2018 年 6 月 20 日]。

5.Bazaarvoice (2018) The ROBO Economy: how smart marketers use consumer-generated content to influence omnichannel shoppers [E-book] January. 連結： http://media2.bazaarvoice.com/documents/robo-economy-ebook.pdf [最後瀏覽 日：2018 年 6 月 6 日]。

6.Emily Cullinan (2017) How to use customer testimonials to generate 62% more revenue from every customer, every visit, *Big Commerce*, 2 April. 連結：https:// www.bigcommerce.com/blog/customer-testimonials/ [最後瀏覽日：2018 年 6 月 20 日]。

7.Dustin Kurst (2015) My 2.5 star trip to Amazon's bizarre new bookstore, *New Republic*, 4 November. 連 結：https://newrepublic.com/article/123352/my-25-star-trip-to-amazons-bizarre-new-bookstore [最後瀏覽日：2018 年 6 月 26 日]。

8.Pascal-Emmanuel Gobry (2015) Why Amazon built a bookstore, *The Week*, 4 November. 連結：http://theweek.com/articles/586793/why-amazon-built-bookstore [最後瀏覽日：2018 年 6 月 25 日]。

9.Eugene Kim (2017) Amazon is getting almost no revenue from its bookstores, *CNBC*, 26 October. 連結：https://www.cnbc.com/2017/10/26/amazon-is-getting -almost-no-revenue-from-its-bookstores.html [最後瀏覽日：2018 年 6 月 25 日]。

10.Jim Lecinski (2011) Winning the zero moment of truth ebook, *Google*, June. 連結：https://www.thinkwithgoogle.com/marketing-resources/micro-moments /2011-winning-zmot-ebook/ [最後瀏覽日：2018 年 6 月 25 日]。

11. Lisa Gevelber (2018) How 'Near Me' helps us find what we need, not just where to go, *Think with Google*, May. 連結：https://www.thinkwithgoogle.com/consumer-insights/near-me-searches/ [最後瀏覽日：2018 年 6 月 26 日]。

12. Haylet Peterson (2018) Google now lets you see what's on shelves at stores near you, and it's a powerful new weapon against Amazon, *Business Insider UK*, 12 June. 連結：http://uk.businessinsider.com/google-see-whats in-store-vs-amazon-2018-6 [最後瀏覽日：2018 年 6 月 20 日]。

13. Guillermo Murga (2017) Amazon takes 49 percent of consumers' first product search, but search engines rebound, *Survata*, 20 December. 連結：https://www.survata.com/blog/amazon-takes-49-percent-of-consumers-first-product-search-but-search-engines-rebound/ [最後瀏覽日：2018 年 6 月 25 日]。

14. 同前注。

15. 新聞稿 (2016) Three, Two, One...Holiday! Amazon.com launches Black Friday deals store and curated holiday gift guides, *Amazon*, 1 November. 連結：http://phx.corporate-ir.net/phoenix.zhtml?c=176060&p=irol-newsArticle&ID=2217692 [最後瀏覽日：2018 年 6 月 25 日]。

16. Rodney Mason (2014) Dynamic pricing in a smartphone world: A shopper showrooming study, *Parago*, 4 January. 連結：https://www.slideshare.net/Parago/dynamic-pricing-30010764 [最後瀏覽日：2018 年 6 月 25 日]。

17. Amazon Technologies, Inc. (2017) Physical store online shopping control, US Patent No. 9665881, 30 May. 連結：http://patft.uspto.gov/netacgi/nph-Parser?Sect2=PTO1&Sect2=HITOFF&p=1&u=/netahtml/PTO/search-bool.html&r=1&f=G&l=50&d=PALL&RefSrch=yes&Query=PN/9665881 [最後瀏覽日：2018 年 6 月 20 日]。

18. Displaydata commissioned report (2018) Analogue to automated: retail in the connected age, *PlanetRetail RNG*, May. 連結：https://info.displaydata.com/planet-retail [最後瀏覽日：2018 年 6 月 27 日]。

19. Official Journal of the European Communities (1998) Directive 98/6/EC of the European Parliament and of the Council on consumer protection in the indication of the prices of products offered to consumers, *EUR-Lex*, 16 February. 連結：https://eur-lex.europa.eu/legal-content/EN/TXT/?uri=celex%3A31998L0006 [最後瀏覽日：2018 年 6 月 27 日]。

20. Official Journal of the European Communities (2011) Regulation (EU) No 1169/2011 of the European Parliament and of the Council of 25 October 2011 on the provision of food information to consumers, *EUR-Lex*, 25 October. 連結：https://eur-lex.europa.eu/eli/reg/2011/1169/oj [最後瀏覽日：2018 年 6 月 27 日]。

21.Profitero (2013) Profitero Price Intelligence: Amazon makes more than 2.5 million daily price changes, *Profitero*, 10 December. 連結:https://www.profitero .com/2013/12/profitero-reveals-that-amazon-com-makes-more-than-2-5- million-price-changes-every-day/ [最後瀏覽日:2018 年 6 月 27 日]。

22.Jeffrey Dastin (2018) Amazon tracks repeat shoppers for line-free Seattle store–and there are many, *Reuters*, 19 March. 連結:https://ca.reuters.com/article /technologyNews/idCAKBN1GV0DK-OCATC [最 後 瀏 覽 日:2018 年 6 月 27 日]。

23.Richard Liu (2018) Interview conducted by broadcaster and Plenary session moderator of World Retail Congress, Munchetty, N, Madrid, 17 April。

未來的商店：
從交易型轉變成體驗型

> 我們正處於絕對的過渡時期，我們全都必須思考如何改
> 造、反應、如何取勝。我們必須在全球建立強而有力的
> 戰略合作關係……而且會盡可能地快速行動，因為當我
> 們對比 Amazon 的同業，如果他們能那麼迅速地行動，
> 像我們這樣的公司又豈會無法做到……？
>
> 　　　　　　理查德・貝克（Richard Baker），
> 　　　　哈德遜灣公司董事長，2017 年 [1]

　　先前的章節意在說明實體商店內的體驗將如何透過技術變得更無阻力和高度客製化。為解決顧客的困擾，如商品位置指引和不必排隊等候結帳，讓零售商提升實體店程度至 21 世紀，符合過往只屬於電商的便利性和簡易性。

　　更多商品品項轉向線上販賣，會製造出零售商改造實體零售空間的急迫性。今日的購物者可以名副其實地在線上購買任何東西，而且因為有 Prime，通常在第二天就會收到貨。Amazon 已盡全力發展購物，未來，因著特定日用品走向簡化和自動補貨，將更進一步。隨著我們越來越智慧的居家環境，購物者的生活將更輕鬆。目前一般的成年人每天做出高達三萬五千個決定，[2] 但未來我們的智慧連網家庭將完成所有低階、枯燥重複訂購家用品的工作，為我們騰出時間專注在更有樂趣的事務上。當購物者用完漂白劑或廁紙時，將不再需要拖著疲憊的步伐遊走在超市貨架間。他們將減少花費寶貴時間在購買必需品上，而我們相信這將對實體商店產生巨大的影響。今日的

零售商應重新思考商店配置、往返商店的動力和實體商店更遠大的用途。

　　未來，我們將看到功能性和趣味性購物間更大的分野。沒有人能像 Amazon 那樣提供功能性購物，所以競爭對手必須聚焦在有趣味性的元素。在現今的零售業中取勝，代表在 Amazon 無法做到的部分表現卓越，也就是說在產品部分放較少心力，更多聚焦在體驗、服務和專業知識上。

　　隨著競爭者拼命尋求在 Amazon 時代的存活方式，WACD —— Amazon 做不到的事，已成為零售業公認的縮寫。就算是「零售商」或「商店」這樣的術語也得重新考慮：蘋果想要它們的展售中心被稱為「城鎮廣場」，而單車服飾品牌 Rapha 則是有「俱樂部會所」（clubhouses）。同樣脈絡下，實際上許多購物中心正捨棄用「市場」這個詞，偏好「村」（village）、「市鎮中心」（town centre）和「名店」（shoppes）。[3] 其他購物中心則將體驗型零售的概念發揮到極致——英國百貨公司零售商 John Lewis 讓購物者在店裡的套房過夜，而美國家飾零售商 West Elm 已跨足到飯店經營。

　　並非所有零售商都有辦法或動機來實現這類極端的做法，但有一點很明確——商店必須重新定位。它不能只有商品，零售商反而必須利用社群和休閒時機，提供足夠吸引人到讓我們放棄螢幕的體驗。蘋果的零售業務高級副總裁安琪拉・阿倫茲（Angela Ahrendts）在 2017 年的觀察，「雖然人們因為數位化發展，比過往任何時候都緊密地連繫在一起，但許多人卻更感孤立與孤獨」。在現今的數位時代中，實體商店具備滿足消費者漸增的社交連結需求的良好條件。

我們已經全面地討論過，隨著線上和線下不斷地匯合，零售體驗會往更混雜的趨勢發展。但傳統實體零售也將變得更混雜，因為零售空間將不只做零售用途。未來，特別是商場和像百貨公司的大型商店，會往多功能發展，而這將為各式各樣非傳統事業伙伴打開合作的大門。這些也不是全新的概念：娛樂型零售（retailtainment，或零售劇院，retail theatre）和將零售定位為一項休閒活動，在過去一個世紀中一直都是零售商的戰術特色。哈利・戈登・塞爾福里奇（Harry Gordon Selfridge）本人曾說：「商店應該是一個社交中心，而不僅是一個購物場所。」[4]

　　對於現今的零售商來說，這是個可靠的建議。儘管有種種誘因，透過 Amazon 購物仍然屬於一種偏實用導向的體驗。這為競爭者提供了機會，讓他們在自己的商店中注入一些性格和靈魂來與 Amazon 做出差異化，而這將進一步模糊零售業務、餐旅服務（hospitality）和生活方式間的界線。

　　我們相信，未來商店將不只是一個購買東西的地方，也是一個用餐、玩樂、探索，甚至工作的地方。這將是一個租用和學習的地方，而且最重要的，是一個零售商可以透過店內取貨和退貨，以及當天到貨來滿足「隨時隨地可購物者」的地方。在一個日漸數位化的世界中，實體商店的角色無從選擇，只能從交易型轉向體驗型。

從商店到生活形態中心：確保品牌價值不變

對於那些樂於接受改變的人，這是零售業一個令人非常興奮的時刻。從更加體驗式和服務導向出發，零售商可以為其品牌加上社交層次，讓他們能同時做到順應消費者改變的花費與線上競爭者做出區分。

但是，這種多角化與零售商自有品牌保持一致非常重要。這可能聽起來再明顯不過，但只要想想 2012 年，特易購的店內開始充斥特色咖啡館（artisan cafes）、餐廳、高檔烘焙坊、瑜伽工作室甚至健身房就知道了。到 2016 年，特易購已經賣掉短短幾年前投資的所有公司：英國咖啡館 Harris + Hoole、連鎖飯店 Giraffe 和烘焙坊 Euphorium。

策略一百八十度大轉變的原因很多：新舊執行長兩人有全然不同的優先順序；為週轉核心雜貨業務，合理化非核心業務資產的必要性；加上這些事業經營都有極大的虧損。我們認為該策略本質上就錯了，因為這些合作品牌較具理想性的立場，與特易購自身是一間低價、大眾化的雜貨商的價值不一致。在買完現磨現煮的 Piccolo Macchiato 咖啡後，購物者轉而面對的是一大堆紅、黃色標示，強調買二送一的特惠。

特易購當時可能未能改造超商的概念，但它們從實驗中確實學到很多經驗。現在，它們與其他零售商，如荷柏瑞（Holland & Barrett）、阿卡迪亞集團 Arcadia Group（女裝 Dorothy Perkins、大尺寸女裝 Evans 和男裝 Burton）、電子產品零售商 Dixons Carphone（旗下有 Currys PC World）和生活形態零售商 Next 等合作，成功利用過剩空間。當然，有些重疊的產品類

別──Dorothy Perkins 往往與特易購自有服飾品牌 F & F 的系列產品定位雷同，但這些合作為特易購帶來差異化，而合作品牌則從超市的經常性造訪顧客中獲益。

十年前，特易購不會想到要與競爭者合作，但今天它們有了 Amazon 這個共同敵人。競合使它們能更好地服務顧客，且能共同抵禦西雅圖巨頭的進犯。儘管之前曾有合作品牌價值不一致的狀況，但特易購意圖使其商店變成購物、休閒和餐飲一站式服務終點站的想法並不會離趨勢太遠，它們可能只是早了幾年進行這樣一個徹底的改造計畫。

用餐的場所

◎美食：受歡迎的來店驅力

> 雖然螢幕能傳播商品，但最終人們還是想試穿、感受質料，並體驗商店獨有的服務，而沒有比食物更好的方式能將人們吸引到商店裡。
>
> 理查德・科拉斯（**Richard Collasse**），
>
> 香奈兒日本總裁[5]

今日，零售商正為生存奮鬥和爭著重新定義零售空間。增設咖啡館和餐廳，是一項經過證實能有效驅動人流量和增加顧客停留時間的方法。從沃爾瑪店裡的麥當勞到柏林 KaDeWe 百

貨公司裡華麗的美食廣場，餐飲服務一直理所當然是零售業的延伸。在百貨公司和其他大型商場概念的店家裡更是如此，如IKEA 的瑞典菜餚已跟其畢利（Billy）書櫃一樣出名。

「我們都說瑞典肉丸是最好的沙發銷售員。」美國 IKEA 餐飲部負責人葛爾‧達瓦爾德（Gerd Diewald）表示：「因為很難與餓著肚子的顧客談生意。當你提供餐飲，顧客會停留更久，討論他們〔可能的〕採購，並且在不離開商店的情況下做決定。」[6]

所以出現了什麼變化？越來越多零售商加入此行列，而提供的服務範圍也更廣。

在先前的章節，我們談到時尚類零售商受體驗型消費興起的衝擊最深，因為越來越多的購物者優先選擇在餐廳用餐或看場電影，而不是添購一條新牛仔褲。此外，時尚類零售商持續被更靈活的線上時裝連鎖店壓迫。僅僅 ASOS 每週就上架五千種新商品。哪間傳統零售商能與之競爭？

無怪乎許多時尚連鎖店正轉往提供餐飲體驗，作為與線上競爭者差異化並吸引顧客上門的方法。最受千禧世代歡迎的跨國生活形態零售公司 Urban Outfitters，在 2015 年收購位於費城的 Vetri Family 餐廳，是此一趨勢的先鋒。這前所未聞的一著棋在當時引發質疑，但自此以後，全球越來越多的服裝零售商增設餐飲服務。曼哈頓和芝加哥的優衣庫購物者，可以在店內買到星巴克咖啡；在英國，Next 在門市內加入比薩和氣泡酒吧；同時，就算是快時尚連鎖店也搭上順風車——H & M 與巴賽隆納的 Flax & Kale à Porter 餐廳結合，提供各種有機和素食餐點。

> 除非它們真的發明出星際爭霸戰（Star Trek）裡的複製機，不然電子商務對餐廳經營並不構成威脅。
>
> 傑夫·班哲明（Jeff Benjamin），Vetri Family（Urban Outfitters 收購的連鎖餐廳）共同創辦人[7]

奢侈品零售商也利用這一趨勢，藉由拓展自營品牌或與看法雷同的餐廳合作——例如 Nobu 餐廳。Gucci 和 Armani 在世界各地都有咖啡廳和餐廳。2016 年，Burberry 在倫敦的旗艦店裡開了第一間咖啡廳 Thomas's，菜單反映了該奢侈品品牌典型的英國作風，從傳統下午茶點組合到龍蝦和薯條。同樣地，Polo Ralph Lauren 的 Ralph's Coffee & Bar 也遵照美國傳統提供牡蠣、總匯三明治和起司蛋糕。

> 我們希望打造一個空間，讓顧客可以在更社交性的氛圍中放鬆和享受 Burberry 的一切。
>
> 前 Burberry 執行長，
> 克里斯多福·貝里（Christopher Bailey）[8]

百貨公司也在這部分大展身手。薩克斯第五大道（Saks Fifth Avenue）正規劃在其翻新的旗艦店中，引入法式餐館兼名流磁鐵 L'Avenue，而對手尼曼百貨公司（Neiman Marcus）與

名廚馬修‧肯尼（Matthew Kenney）合作，於 2016 年開設一家蔬食咖啡廳。「餐廳過往是為了讓顧客在店裡待更久，消費更多，」薩克斯第五大道總裁馬克‧梅翠克（Mark Metrick）說：「現在的餐廳則是吸引顧客上門的方法。」[9]

◎食物：超越時尚

　　將眼界放到時尚業外，我們相信結合餐飲體驗也將成為超市有力的手段（和合理延伸）。世界各地的雜貨零售商應該向 Eataly 和全食超市等取經，以美食廣場、烹飪課程和自己動手種（grow-your-own）等顧客參與式的手法，來靈活施展自身生鮮商品的拳腳。在中國，網路鉅子正以強調新鮮度和體驗的高科技商店，為當今新潮的購物者重新定義實體超市。例如，阿里巴巴的盒馬鮮生連鎖店，讓顧客自行選擇活海產再由店內廚師處理烹調，同時競爭對手京東 7Fresh 超市的店內用餐約占總營業額的一半。[10]

　　相比在義大利，Co-op 合作社的「未來商店」設有一間餐廳，只使用自有品牌商品為食材，強化了其商品品質和來源。更多像維特羅斯和大眾超級市場（Publix）這樣的高檔超市，長期以來一直利用其較高級的定位和聲譽，在店內提供烹飪體驗課程。同一時間，德國的麥德龍超市（Metro）成為歐洲第一間在店內栽種商品的零售商，全食超市則試驗了頂樓溫室。

　　同樣屬於麥德龍集團的瑞艾超市（Real），其市集廣場（Markt Halle）的概念就是展現大賣場和超級商店如何更聚焦在生鮮食品和待客之道，與它們的線上和低價競爭對手差異化

的典範。瑞艾超市意在營造傳統市集廣場的氛圍，所以食品與非食品的商品比例從 60% 比 40%，調整成 70% 比 30%。室內用餐區和玻璃花房（winter garden）可以容納近兩百人，顧客能享用在他們眼前新鮮烹製的時令餐點。像義大利麵這類食物是在超市內烹煮的，購物者也可以參加像壽司工作坊等烹飪相關的活動。超市內還提供可使用 USB 的充電插座，鼓勵購物者在店內待更久，無論是為交誼、購物或甚至是工作皆可。

工作的場所

零售業不是唯一一個被科技重新定義的產業。辦公地點正迅速演變，因為普及的連網技術將員工從傳統的朝九晚五例行公事中解放。到 2020 年，美國預計將有三百八十萬人，利用超過兩萬六千個共享辦公空間——考慮到這一趨勢近在 2007 年時還前所未聞，是很驚人的發展。[11]

> 我們一直特別關注都市裡的空間和時間如何以不同的方式被利用，這些方式正徹底改變消費者的行為。工作、文化和娛樂間的界線模糊了，新的生活方式應運而生。
>
> 尚保羅・莫薛（Jean Paul Mochet），
> 佳喜樂集團的便利商店事業執行長，2018 年[12]

新興的遠距工作、共同工作空間、共享辦公桌（hot-desking）和第三空間等趨勢正改變消費者的生活——過程中也為零售商創造商機。與瑞艾超市一樣，主要的歐洲食品零售商為了增加顧客停留的時間，變得更加好客，提供免費無線網路和充電插座，也加強了它們的餐飲服務選擇。2017 年，義大利的家樂福更進一步於米蘭推出新的商店概念——家樂福城市生活（Carrefour Urban Life），首次融入共同工作空間。家樂福說明店內還設有一間會議室和酒吧，供應兩百多種來自義大利和世界各地的啤酒，作為一種適合忙碌城市居民的創新空間，「他們比過往更樂意結合樂趣、工作和社交活動」。[13]

　　我們認為將來像家樂福這樣的複合式商店概念，會成為全球城市中常見的景象。根據聯合國的統計，到 2050 年全球人口的三分之二將居住在都市，[14] 而今日的美國，隨著千禧世代不再夢想擁有郊區的大房子，改選瀟灑的都會生活方式，許多城市的擴張速度反而超過郊區。

　　隨著都市化繼續發展，實體空間必須變得更小、更便利和更多面向以適應這樣的改變。「都市化的趨勢是我們都必須認識和理解的」，共用辦公空間 WeWork 團隊的執行長暨共同創辦人亞當‧紐曼（Adam Neumann）表示。「來自各行各業的人們都在大城市中尋找可以與人交流的空間，零售空間沒有理由置身事外。」[15]

◎ WeWork：百貨公司的救生索？

　　與 WeWork 等共享辦公室供應商的合作，特別有助於百貨

公司與時代接軌。如本書前面的討論，現今這些大型商店面臨的最大挑戰是當支出轉向線上消費，如何利用剩餘的實體空間。所以為了降低成本，現在大多數的百貨公司都在尋求最大效益的商店組合或縮小其商場規模——梅西百貨、柯爾百貨公司、諾德斯特龍百貨公司、德本漢姆公司、馬莎百貨、弗雷澤百貨等，族繁不及備載。

根據不動產經營公司仲量聯行（JLL）的數據，到 2030 年，有 30% 的商用不動產將成為彈性的辦公空間——相較 2017 年僅不到 5%。[16]WeWork 現在是倫敦市中心最大的辦公空間持有者，僅僅八年，WeWork 就有兩百億美元的估值，並在全球開設兩百多間服務據點。它們先前會選經營不善如風中殘燭的百貨公司操作，但也向那些願意藉由縮小規模和擴增服務範圍與它們合作的品牌證明，自己是條救生索。

將被淘汰的百貨公司空間轉化為共同工作區域是個顯而易見的決策，不僅提供另一項收入來源，還能帶動人流、延長停留時間。就像網路訂購、實體通路取貨等其他服務一樣，一旦客戶上門，就有很大機會進行額外消費。此外，共享辦公室是大多百貨公司裡既有服務——咖啡廳和免費無線網路理所當然的延伸。

WeWork 已與英國的德本漢姆公司建立合作關係（John Lewis 也在研議共同工作空間），而在巴黎，WeWork 已經在法國拉法葉百貨公司（Galeries Lafayette）的前總部開張。但是這樁它們在曼哈頓以八點五億美元收購指標性的羅德與泰勒百貨公司（Lord & Taylor）大樓的交易，才平息對共同工作占未來零售業一角的所有懷疑。此樁在 2017 年宣布的交易將使這間

位於第五大道的百貨公司面積縮減到六十六萬平方英尺大樓的四分之一左右，較高的樓層將用作 WeWork 公司總部和辦公空間。

作為交易的一部分，WeWork 將在羅德與泰勒百貨的母公司哈德遜灣公司在世界各地的百貨商場承租空間，從溫哥華、多倫多和法蘭克福的考夫霍夫百貨公司（Galeria Kauhof）的商場開始。「在這三個地點，我們將最高的兩層樓租給 WeWork，而他們將為沒有人認為有價值的樓層支付符合市值的租金，」哈德遜灣公司執行董事理查德・貝克說。「……我們會推動千禧世代進入店內，並在我們的地點周遭設計刺激和樂趣……我們一直專注在改造過去購入的，又陳舊又無朝氣的商店，而其中一種手法就是以新的方式利用商店。」[17]

玩樂的場所

哈德遜灣公司可能仰賴設立共同工作空間，為其百貨商場注入活力——但它們也明白這只是滄海一粟。也許受到加拿大瑜伽運動服飾公司露露檸檬（Lululemon）、英國女裝運動服零售商 Sweaty Betty 等健身品牌其體驗式行銷策略的啟發，百貨公司也開始在店內提供健身空間，作為一種更進取的休閒選擇。

2017 年，哈德遜灣公司將一間薩克森第五大道商店中一萬六千平方英尺的空間改造成 The Wellery ——高級健身中心，裡面有兩間健身房、鹽療間，甚至還有純素美甲沙龍。在大西洋彼岸，德本漢姆公司也為提供「可靠的休閒體驗」而與專業的 Sweat! 合作，嘗試經營室內體育館。Selfridges 仍舊讓人刮目相

看，在百貨公司裡開了世上第一間拳擊館。同時，現已停業的百貨公司（例如，英國老牌百貨公司 BHS）不僅重生為健身中心，還可能是保齡球館、迷你高爾夫球場、影城甚至藝廊。

而如果伊隆・馬斯克（Elon Musk）如願，那他在全美的特斯拉充電站將主打內有高檔便利商店，加上攀岩牆、露天電影院和 1950 年代風格，由穿著溜冰鞋的員工來服務的得來速餐廳──在為電動車充電的三十分鐘內提供顧客一些消遣。[18] 這不算殖民火星，但確實模糊了零售和娛樂的界線。

另一方面，有些零售公司導入虛擬實境，以創造有趣和沉浸式的店內體驗。North Face 舉辦讓購物者戴上虛擬實境專用耳機，就能體驗與職業運動員一起遊覽優勝美地國家公園和摩押沙漠（Moab desert）的活動。而在 2017 年，Topshop 在其商店櫥窗上設置互動泳池場景，讓購物者透過虛擬水道暢遊牛津街（Oxford Street）周遭。

購物商場也希望用不同以往的方式來利用空間，例如旅館、娛樂設施（從鐳射槍戰遊戲到各種規模的表演展館）以及 KidZania 或 Crayola Experience 遊樂園等以孩子為導向的體驗。有些還把自己定位為度假風格的旅遊終點站，在那裡購物者可以與家人共度一整天，例如，拉什登湖（Rushden Lakes）是英國第一間結合自然保留區的購物中心。這間北安普敦郡的購物中心（Northamptonshire centre）於 2017 年開業，是同業中第一個擁有湖邊景觀的購物中心，購物者還可以選擇划獨木舟、徒步或騎腳踏車來探索鄰近的自然景致。「我們真的相信自己正在重新定義英國零售業的樣貌──你還可以在哪裡划獨木舟去購物？」拉什登湖購物中心經理保羅・里奇（Paul Rich）說。

2019 年，該中心將增加更多休閒項目，包括高爾夫球、健身跳床和室內攀岩。

跨越大西洋，邁阿密將設有美國最大的購物中心。「美國夢」（American Dream）休閒園區占地六百萬平方英尺，設有水上樂園，有一座巨大的室內游泳池、攀冰牆、人工滑雪場、「潛艇」遊樂設施、兩千間旅館客房和多達一千兩百家的商店。

而在加拿大，馬戲團即將進駐購物中心。太陽劇團（Cirque du Soleil）的新概念遊樂園 CREACTIVE 會讓購物者參與各種特技、藝術和其他以太陽劇團節目為原型的娛樂活動，如高空彈跳、空中跑酷、走鋼索和彈跳床、面具設計、雜耍、馬戲團賽道活動和舞蹈。第一間預計於 2019 年底在大多倫多地區開幕。

同樣在 2019 年開張的，是在拉斯維加斯的 Area15，這是另一個新的購物概念商場，被稱為「21 世紀的沉浸式市集」。這個占地十二萬六千平方英尺的複合型零售娛樂園區，預計提供諸如密室逃脫和虛擬實境、裝置藝術、節慶活動、主題活動和現場表演（從音樂會到 Ted 演講等各種形式）等。

◎滿足小小孩顧客

沒有其他商品能比傳統玩具零售商更佳地利用趣味性的元素了，問題在於最近這些零售商很少見且相隔甚遠。過去十年裡，我們已見證著名的美國玩具店 FAO 施瓦茨（FAO Schwarz）關閉了第五大道上的門市，還有美國 KB Toys 等玩具零售連鎖店停止營業，以及最近的指標性品牌玩具反斗城亦

然。另一方面，英國嬰童用品和玩具零售商 Mothercare 近年來的門市數量幾乎砍半。[19]

要把玩具專賣店的問題歸咎給他人很簡單（明示：Amazon 效應）。超市和大型零售商數十年來一直蠶食專賣店的業務，現在，孩之寶（Hasbro）和美泰兒（Mattel）的營業額各有近三分之一來自沃爾瑪和 Target 百貨公司。[20] 而在英國，新結盟的阿斯達—森寶利超市—愛顧商店（Asda-Sainsburys-Argos）將啟動玩具零售發電廠——幫助它們抵禦 Amazon 不停擴大的威脅，在結盟前，Amazon 有望超越愛顧商店成為全國最大的玩具賣家。[21]

當然，網路環境適合零賣玩具。這是一個與書籍和 DVD 雷同的商品類別，購物者通常不必實際看到商品就能做決定。無論在哪裡購買，魔法寵物蛋（Hatchimal）就是魔法寵物蛋。更重要的是，使用擴增實境有助於線上購物者對商品抱持更多信心——比方說，愛顧商店的應用程式讓購物者在下單前看到選定的樂高玩具的完整內容。玩具不意外地，是線上購物滲透率最高的類別之一——而這數字還在繼續成長。模範市場研究顧問預測，相較於 2016 年時的 19%，2021 年時美國將有 28% 的玩具銷售將透過線上進行。[22]

考慮到增長中的當天到貨趨勢，傳統實體零售商將失去其殘存的獨特賣點——即時性。要在現今的玩具零售業中立足，需要具備價格便宜、交易方便或體驗有趣的特點。線上零售和大賣場或許可以做到前兩項，但專賣店仍有很多發揮空間為自己的服務增添趣味性。

這就是玩具反斗城下錯的一步棋。在快速發展的產業中，

它們提供這些價值時都落於人後，而卡在零售的真空地帶。身為專賣店，玩具反斗城很有潛力在店內提供神奇的體驗活動、設置遊戲專區和展示商品。但實際上，它是一個沒有靈魂的空殼，幾乎沒有吸引購物者上門的創新或技術。私募股權所有權是一個重要因素——身負債務，它們根本無法適應不斷變動的零售環境。值得一提的是，畢竟這是一本探討 Amazon 的書，玩具反斗城的另一項失策是早期就將它們的電商業務外包給 Amazon，將極其珍貴的顧客購買習慣洞察資料給了它們最大的競爭者。競合並不總能有利於自己的業務。

玩具反斗城慘澹的下場血淋淋地提醒世人自滿的危險性。像美國的傑西潘尼和英國的馬莎百貨這樣的百貨公司——兩者都免不了有待解決的狀況，從那時起就在它們的店鋪中增設玩具櫃，以便從各自的市場中取回失去玩具反斗城後流失的利潤。

我們相信這是歡樂和魔法重回玩具店的機會——或準備服務幼兒和家庭的任何形式的零售。這對零售業來說應該是常識。Mothercare 為什麼不為嬰兒提供遊樂場？特易購為什麼不在其大型超市中開設母嬰課程？玩具反斗城為什麼不推出遊戲區讓孩子們試玩他們父母要買的玩具？公平來說，玩具反斗城的確在 2015 年開始嘗試這個方法，但很遺憾地，它規模太小、起步太晚了。

在美國，迪士尼正重新設計商店，讓購物者有正在度假中的感覺——加州和佛州的迪士尼樂園每天的遊行會透過如同影廳規模的螢幕進行現場直播。遊行期間，顧客可以購買棉花糖和米老鼠燈飾帽後坐在商店地墊上，就像親身在主題樂園裡欣賞遊行一樣。

在英國，玩具零售商 The Entertainer 定期舉辦活動，讓孩子們可以見到像波比公主（Poppy）和小布（Branch）等魔髮精靈（Troll）裡的著名角色，而另一間英國玩具零售商 Smyths 則舉辦磁性建構片品牌 Magformers 展示和芭比娃娃扮裝日。英國漢姆利玩具店（Hamleys）的莫斯科分店裡有座迷你主題樂園，而小孩和大人都能在樂高店裡建立模型，打造出虛擬環境中無法複製、充滿想像力和創造力的空間。

在加拿大，Nations Experience 是以部分超市、部分快餐店和部分遊樂園的設定來詮釋創新概念。它的多倫多商場在 2017 年時，於前 Target 百貨公司舊址開業，主打超過一萬平方英尺的娛樂空間，包括一座四千平方英尺、兒童限定的遊樂場，一百三十五台遊戲機和五個可租借的派對包廂。

案例研究

西田集團（Westfield）的終站 2028
（Destination 2028）

西田集團表示，未來的購物中心將是由社會互動與社群驅動的「超連通微型城市」（hyper-connected micro cities）。

2018 年，這個居業界領先地位的購物中心公布名為終站 2028 的概念，揭示了它對零售業未來的願景。設計一個運用人工智慧技術的走道和懸吊式的五感花園（sensory garden）環境，以滿足消費者對體驗、休閒、健康福祉和社區日漸重視的需求。從人工智慧到無人機的新技術將與如「教室零售」（classroom retail）等返樸歸真的概念無縫接軌。任何商品背後的推手和製作過程，都將呈現在鎂光燈下——從在眾目睽睽下打造作品的匠人，到在畫廊現場創作的在地藝術家皆是。而新舞台區將展出一系列互動活動和節目。

科技將使未來的購物中心變得更無阻力和個人化。被西田集團稱為「加值體驗」（extra-perience）的眼部掃描技術，在顧客上門時會顯示其過往的購買記錄，並推薦環繞購物中心的個人化動線。魔鏡和智慧更衣間讓購物者看到自己身穿新衣的虛擬成像，還有其他能強化整體體驗的創新科技，比方說能夠檢測身體含水量和營養需求的智慧馬桶。

健康福祉是終站 2028 的重要主題。顧客在「自新區」（betterment zone）裡可在正念工作坊中反省，而閱覽室則讓購物者放鬆，室內和室外都以恬靜的綠色空間為主軸。附設的田地和農場讓購物者得以選擇自己餐點中的食材，而水道網路不僅提供環繞購物中心的替代路線，也是進入諸多休閒活動之一——水上活動區的途徑。

西田集團的「終站 2028」概念也強調出共享經濟的興起，「租賃零售」（rental retail）可望成為後千禧世代尋求從衣服到運動裝備皆可租賃的常規。根據西田集團表示，

> 在零售業的未來，臨時櫃（pop-ups）、短期零售（temporary retail）和共同工作空間很可能出線。

探索與學習的地方

零售商不能忽略探索的重要性，因它們的目標是與購物者建立更有意義的連結。無論是透過像好市多風格的尋寶遊戲等傳統做法，還是藉由像擴增和虛擬實境這樣更高科技的方式，都代表零售商要為購物者帶來驚喜和喜悅的需求相較從前有過之而無不及。

位於紐約的 Story 是一個摒棄零售傳統規範並擁抱探索之美的品牌，品牌自述為「具有雜誌深度的觀點、變換風格如同藝廊、同時像商店一樣做買賣」。顧名思義，重點在於故事——而不是商品。每隔六到八週，兩千平方英尺的商店就會改頭換面，以新的設計、商品策展主題和嶄新的行銷內容與大眾見面。「如果時間是最寶貴的奢侈品，人們希望自己付出的時間能得到更高的投資報酬，那麼你就需要給他們一個進入實體店面的理由。」Story 創辦人瑞秋·謝赫特曼（Rachel Shechtman）說道。[23] 對現代的購物者而言，這樣的概念既簡單又清新，更完全與自身價值相關，因為他們想在進入實體商店後不只是買買東西。Story 在 2018 年被梅西百貨收購。

◎採購顧問（Personal shopping）和無商品商店

　　一項越來越盛行的發揮探索之美的方式，是透過採購顧問。曾經只服務上流購物者，但現今採購顧問已在線上和線下都走向大眾化。Stitch Fix 和 Trunk Club 等線上設計顧問服務的興起，讓像 Amazon 和 ASOS 的主流零售商都建立了自家的「先試後買」方案。Amazon 和 ASOS 的方案，尚缺乏為個人設計顧問的元素——目前的做法只能說是更多著墨在為消費者網購衣服時增加信心，但採購顧問這部分對於這兩間零售商來說，都是合乎邏輯的未來發展。

　　從 H ＆ M 到大內密探（Agent Provocateur）店內的每位員工，現在都能提供個人造型建議；但是，有些零售商為聚焦在體驗和顧客服務，走向徹底擺脫商品庫存的極致。

　　男性時尚品牌 Bonobos，之前是一間純線上零售商，它們希望讓線上購物者在購買前能先試穿商品，所以它推出 guideshops 實體店概念。Guideshop 的運作方式為，購物者先親自到實體商店裡量身，確認合適的尺寸。購物者在店內可以試穿所有商品——Bonobos 會確保店內全部尺寸、顏色、版型和材質都有庫存（各種款式都只有一件），但購物者無法直接付款後帶任何商品回家，而是選擇在店內完成付款後，等待商品宅配到家中，或者回家後自行線上訂購。

　　Bonobos 成功到在 2017 年時被沃爾瑪買下。同年，諾德斯特龍百貨公司推出了同樣革命性的概念——Nordstrom Local。一間 Nordstrom Local 商店只有三千平方英尺，店內也沒有囤積任何庫存，但顧客可以在購買後幾小時內收到從鄰近的諾德斯

特龍百貨出貨的商品。而既然 Nordstrom Local 店內沒有商品，代表它們是靠其他的服務和設施來表現──個人造型顧問、服飾修改、美甲和提供啤酒、葡萄酒和現榨果汁的酒吧。Nordstrom Local 也是能進行線上訂單取貨和退貨的便利中心，而這對諾德斯特龍百貨來說很重要，因為它力拚到 2022 年時線上營業額提升至總體的一半。

　　無庫存模式聽起來很怪，但肯定有一些優點。如果沒有大量庫存，這些展示中心可以靠明顯較小的面積營運──意即大幅降低租金負擔；而不用為貨架補貨，代表員工可花更多心力服務顧客，以刺激購買並降低退貨的可能性；顧客則是可以找到最適合的商品，又不必擔心需要拎著新買的衣服回家。

◎教育、指示和啟發

> 我們的商店，也就是蘋果最大的產品，還可以做哪些事來讓生活更豐富？讓商店成為每個人彼此連結、學習和創造的重要樞紐──就是我們的理想。
>
> 安琪拉・阿倫茲，蘋果零售業務高級副總裁 [24]

　　當我們從教育工作者的角度來看零售商時，就馬上想到蘋果的工作坊。蘋果在體驗型零售成為主流前就已經做得很出色；然而，它們還在拉高自己在這個領域的標準。還記得城鎮廣場的概念嗎？蘋果公司零售未來的藍圖策重在體驗和教育，因安

琪拉・阿倫茲認為未來的購物中心裡，體驗和購物的比例會是80% 比 20%。蘋果商店現有提供給兒童的程式設計課程，並額外舉辦教育工作坊和活動，如攝影、音樂、遊戲和應用程式開發。

在 2018 年，位於倫敦西田百貨裡的 John Lewis 設立了它第一個「探索處」，購物者可以在那裡學習新技能，或就各種主題獲得相關建議——如何選擇合適的相機、如何設計房間內照明、改善花園造景或如何能一夜好眠。在這間店裡還設有一間七百平方英尺的工作室，讓購物者可以進行一對一或團體式的諮詢，得到美容和化妝建議，和盡情享用下午茶。

在巴黎，佳喜樂集團於 2018 年與巴黎萊雅（L'Oreal）合作開設「...le drugstore parisien」（譯注：法文，直譯為巴黎藥店），這是一個創新概念，主打「為內在美、小確幸和機緣巧合〔進行意料外探索之美〕而生的都會商店」。[25] 這家商店銷售從美妝和健康到非處方藥品、針線包、健康點心和零食等商品。考慮到都市消費者，店內還提供許多設施，如免費無線網路、手機充電插座、髮廊、乾洗店、包裹取貨點、光療區、鑰匙存取和特定商品一小時 Glovo 到貨服務。

另一方面，道德美妝品牌 Lush 運用香氣和色彩創造出全然的感官體驗，而零包裝則讓購物者能直接接觸商品。試用是店內體驗的核心特色，而 Lush 員工也被鼓勵展示如何使用商品（並證明要為一瓶洗髮露花十四美元是有價值的）。

除了有名的汽泡浴球（bath bomb）展示之外，Lush 員工還受過培訓，能辨識和回應個別的顧客行為，進一步為他們提供優秀的、客製化的顧客體驗。例如，如果顧客求知欲旺盛，

員工會花時間了解他們的需求，解釋商品來源並示範使用方法；但是，工作人員也應該辨識出那些想快速解決的顧客，並高效地完成服務。這可能聽起來很直覺，但在以探索為主軸的營業環境中，要能區分兩種截然不同的顧客類型極為關鍵。

眾所皆知，為求更緊密地連結顧客，Lush 員工還有自己做決定的權力，無論是贈送免費試用品或因應當天天氣調整商品組合（即在下雨天推出更繽紛、更歡快的商品）。結果就是能提供更有意義、更難忘的體驗——而且絕對超越交易本身。

租用的地方

最後且同樣重要的是，我們相信未來的商店將是一個租用的地方。共享經濟已經顛覆了交通和旅遊業，但尚未插旗在零售業——商店當然希望能賣給顧客而不是租給他們。但，時代在改變。

我們正在進入一個寧願有取得管道也不見得一定要擁有事物的時代。這是人口成長、前所未有的連網程度以及消費者價值觀和優先順序已改變等因素交織後的結果，我們不再被擁有的物質財產定義；相反地，我們選擇花更少的錢買東西，而花更多在體驗上。這用來形容千禧世代和年輕一代更為貼切——儘管不一定願意，但越來越多人放棄擁有房屋、汽車、自行車、音樂、書籍、DVD、衣服甚至寵物。世界經濟論壇（The World Economic Forum）預測，到了 2030 年，服務將成為商品，而購物的概念將成為「遙遠的記憶」。[26]

> 我們原本是講究所有權的社會，但我們正在走入講求方法的社會，在這裡你不是被所擁有的東西定義，而是根據所擁有的經驗。
>
> 　　　　　　　　布萊恩・切斯基（**Brian Chesky**），
> 　　　　　　　　**Airbnb** 共同創辦人暨執行長[27]

這會如何影響零售業？現在諸如 Rent the Runway 和 Bag, Borrow or Steal 等網站能為購物者提供享有奢侈品的方法，但無需為一個英國知名設計 Anya Hindmarch 包款剁手掏出兩千五百美元。在英國，西田集團於 2017 年推出了首個獨立租賃零售臨時櫃 Style Trail。根據該集團的研究，在二十五到三十四歲的族群中，有一半對租用時尚商品感興趣，而約五分之一的人願意每月花兩百英鎊以上，訂購不限次數的服飾租賃服務。[28]

跳脫時尚業，電子產品零售商 Dixons Carphoney 在盤算一項會員方案，購物者可以為使用一台洗衣機付費，費用也包含安裝和維修──但實際上並沒有擁有洗衣機。

未來，隨著重心從商品轉向服務，與顧客建立更深一層的關係就更關鍵了。這就能解釋為什麼像 IKEA 這樣的零售商，會在 2018 年買下 TaskRabbit。這個網路市集能將六萬名自由接案的「任務員」（tasker）與希望聘請某人進行組裝家具等種種家務活動的消費者聯繫起來。所以你現在可以購買一個 Stuva 衣櫃，而不必對怎麼組裝它感到焦慮。

沃爾瑪也同樣與 Handy 合作，為其電視和家具提供安裝和

組裝服務。這就是零售商如何在 Amazon 時代生存——消除阻力並與顧客建立有意義的關係,以超越既有的實體商店。(附註:Amazon 正在拓展自己的居家服務業務,自 2015 年在全美推廣以來,2018 年已擴張至英國。)

我們相信,大賣場和超級商店,因為是有著固定常客流量的大型商店形態,有機會考慮經營圖書館形式的營運模式,讓顧客租用特定商品。適合的商品有單價高、使用頻率低和／或難以保存的特性——例如,縫紉機、帳篷、電鑽。

在倫敦東南部,Library of Things 是一間「租用服務」的社會企業,庫存包含廚具到潛水服等各種物品。加入會員是免費的,而會員每週最多可租五項物品,大部分都可以用低於四英鎊就能租到。[29] 一個店內版本的「library of things」可能是那些正努力填滿閒置空間的零售商的出路,不僅能增加商店的人潮,更重要的是會讓零售商能更靠近當地社區,與顧客培養更緊密的連結。

小結

今日的零售業無所不在——在商店裡、藉由每個人的手機、在每個人的家中、透過物品,甚至還存在於媒體之中。

像 Amazon 這樣的線上零售商,可能給了購物者無可比擬的購物途徑和近乎即時的滿足感,但這樣一來,就捨去了購物過程中的觸覺和感受。傳統實體零售業必須不僅是搬有運無,實體商店需要再度變得特別和能讓顧客感到充實,要會講故事,並在日益數位化的世界中滿足人們對人際互動日漸增長的

渴望，要聚焦在社區，並提供網路無法複製的感官式、沉浸式和難忘的體驗。目標應該設定在讓實體空間的吸引力使得購物者甚至可能願意付費入場，就像他們去遊樂園或電影院時一樣。

隨著零售商認識到共同合作的重要性，產業整體將往協作方向發展，但也不是每間商店都需要往全方位形態前進。對於真的能提供最佳性價比、便利性或具有獨特商品項目的零售商來說，仍有一席之地。例如，奧樂齊超市和普利馬克（Primark）在十年內應不會有太大差異。

然而，對大多數零售商來說，進化絕對是生存下去所不可或缺的。零售商必須將其實體商店視為資產而非負債，必須從象牙塔出來並改變指標──同一間店的銷售成長和每平方英尺的銷售額，已不再是經營有道的有效衡量標準。這些關鍵績效指標（KPI）本質上只會得出電子商務對實體商店的衝擊程度。零售商要做的正是改成能衡量出實體商店搭配電子商務的關鍵績效指標，像是對品牌的印象、線上購買意願、在商店履行的線上訂單比例、每平方英尺的創意能量、阻力的回報和處置、相關人員的便利性、客戶體驗等等。接著，讓我們繼續探討未來的商店將如何發展成履行中心。

1. Richard Kestenbaum (2017) HBC's Richard Baker on We Work-Lord & Taylor deal: 'This is a moment of transition', *Forbes*, 24 October. 連結：https://www.forbes.com/sites/richardkestenbaum/2017/10/24/richard-baker-of-hudsons-bay-talks-about-we-work-lord-taylor-deal/#2ca653d23487 [最後瀏覽日：2018 年 6 月 30 日]。

2. Microsoft Office 365 (2017) Introducing Microsoft To-Do, now in Preview (online video). 連結：https://www.youtube.com/watch?v=6k3_T84z5Ds [最後瀏覽日：2018 年 7 月 1 日]。

3. Lauren Thomas (2017) Malls ditch the 'M word' as they spend big bucks on renovations, *CNBC*, 24 October. 連結：https://www.cnbc.com/2017/10/24/malls-ditch-the-m-word-as-they-spend-big-bucks-on-renovations.html [最後瀏覽日：2018 年 3 月 29 日]。

4. Selfridges（無日期）Selfridges loves: the secrets behind our house. 連結：http://www.selfridges.com/US/en/features/articles/selfridges-loves/selfridges lovesourhousesecrets [最後瀏覽日：2018 年 9 月 6 日]。

5. Melanie Abrams (2017) Come for the shopping, stay for the food, *New York Times*, 26 October. 連結：https://www.nytimes.com/2017/10/26/travel/shopping-in-store-restaurants.html [最後瀏覽日：2018 年 6 月 30 日]。

6. Jonathan Ringen (2017) Ikea's big bet on meatballs, *Fast Company*. 連結：https://www.fastcompany.com/40400784/Ikeas-big-bet-on-meatballs. [最後瀏覽日：2018 年 9 月 12 日]。

7. Danya Henninger (2015) Vetri to sell restaurants to Urban Outfitters, *Philly*, 16 November. 連結：http://www.philly.com/philly/food/Vetri_to_sell_restaurants_to_Urban_Outfitters.html [最後瀏覽日：2018 年 6 月 30 日]。

8. Jonathan Prynn (2015) Burberry invites customers to check out its all-day cafe in the flagship Regent Street store, *Evening Standard*, 12 June. 連結：https://www.standard.co.uk/fashion-0/burberry-invites-customers-to-check-out-its-all-day-cafe-in-the-flagship-regent-street-store-10315921.html [最後瀏覽日：2018 年 6 月 30 日]。

9. Melanie Abrams (2017) Come for the shopping, stay for the food, *New York Times*, 26 October. 連結：https://www.nytimes.com/2017/10/26/travel/shopping-in-store-restaurants.html [最後瀏覽日：2018 年 6 月 30 日]。

10. John Ryan (2018) In pictures: how China's ecommerce giants Alibaba and JD.com have reinvented stores, *Retail Week*, 5 June. 連結：https://www.retail-week.com/stores/in-pictures-chinas-alibaba-and-jdcom-reinvent-stores/7029203.article?authent=1 [最後瀏覽日：2018 年 6 月 30 日]。

11. Larry Alton (2018) Why more millennials are flocking to shared office spaces, *Forbes*, 9 May. 連結：https://www.forbes.com/sites/larryalton/2017/05/09/why -more-millennials-are-flocking-to-shared-office-spaces/#3ec317ee69e8 [最後瀏覽日：2018 年 6 月 30 日]。

12. Casino Group and L'Oreal (2018) The Casino Group and L'Oréal France unveil '...le drugstore parisien', 22 June. 連結：https://www.groupe-casino.fr/ en/wp-content/uploads/sites/2/2018/06/2018-06-22-The-Casino-Group-and-LOreal-France-unveil-le-drugstore-parisien.pdf [最後瀏覽日：2018 年 9 月 6 日]。

13. 原文為法文的英文翻譯。

14. Anonymous (2018) Two-thirds of world population will live in cities by 2050, says UN, *Guardian*, 17 May. 連結：https://www.theguardian.com/world/2018/ may/17/two-thirds-of-world-population-will-live-in-cities-by-2050-says-un [最後瀏覽日：2018 年 6 月 30 日]。

15. Samantha Sharf (2017) WeWork's acquisition of flagship Lord & Taylor is a sign of the changing real estate times, *Forbes*, 24 October. 連結：https://www. forbes.com/sites/samanthasharf/2017/10/24/in-a-sign-of-the-time-wework-acquiring-lord--taylors-manhattan-flagship/#16255ee326ad [最後瀏覽日：2018 年 6 月 30 日]。

16. JLL (2017) bracing for the flexible space revolution. 連結：http://www.jll.com /Documents/research/pdf/Flexible-Space-2017.pdf [最後瀏覽日：2018 年 6 月 30 日]。

17. Richard Kestenbaum (2017) HBC's Richard Baker on We Work-Lord & Taylor deal: 'this is a moment of transition', *Forbes*, 24 October. 連結：https:// www.forbes.com/sites/richardkestenbaum/2017/10/24/richard-baker-of-hudsons-bay-talks-about-we-work-lord-taylor-deal/#2ca653d23487 [最後瀏覽日：2018 年 6 月 30 日]。

18. Kate Taylor (2018) Tesla may have just picked a spot for Elon Musk's dream 'roller skates & rock restaurant' - here's everything we know about the old-school drive in, *Business Insider*, 13 March. 連結：http://uk.businessinsider. com/elon-musk-tesla-restaurant-los-angeles-2018-3 [最後瀏覽日：2018 年 7 月 1 日]。

19. Anonymous (2018) Mothercare confirms 50 store closures, *BBC*, 17 May. 連結：http://www.bbc.co.uk/news/business-44148937 [最後瀏覽日：2018 年 7 月 1 日]。

20. Paul La Monica (2018) The death of the big toy store, *CNN*, 13 March. 連結：http://money.cnn.com/2018/03/15/investing/toys-r-us-toy-retailers-dead/index. html [最後瀏覽日：2018 年 7 月 1 日]。

21. GlobalData Retail (2017) Press release: 46.2% of toys & games will be sold online by 2022, *GlobalData*, 17 October. 連結：https://www.globaldata.com/46 -2-of-toys-games-will-be-sold-online-by-2022/ [最後瀏覽日：2018 年 7 月 1 日]。

22. Anonymous (2017) The challenge of selling toys in an increasingly digital world, *eMarketer*, 19 September. 連結：https://retail.emarketer.com/article/cha llenge-of-selling-toys-increasingly-digital-world/59c169efebd4000a7823ab1c [最後瀏覽日：2018 年 6 月 19 日]。

23. Limei Hoand (2016) 7 Lessons for retail in the age of e-commerce, *Business of Fashion*, 13 September. 連結：https://www.businessoffashion.com/articles/ intelligence/concept-store-story-rachel-shechtman-seven-retail-lessons[最後瀏 覽日：2018 年 7 月 1 日]。

24. Angela Ahrendts (2017) Another exciting chapter, *LinkedIn*, 27 December. 連結 ：https://www.linkedin.com/pulse/another-exciting-chapter-angela-ahrendts/? trk=mp-reader-card&irgwc=1 [最後瀏覽日：2018 年 7 月 1 日]。

25. Casino Group and L'Oreal (2018) The Casino Group and L'Oréal France unveil '...le drugstore parisien', 22 June. 連結：https://www.groupe-casino.fr/ en/wp-content/uploads/sites/2/2018/06/2018-06-22-The-Casino-Group-and-LOreal-France-unveil-le-drugstore-parisien.pdf [最後瀏覽日：2018 年 7 月 1 日]。

26. Ceri Parker (2016) 8 predictions for the world in 2030, *World Economic Forum*, 12 November. 連結：https://www.weforum.org/agenda/2016/11/8-predictions -for-the-world-in-2030/ [最後瀏覽日：2018 年 7 月 1 日]。

27. Colleen Taylor (2011) Airbnb CEO: The future is about access, not ownership, *Gigaom*, 10 November. 連結：https://gigaom.com/2011/11/10/airbnb-roadmap -2011/ [最後瀏覽日：2018 年 9 月 12 日]。

28. Westfield (2017) Press release: Westfield launches style trial pop-up - rent this season's looks, November. 連結：https://uk.westfield.com/content/dam/ westfield-corp/uk/Style-Trial-Press-Release.pdf [最後瀏覽日：2018 年 7 月 1 日]。

29. Oliver Balch (2016) Is the Library of Things an answer to our peak stuff problem? *Guardian*, 23 August. 連結：https://www.theguardian.com/sustainable -business/2016/aug/23/library-of-things-peak-stuff-sharing-economy-consumerism-uber [最後瀏覽日：2018 年 7 月 1 日]。

零售履行：
在最後一哩爭取到顧客

> 你不會想讓 Amazon 領先七年。
>
> 華倫・巴菲特（Warren Buffet），美國商業大亨[1]

在第 11 章和第 12 章裡，我們了解未來的商店需演變成能同時減少購物阻力和提供更多體驗的形式。數位化對購物歷程的影響，讓實體商店作為線上訂單履行中心的角色越來越明顯。在電子商務出現之前，零售商唯一要關注的供應鏈物流，就是從供應商出貨到經銷和履行中心，接著進入銷售商店的商品這段。

承諾配送

在電子商務發展的早期，零售業管理階層回想起過去接到憤怒的門市店長來電，要確認他們實體商店必須承擔的網路訂購退貨是否會「影響業績」。也就是在那時，剛涉足線上業務的成熟實體零售商，開始意識到電子商務對自家商店真正的影響為何。他們意識到，可以藉由管理履行流程和實體商店退貨處理，將先前未預料到網路訂購退貨對實體和電商併存模式產生的影響，逆轉成相對於當時與 Amazon 一樣的純電商優勢。零售商很樂意商店接受這個新角色，只要這代表購物者會自行負擔成本到商店裡取貨，尤其是當零售商要處理的是未成功投遞的貨物，必須吸收重新寄送的送貨成本時更是如此。當考慮到時尚等產業的退貨率可高達 40% 時，這對電商經營者來說

就是特別的挑戰；而一項研究發現，僅僅郵遞詐騙（delivery fraud），就可能損失總營收的 1% 或甚至更多。[2] 那時他們還不明白所謂的「網路訂購、實體通路取貨」服務會變得如此盛行。

有許多歐洲國家最先注意到網路訂購、實體通路取貨的普及，而這是基於以下因素：電商令人卻步的高額運費；人口密度的分布，都會與某間零售連鎖店相距不遠；高速網路頻寬和行動網路；和消費者對於替代現金支付的方案相對成熟的接受度，無卡支付（card-not-present）和貨到付款（cash-on-delivery）交易方式最先催生了電商的遠距購物模式。法國雜貨商和其他零售商的「網路訂購、實體通路取貨」業務，有約四千個取貨點位於 80% 的人口能在十分鐘內到達的範圍內，此履行方法已占法國食品雜貨銷售額的 5%，預計在未來十年將達到 10%。[3] 英國消費者也熱衷此道，一項研究預測，到 2022 年，透過網路訂購、實體通路取貨的銷售額將占英國網路購物總支出的 13.9%。[4]

在美國 Amazon 的主場，網路訂購、實體通路取貨的履行方式對商店的影響，已發展到在既有的大型賣場附設得來速，就像法國一樣。Target 百貨、沃爾瑪和克羅格公司已將它們的網路訂購、實體通路取貨服務，分別是「Drive Up」、路邊取貨和「ClickList」，拓展或計畫拓展到 2019 年時各成長到一千個服務點。沃爾瑪為履行雜貨訂單，導入自動化的「服務站」（kiosk）堪稱此發展之最。這間美國雜貨業巨頭套用其英國子公司阿斯達所使用，近似於服務站概念的經驗，以減少與電子商務配送有關的額外營運費用。這些較大型的服務站用來處理超過三十五美元的雜貨訂單，由商店員工揀貨和包裝。

一百六十平方呎的建築物坐落於沃爾瑪大賣場的停車場。

與所有網路訂購、實體通路取貨服務一樣，沃爾瑪的服務站也可用來帶動購物者造訪實體商店和吸引更多來客數的機會，以平衡電子商務的增長。零售商發現，網路訂購、實體通路取貨的顧客會提高店內轉換率和購物量，驅動人流和更多消費。2015 年 UPS 一項針對歐洲購物者的調查發現，47% 的受訪者使用過店內取貨服務，而其中 30% 的人在透過網路訂購、造訪實體通路取貨時有另外再消費。[5]

相較之下，Amazon 在考慮自己擁有實體雜貨連鎖店前，先以置物櫃服務對網路訂購、實體通路取貨試過水溫。第一個 Amazon 置物櫃於 2011 年出現在 Amazon 的家鄉西雅圖，還有紐約和倫敦。顧客可以指定任一置物櫃進行取貨，透過電子郵件或簡訊接收一組不重複的取貨號碼，輸入至指定置物櫃的觸控螢幕來開啟置物櫃，完成取貨流程。Amazon 與零售業者合作，將置物櫃設在購物中心，還有 7-11 和斯巴超市（Spar）等零售商店，以及英國的 Co-op 和莫里遜超市的門市，擴大了置物櫃的服務規模。Amazon 置物櫃也在加拿大、法國、德國和義大利提供服務，而該公司也不排斥非傳統的置物櫃地點，在像是公共圖書館[6] 和都市公寓社區，設置以置物櫃為基礎的 Amazon Hub 服務。[7] 截至 2018 年，現有的 Amazon 置物櫃位於超過五十個城市，遍布二千多個地點。

◎遠距取貨的便利性

置物櫃的好處在於它們能消除特定的最後一哩履行問題，

例如竊盜、未投遞成功的包裹和需要重新配送的狀況，以及連帶產生的成本，顧客還可以使用該系統將不需要的商品退貨。但並非所有第三方 Amazon 賣家都可以運用置物櫃，如果他們使用的物流公司採用一個需要在收據上簽名以確認收貨的系統（儘管 Amazon Hub 置物櫃可接受來自所有物流公司的包裹），此服務便不適用。還有事實上，Amazon 置物櫃也不適合易腐敗的商品。比其更大的線上食品雜貨市場，歐洲的網路訂購、實體通路取貨服務一直致力於研究有溫度控制功能的置物櫃，Emmasbox 在此值得一提。這家位於德國慕尼黑的新創公司，在國內的公共運輸機關德國鐵路（Deutsche Bahn）、慕尼黑機場，以及雜貨零售商埃德卡超市和米格羅斯等其他人來人往的場所，為履行線上食品訂單供應可冷藏的取貨櫃。折扣商店利多超市在比利時為其網路雜貨訂單設置三個取貨點，沒多久，法國零售商歐尚在 2017 年於聖埃蒂安（Saint-Etienne）地區，也為其網路訂購、實體通路取貨的雜貨業務導入兩百五十個可溫控置物櫃。其他類似的方式，如德國的 DHL ／德國郵政（Deutsche Post）的 Packstation、法國郵政（La Poste）的 Cityssimo 和英國的 ByBox，都是鎖定交通樞紐或其他人潮聚集的都會區域內或鄰近地區，全面布滿取貨點，足以與傳統郵局或 FedEx 和 UPS 快遞服務處的角色匹敵。例如，就連 Amazon 英國的顧客也可以從 Doddle 包裹的兩百多個取貨點領取包裹。

　　從設定營業目標方面來探討，現在許多零售商將訂單發生的位置歸屬到各店點或區域的銷售績效，以判斷電子商務的影響，這就是為什麼產業的共識仍將全球零售業績的 80% 至 90% 歸功於商店「完成」交易。顧客可能線上訂購商品和完成付款，

但隨後選擇在他們較方便的時間到當地商店或第三方取貨處領取商品，同時也常常能因此省下運費。說到運費，Amazon 是 2002 年第一批使用免運費誘因來吸收更多顧客的電商之一，它推出了超省配送方案，將免運門檻從一百美元降至二十五美元。今日，在 Prime 會員計畫外，Amazon 提供免運優惠給三十五美元以上或其他符合條件的商品訂單。

因此，零售業必須心心念念爭取「最後一哩」，因為隨時隨地都可連網、設備互動介面又很普遍，且要求幾乎即時的履行期待也暴增。傳統上，被電信業者用來指稱實際接觸到終端使用者住家的基礎設施──「最後一哩」，已被零售業拿來使用，以說明產品或服務履行流程的最後一個階段。為商店補貨、宅配，或兩者的混合：如為網路訂購、實體通路取貨而配送至商店，或位於第三方地點的置物櫃。事實上我們在 PlanetRetail RNG 進行的研究顯示，今日的零售履行流程有超過兩千五百種的排列組合（見下圖）。

■ 新的履行選項增加零售業供應鏈的複雜程度

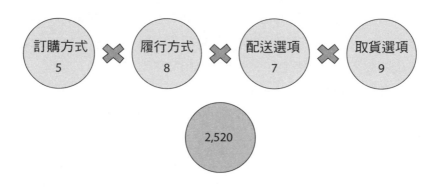

這是考慮到消費者現有的眾多選項，以及傳統的購物方式——顧客在商店裡挑選、包裝和取得自己的商品。供應鏈能力必須迅速發展，超越傳統的軸輻式（hub-and-spoke）物流網路、分銷和履行中心，成為商店服務網，使購物者隨時隨地都能接觸到商品。如同我們在本書中說的，隨時隨地可購物者的「履行時和地」由訂單內容決定（見下頁圖）。

因為由消費者掌握主導權，傳統供應鏈快速產生許多變化。這些變化增加了零售和製造供應鏈的複雜度。但從過去以來，供應鏈一直被許多組織認為是成本中心（cost center）。在比過往更應考量「Amazon效應」的今日，搭配不同的購買方式，決定訂單會在哪裡被揀貨、包裝和履行最後一哩的——供應鏈模式，對零售業者和製造業者來說，將是極度關鍵的成長推動因素之一。因為Amazon早已在最後一哩上領先一段時間了。

開發最後一哩

在最後一哩獲勝，漸漸代表著在觸及到消費者的各方面競爭中勝利——也代表在購物頻率、相關性以及最根本的忠誠度等方面擊敗競爭者。Amazon的履行基礎設施是其具有競爭力的推進器，以服務速度和便利程度為飛輪提供動能。沒有這些基礎建設，Amazon兩個最主要的供應鏈成長發電機——Prime和Amazon物流，也不會成功。在贏得最後一哩的過程中，Amazon因要求當天到貨而聞名，而在某些區域，一小時到貨則成為基本，其顧客主張也讓顧客很容易就能訂購到任何想要的東西。在這方面，Amazon著實是一個顛覆者。

■ 漸增的電商顧客訂單履行複雜度

訂購方式	履行方式－ 揀貨和包裝	履行方式－ 最後一哩	取貨選項
❶顧客在商店內 挑選（和／或 掃描） 或 ❷電話 ❸手機－網站／ 應用程式 ❹桌上型電腦 ❺無需動手 （聲控）	❶顧客在商店 進行 或 ❷由零售業者在 店內處理完成 後提供顧客取 貨或後續配送 ❸幕後商場 （Dark Store） ❹複合型商店 （Hybrid Store） ❺集中式－履行 中心（FC） ／複合型物流 中心 （Hybrid DC） ❻第三方服務 供應商 ❼傳動裝置 ❽批發商 ❾製造商	❶顧客在商店裡 取得 或 （另行領取） ❷第三方服務 供應商－即 時服務、 轉廠商出貨 （drop ship） ❸國內／國際快 遞公司 ❹國內郵政包裹 （普通或快捷） ❺零售商自營的 運輸工具 ❻零售商自營－ 店員親送 ❼跨境服務商	❶顧客從店裡 帶回 或 ❷店內網路訂 購、實體通 路取貨服務 櫃檯 ❸路邊 ❹置物櫃、 服務站 ❺車道 ❻近場感應零售 （Proximity Retail） ❼郵局 ❽非商店／ 公共場所 ❾自家

探索、訂單資料 管理和訂購	揀貨和包裝	配送	履行

以 YouTube 網紅 Rob Bliss 為例，他選擇用 Amazon 的 Prime Now 提供商品給紐約市內的無家者群體。他問每個人他們需要哪些物資後線上訂購，捐贈物品包括襪子、鞋子、睡袋、衛生衣和其他清潔用品。幾個小時內，這些物品就送抵需要者的手中，而 Rob Bliss 的影片和概念也像病毒般擴散。[8]

我們在第 6 章看到 Amazon 的最後一哩策略，有許多同樣是奠基於它用在擴大食品雜貨市場版圖的根基上。但值得重申的是，其龐大的 AWS 運算能力如何支持複雜的演算法，使其得以統合諸多物流能力，並在幾分鐘內打理訂單的處理、揀貨、運送和包裝到曼哈頓市中心一個街角的複雜狀況。講白了，就是 AWS 這個支柱支撐著 Amazon 的配送機制。

若單看購物流程的最後一個部分，會是從顧客決定購買商品並在線上訂單成立後開始。這是指他們是使用自己的裝置下訂單並完成購買，還是使用屬於零售商店裡的裝置，像是整合進電子商務的、服務站的或其他「無限貨架」應用程式的結帳系統。我們已經看到 Amazon 如何以優惠的價格吸引 Prime 會員進入書店，它也強調出使用個人線上帳號可加速結帳的便利性，就如同它設下一鍵購買的標準，簡化了線上結帳流程中最麻煩的部分──填寫配送和付款資訊。正如我們在本書前面所讚同的，Amazon 以一鍵式專利直接影響他人廣泛地採用該功能；而其一鍵購物鈕和購物魔杖的簡易自動補貨，以及嵌入其硬體系列商品技術的 Alexa 語音助理都可以不用手持，就進行線上購物流程的搜尋、瀏覽和發現的階段，直至列明訂單內容和物品都放在顧客的購物籃裡準備結帳。

而在結帳部分，Amazon 也做出一番成果。線上支付閘道

（payment gateway）AmazonPayments，可讓 Amazon 顧客選擇在其他賣家的網站上使用自己的 Amazon 帳戶付款。就像它的對手 Google Checkout 和 PayPal 一樣，AmazonPayment 有效地讓顧客使用一個可信賴的供應商帳戶進行所有線上支付，同時向使用服務的賣家收取一定比例的交易費用和手續費。第三方賣家喜歡使用 AmazonPay 的原因之一，是其顧客不需要離開賣家的網站就可以完成結帳，而且只要 Amazon 有支援的所有付款方式都可以使用。它也不分裝置，賣家只要登入服務就會收到有顧客姓名和驗證內容的電子郵件。它也為 BigCommerce、Magento 和 Shopify 等一些中型賣家常使用的電子商務平台建置應用程式介面（API），因此這些平台的用戶可以啟用免費外掛程式，將 Amazon Payment 加入到他們的支付選項裡。

然而，在線上支付領域的競爭中，雖然 Amazon Payments 的客戶基礎讓它成為要角，但它卻不算能主導市場。它可以觸及三億多個活躍顧客的帳號，而線上支付閘道競爭者 PayPal 則有兩億左右。但蘋果最近一次在 2014 年公開表示，它擁有八億個 iTunes 帳號，都需要提供付款資訊，而產業估計 Google Play 也有差不多的帳戶數量。在此同時，社群媒體的競爭越來越激烈。Facebook 在 2018 年初表示，其每日活躍用戶超過十四點五億，而儘管 Facebook 的付款處理收入相較廣告收入只占一小部分，但它還是公布了 2017 年，從 Facebook Payment 和市集（Marketplace）來的付款和其他收費的收入共七億一千一百萬美元。[9] 不過，不同於一些其他網路資源，你不一定要為了使用社群網路而註冊付款細節。儘管如此，雖然大多其他競爭者擁

有更大的用戶群——除了 PayPal 之外，但 Amazon 是唯一有這種擴充功能的零售商（儘管蘋果擁有銷售自家消費性電子產品和服務的零售店，並且還提供 Apple Pay）。真正在規模、程度和產業等層面都能較勁的一位對手是阿里巴巴的子公司支付寶，截至 2018 年，該公司有五點二億註冊用戶。

◎免結帳

之所以要將購買為履行流程的一部分及它對最後一哩的影響納入考量，是為了將 Amazon Go 商店概念放到恰當的脈絡裡；完全除去結帳和付款的必要，則為未來商店的概念指出一個更聚焦於履行的方向。前兩章著重在零售商如何在購物過程的每個階段——從搜尋和瀏覽到發現，用心減少阻力。不過，在那些可能阻礙實體商店內轉換率的過程中，結帳和付款步驟最是難辭其咎，零售商應該從 Amazon 那裡獲得啟示，把商店視為是盡可能讓顧客不必付出太多精力和忍受不便，就能取得想要的產品的途徑。

英國食品雜貨商維特羅斯在其「小維特羅斯」店中測試無現金商店的概念，而沃爾瑪和克羅格肯定留意到 Amazon Go 在美國的威脅，都各自發展出無結帳的購物服務，但命運卻大不相同。2014 年，沃爾瑪首先測試其「掃碼購」行動應用程式，讓顧客掃描選定產品上的條碼後完成結帳，不必再被結帳櫃檯耽誤——儘管使用這項服務的顧客，為慎重起見，需使用專屬的快速通道以利帶著購買的商品離開店內。後來，就在 Amazon Go 商店於 2018 年初在西雅圖正式對外開放前，沃爾瑪宣布自

批發連鎖店山姆會員店內類似的服務實施成功後，它將拓展原本僅在二十五間商店試用的服務至全美一百間商店中。但就跟這項消息的公布一樣地突然，六個月之後沃爾瑪表示由於使用率低下，所以放棄繼續在商店內推行此服務。有業界人士說，顧客發現很難管理他們的裝置、掃描的商品，和購物籃、手推車或購物袋；竊盜也是問題。沃爾瑪表示，它將繼續使用專屬的手持掃描器提供掃碼購服務，所以不會有裝置沒電的風險，以及專用的手推車扶手。克羅格公司的表現略勝一籌，2018 年在旗下四百間商店推出類似的行動應用程式和以手持式掃描器為基礎的服務，稱為「Scan, Bag, Go」，並在一年前就開始測試此概念。最後需要注意的一點，率先推出專用手持掃描器的是維特羅斯……在 2002 年！

因此，Amazon 的結帳和付款策略絕對保證它在其他零售商的訂購和付款流程中占有一席之地，因為它也從實體層次繼續改革購物歷程中的這個部分。雖然它未將這些服務囊括進它的第三方市集財務中，但別忘了我們在考慮飛輪的這個部分時，Amazon 在訂購、付款和履行流程中扮演的角色，它為第三方賣家提供整個電子商務前端的線上購物服務。

Amazon 的基礎建設、服務和生態系的每個環節都強化了其核心目標——賣出「更多東西」，其最後一哩的主張更極度強化其服務的核心價值：選擇範圍、便利性和速度。Amazon 多軌並進的最後一哩方式，從自動補貨延伸至 Prime 和其免費、無限制的兩天內到貨優惠，或是當天到貨，依收貨地址判斷。

值得推敲的是，Amazon 多麼會利用訂閱機制來推進會員消費。確實，以 Amazon 的 Prime 為模範，訂閱服務已流行一

段時日。例如，最近的一項調查發現，英國消費者平均每年在配送訂閱服務方面，消費超過二十億英鎊（約二十六億美元）。[10] 當然，最受歡迎的訂閱服務是 Amazon Prime，參與調查的人裡有 61.4% 註冊了該服務；其他受歡迎的訂閱項目，還有健康零食公司 Graze 嗑零食（12.3%）、時尚和家居用品零售商 nextunlimited（9.7%）、快時尚純電商 ASOS Premier（8.8%）、咖啡供應商 Pact Coffee（8.5%）和美妝供應商 Glossybox（7.8%）。受訪者還表示，他們註冊訂閱服務背後的關鍵驅力是便利性（45%）和物有所值（value for money，60%），而近一半（48.9%）的人則承認，若不是因為訂閱服務，他們不會買某些商品。很容易理解為什麼聯合利華（Unilever）願意在 2017 年為 Dollar Shave Club 花上十億美元。[11] 這場直接面對消費者（D2C）的收購，帶給這個品牌巨頭反覆產生的收入來源，以及有忠實顧客為基準的可預測需求。

◎反覆產生的收入

贊助訂閱調查的英國郵政公司 Whistl 的行銷和傳播總監梅蘭妮・達瓦爾（Melanie Darvall）表示，推出成功訂閱服務的關鍵，是找到正確的平衡點，使這些商品對雙方——零售商和消費者，都有益。「確保商品品質或折扣價值足以讓你的顧客群維持忠誠，並會考慮將錢用在本質上是每月的『體驗（taster）』服務，絕對是一項挑戰，但一旦你破解了，就能獲得報酬且留下一群滿意的顧客。」她評論道。[12] 達瓦爾認為，Amazon 近期的廣告宣傳使用的口號「Amazon Prime 提供更多」（Amazon

Prime Delivers More），指的是 Prime 會員除了有免運費和其他許多好處外，還可以享受免費影片和音樂串流服務。

Amazon 還推出 Prime Now 服務，增加訂單履行的賭注，就如同先前談到的，提供一小時到貨服務給符合運輸條件的都市地區會員。Prime Now 就是 Amazon 這個強中手展現自己能在創新基礎上持續發展的有力事證，也證明它的上市速度有多麼強勁。而現在 Amazon 不斷成長的 Prime 用戶群，正驅動對其履行產能的需求。

因此，在本章接下來的和下一章的內容中，我們將探究 Amazon 如何建置其最後一哩的履行物流主張，包括透過 Prime Now、置物櫃和無人機超高速送貨，還有 Amazon 物流等現存和未來的創新發展，以及其供應鏈策略如何演變到囊括進線上到線下功能，以運用在更多其他類型的領域，包括時尚業，當然還有雜貨業。

建置最後一哩

Amazon 實際上是立即配送領域的後進者。服務推出初期，產業觀察家質疑在有著主打即時服務的新創公司如雨後春筍般冒出，紛紛向傳統零售履行模式宣戰，以回應消費者對即時滿足感永不知足的胃口的這場戰役中，Amazon 能否負擔得起投入大筆資金。其他人則建議 Amazon 除了與戰場上的 Postmates、Shipts、Instacarts 和 Delivs 正面交鋒外，別無他法，這些競爭對手並沒有擁有商品，而是代表零售商客戶來履行顧客訂單，同時這些客戶也在奮力趕上 Amazon 的當日到貨服務，像是

Walmart-to-Go 計畫（譯注：便利店形式的沃爾瑪），還有特易購與 Quiqup 在倫敦的一小時到貨合作。

直接競爭者也快速反應：例如 eBay 在布魯克林將八十家小公司加入 eBay Local 計畫，以差異化其當日到貨服務。這被視為是對 Amazon 的回應，即 Amazon 利用 Prime 和 Prime Now 精選商品，將市集中的其他賣家排除在新的最後一哩發展之外，以圖利自己新生的自有品牌系列，包括尿布和其他日用品等商品。而 eBay 的舉動確實強調出一些在地零售商的合作關係，例如英國的 Spirited Wines、莫里遜超市和布斯超市，以及美國區域型的雜貨業者 New Seasons Market。

事實上，eBay 在 2013 年，即 Prime Now 推出的前一年，已經以未揭露的價格，收購了負起世上最快速的電商配送責任的新創公司——Shutl。Shutl 擴充它的服務到主要零售商的電商網站訂單，包含愛顧商店和工具租用與技能媒合平台 B&Q Tradepoint，以及 Karen Millen、Oasis、Coast 和 Warehouse 等女性時裝時尚品牌，在 2011 年那時服務橫跨了十一個城市且僅需九十分鐘。Shutl 在 2010 年進行第一次配送，並聲稱它最快的一次配送是十五分鐘完成，使其成為依據費用、地點和容量，與在地獨立、第三方快遞媒合所需演算法的早期開發商。然而，eBay 花了三年的時間才將此新創公司完全整併進營運中，並在 2017 年從零開始建置以 Shutl 為基礎的平台，為其英國賣家開辦一項新的配送服務。賣家對於不能選擇不使用 eBay 的快遞服務感到不滿。一則在賣家布告欄上的貼文說：「如果 eBay 能重新設計 Shutl 並使其有效運作，Shutl 可能就是資產，這是 eBay 在服務完全準備好前就啟用它的另一項事證。Shutl 當然

只是一個像智慧行動電力交換系統 P2Go 這樣的預約代理，充其量只是賣家和郵政運輸公司間的中間人。每張紙只能印出一張 Shutl 標籤、選擇很少、賠償有限，都是目前的問題。」

◎競爭態勢

相較 eBay，Google 在 2013 年與在地和全國性零售商，更迅速地推出 Google Shopping Express 當日和隔天到貨服務，後簡稱 Google Express。由 Google Express 專用物流車和第三方快遞公司配送，而且顧客必須擁有 Google Play 帳號。雖然零售商可以額外收取運費，但每筆運送費用基本為五美元，而且不像 Prime Now 能提供三到五個小時內的配送時段。不過 Google Express 已逐漸拓展，部分原因是其語音助理整體解決方案為零售商提供能代替 Amazon Alexa 的選擇，得以與沃爾瑪、好市多、Target 百貨和家樂福簽署協議。

有鑑於競爭對手 Google 和 eBay 明顯缺乏快速進入市場的速度，也沒有能力迅速規模化各自的快捷履行業務，因此更容易理解 Amazon 在 2014 年推出 Prime Now 時採取相對謹慎的做法。在上市時，媒體公司 CNET 資深編輯丹·亞克曼（Dan Ackerman），直指 Prime Now 的服務和拓展費用很高。他指出「那些人力、基礎設施，不僅僅要處理把東西放進一個盒子裡後寄出，還要把東西放到城市中的一位腳踏車送貨員背上然後發送出去。」[13]Amazon 在同一年用來取悅顧客和贏得競爭的免運費優惠（和快捷 Prime 配送），所花的成本就超過四十二億美元，或接近淨銷售額的 5%。Amazon Prime Now 副總裁史蒂

芬妮‧蘭德里（Stephenie Landry）在 2017 年的一次產業會議中，回答有關 Prime Now 成本的問題。[14]「超高速購物是高成本的價值主張，」她坦承。「要做到這樣並不容易，但參透它的唯一方法就是加入戰局。」不過，活用 Amazon 領導者原則的真正精髓，蘭德里補充：「作為這項業務的領導者，我不會花很多時間考慮運送成本；我真的在考慮的是顧客的喜好──我如何讓顧客喜愛這個產品？無論如何，我都寧願是成本有問題，也不願意是顧客喜好出狀況。」[15]

◎擴充餐點外送服務

除了在 Amazon 生態系中鞏固 Prime 更全面的益處──助長飛輪動能以外，Amazon 還在 Prime Now 的服務項目中增加了餐廳外送。Amazon Restaurants 於 2015 年夏季推行，提供免費兩小時到貨和七點九九美元的一小時到貨，是在美國和英國倫敦等二十個都市地區的線上食品訂購服務。截至 2018 年，有超過七千六百間餐廳加入該服務，並透過 Prime Now 服務提供餐點外送。除了獨立餐廳外，也有 Red Robin、Applebee's、橄欖花園（Olive Garden）和華館（P.F. Chang's）等連鎖餐廳響應。Amazon Restaurants 在 Prime Now 行動應用程式和 Amazon 官方網站都可使用，一旦用戶消費達一定金額，就有免費一小時到貨服務，這是其他使用類似商業模式的餐廳與像 Just Eat、Delivery Hero、foodpanda、foodora 等一系列餐點外送媒合機構所確立。有趣的是，可算是速食龍頭的麥當勞一直都在二十五個國家裡運作其歡樂送（McDelivery）服務；它於 1993

年在美國首次推出，早於快速餐點外送熱潮。然而，最近的歡樂送發展顯示出第三方外送媒合機構的顛覆性，在英國的服務於 2018 年開始透過 Uber Eats 外送（譯注：台灣麥當勞於 2018 年 3 月開始與 Uber Eat 合作）。

Deliveroo 也值得一提，不只因為它的快速餐點外送模式跟這領域中的 Just Eats 有雷同之處，也因為它會自行產出餐點。該公司於 2013 年在倫敦成立，掌握獨立但有品牌的快遞公司組成的車隊，在十二個國家、兩百個城市裡為自營和連鎖餐廳提供服務。Deliveroo 已於 2017 年在其國內市場推出快閃版的「暗黑」廚房，這個被稱為「RooBox」的純外帶廚房專門提供品牌食品，像泰式連鎖店 Busaba Eathai、美式餐飲 MeatLiquor 和披薩店 Franco Manca，而廚房地點設在工業區和廢棄停車場等場所，與提供整套服務的餐廳相比，可降低設置成本。

此外，與 Deliveroo 一樣，Instacart 也一直師法它服務的客戶。產業顧問兼前 Amazon 主管布里德・拉德寫道：

> Instacart 可以完全無拘束地取得與它簽訂合約的零售商的所有細節和成本。Instacart 一直積極增加它們的融資金額，以便它們成為雜貨零售商、批發商和自有品牌產品製造商。將 Instacart 視為救世主的雜貨零售商將自己的心血傳授給 Instacart，包括自己的優缺點。隨著 Instacart 擴張其商業模式，它們將能夠利用對自己的雜貨商客戶的了解來取得優勢。[16]

◎驅動最後一哩的需求

我們可以看到包括 Amazon Restaurants、Amazon 生鮮和儲物櫃在內的服務擴充,如何回應 Prime Now 機制所帶來不斷增長的產業生機。這些服務可能有 Amazon 的規模當靠山,為其飛輪增添重要的動能,但它們也必須與越來越多、來自四面八方的勁敵過招。

Amazon 在差異化 Prime Now 這方面,一直追求維持領先地位的一席之地,當然就是真實的線上購物體驗。一個很好的例子是在 2017 年於美國試營運的包裹追蹤功能,到了隔年 Amazon 更悄悄地進行強化,它提供包裹的即時配送歷程地圖給顧客,以及物流士在送貨給你之前有多少其他的停靠點或包裹數量。但早期的報告顯示,該系統僅能與透過 Amazon 自己的物流網路運送的包裹資訊相容,而由美國郵政服務、UPS 或 FedEx 處理的包裹則無法顯示。不過因為包裹追蹤功能可以減少未成功投遞的包裹和郵遞詐騙,代表它可望成為未來 Amazon 向更多 Prime 用戶推廣的系統之一。

1.Video (2017) 'You do not want to give Jeff Bezos a seven-year head start,' *CNBC*, 8 May. 連結：https://www.cnbc.com/video/2017/05/08/buffett-you-do-not-want-to-give-jeff-bezos-a-seven-year-head-start.html [最後瀏覽日：2018 年 11 月 5 日]。

2.Lexis Nexis (2014) Annual Report: True cost of fraud study: post-recession revenue growth hampered by fraud as all merchants face higher costs, *LexisNexis*, August. 連結：https://www.lexisnexis.com/risk/downloads/assets/true-cost-fraud-2014.pdf [最後瀏覽日：2018 年 6 月 7 日]。

3.Jeff Wells (2017) Report: France's drive is a growth model for U.S. grocery e-commerce, *RetailDive*, 20 July. 連結：https://www.fooddive.com/news/grocery-report-frances-drive-is-a-growth-model-for-us-grocery-e-commerce/447522/ [最後瀏覽日：2018 年 6 月 6 日]。

4.Global Data (2017) Click & Collect in the UK, 2017-2022, *GlobalData*, December. 連結：https://www.globaldata.com/store/report/vr0104ch-click-collect-in-the-uk-2017-2022] [最後瀏覽日：2018 年 6 月 6 日]。

5.IMRG (2016) IMRG Collect ＋ UK Click & Collect Review, *IMRG*, 14 June. 連結：https://www.imrg.org/data-and-reports/imrg-reports/imrg-collect-plus-uk-click-and-connect-review-2016/ [最後瀏覽日：2018 年 6 月 6 日]。

6.Gov.uk (2016) Case study: Amazon lockers in libraries, *Gov.uk*, 5 January. 連結：https://www.gov.uk/government/case-studies/amazon-lockers-in-libraries [最後瀏覽日：2018 年 6 月 7 日]。

7.Kurt Schlosser (2017) Amazon's new 'Hub' delivery locker system is already a hit in San Francisco apartment building, *Geek Wire*, 25 August. 連結：https://www.geekwire.com/2017/amazons-new-hub-delivery-locker-system-already-hit-san-francisco-apartment-building/ [最後瀏覽日：2018 年 6 月 7 日]。

8.Cady Lang (2017) How you can use Amazon Prime to help people in need this holiday season, *Time*, 12 December. 連結：http://time.com/5061792/amazon-prime-charity/ [最後瀏覽日：2018 年 6 月 2 日]。

9.Facebook (2018) Facebook Quarterly Earnings Slides Q1 2018, page 4, *Facebook Investor Relations*, 25 April. 連結：https://investor.fb.com/investor-events/event-details/2018/Facebook-Q1-2018-Earnings/default.aspx [最後瀏覽日：2018 年 6 月 6 日]。

10.Whistl (2018) Press release: Brits spending over ￡2bn on average a year on delivery subscriptions, *Whistl*, 25 May. 連結：http://www.whistl.co.uk/news/subscription-services-a-whistl-survey/ [最後瀏覽日：2018 年 6 月 6 日]。

11. Dan Primack (2017) Unilever buys Dollar Shave Club for $1 Billion, *Fortune*, 20 July. 連結：http://fortune.com/2016/07/19/unilever-buys-dollar shave-club -for-1-billion/ [最後瀏覽日：2018 年 4 月 24 日]。

12. Liz Morrell (2018) British consumers spending more than £2 billion a year on delivery subscriptions, edelivery, 14 May. 連結：https://edelivery.net/2018 /05/british-consumers-spending-2-billion-year-delivery-subscriptions/ [最後瀏 覽日：2018 年 9 月 13 日]。

13. Staff writer (2014) Instant gratification: Amazon launches 1-hour shipping in Manhattan, *CNBC*, 18 December. 連結：https://www.cbsnews.com/news/ama zon-launches-1-hour-shipping-in-manhattan/ [最後瀏覽日：2018 年 6 月 6 日]。

14. Emma Wienbren (2017) Two-hour deliveries will be normal, says Amazon Prime Now VP, *The Grocer*, 20 March. 連結：https://www.thegrocer.co.uk/ channels/online/two-hour-deliveries-will-be-normal-says-amazon-prime-now-vp/550248.article?rtnurl=/# [最後瀏覽日：2018 年 6 月 6 日]。

15. Scott Galloway (2015) The future of retail looks Like Macy's, not Amazon, *Gartner L2*, 1 May. 連結：https://www.l2inc.com/daily-insights/the-future-of-retail-looks-like-macys-not-amazon [最後瀏覽日：2018 年 6 月 7 日]。

16. Brittain Ladd (2018) The Trojan Horse: Instacart's covert operation against grocery retailers, *LinkedIn*, 18 March. 連結：https://www.linkedin.com/pulse/ trojan-horse-instacarts-covert-operation-grocery-retailing-ladd/ [最後瀏覽日：2018 年 9 月 4 日]。

最後一哩的基礎建設

　　先前已探討過 Prime 和 Prime Now 是如何拓展 Amazon
跨品項的觸及範圍，和其作為引入新服務以加強飛輪影響並快
速推進成長的途徑，接下來的重點是思考為了滿足這種無法等
待和多變的需求所產生的成本，會如何影響 Amazon 整體的
物流策略。例如，考慮 Amazon 第一個 Prime Now 履行中心
（fulfilment center，簡稱 FC）位於曼哈頓市中心、帝國大廈的
對面，並有 Prime Now 專屬的團隊透過各種方式履行訂單。「我
們正將發展出的營運專業運用到全球的一百多個履行中心，並
將此專業帶到紐約以支持這項服務。」Amazon 公關發言人凱
莉·屈茲曼（Kelly Cheeseman）在 Prime Now 發表時宣布。「物
流士將以步行、搭乘大眾運輸工具、騎自行車或開車的方式送
貨給顧客。」

　　Prime Now 履行中心的所在地是微型「轉運站」（Hubs），
而不是全方位的 Amazon 履行中心。它們規模較小：如，位
於密爾瓦基基諾沙（Kenosha）的 Prime Now 轉運站占地兩萬
五千平方呎，等於一間都市雜貨店平均規模的兩倍大。相較之
下，蘇格蘭鄧弗姆林（Dunfermiline）有一百萬平方呎的履行中
心，而亞利桑那州鳳凰城一百二十七萬平方呎的履行中心，則
大到能容納二十八座足球場。在沒有足夠實體商店網路的特定

地區，這些履行中心轉運站為人口稠密的都會地區節省了履行最後一哩的成本，這些都會地區的運輸時間受交通狀況的影響很大。更重要的是，它們憑著將貨品直接送到顧客手上的這項優勢，可說是 Amazon 接下來與當地零售商店在顧客獲得即時滿足的競爭中一著最好的棋。根據研究機構 Gartner L2 的分析師庫柏・史密斯（Cooper Smith），Amazon「現在在距離美國一半人口的二十哩範圍內擁有倉儲空間」。[2] 這縮小了與最密集的都會人口間最後一哩的鴻溝，但仍比美國消費者與沃爾瑪的平均距離六點七哩還遠。[3]

Prime Now 裡的「揀貨員」（pickers），在物流業中被這樣稱呼，是因為他們負責在履行中心裡挑揀和包裝顧客訂購的商品，使用行動手持式條碼讀取裝置來找到指定商品的位置。使用「隨機儲藏」（random stow）系統以節省空間，而不是更自動化的倉庫管理系統採用的指定庫存區域。雖然此系統可能會讓一些無關的物品被安置在同一處，但把物品放於擱置通道留作之後揀貨時用，可最大限度地空間運用。Amazon 發言人說明，隨機儲藏可提高揀貨準確度；若同一物品的許多不同版本儲存在同一處，可能更容易出錯。

Prime Now 履行中心還為較常被訂購的物品推出易於取物的「高速棧板」（high-velocity pallets），像衛生紙和香蕉，以及用於冷藏和冷凍貨品的步入式冰箱和冷凍櫃。此類貨品可能透過 Amazon 生鮮和儲物櫃的家用雜貨服務進行訂購，在揀貨之後，訂單準備透過 Amazon 稱之為「SLAM」的方式配送，SLAM 是「掃描、印出標籤、貼上標籤、確認出貨單」（scan，label，apply，manifest）的縮寫。接著訂單會透過多種方式履

行，Amazon 在曼哈頓的自行車快遞實驗獲得大量曝光機會，並在 Prime Now 推出數週前，為 Amazon 進入快遞業的這個謠言搧風點火。

最後一哩的勞力

從最後一哩勞力成本的角度來看，Prime Now 與其他 Amazon 的履行基礎建設的差別，在它大量地使用揀貨員以及隨機儲藏系統。這讓它相較於更大的履行中心更依賴人工勞動力，大型履行中心裡的 Kiva 倉儲機器人分類系統，承擔了更多傳統的挑揀和包裝的工作。它使用快遞服務來配送 Prime Now 的訂購商品，也是 Amazon 必須承擔的另一項特別勞力密集的支出，作為追求最快和最大範圍地完成最後一哩的代價。這就是為什麼 Amazon 在 Prime Now 推行初期，就迅速地在 2015 年底引進 Amazon Flex ——由獨立承包商提供配送服務的平台。該平台利用因 Uber 和其他快遞配送競爭對手而普及，不斷擴張的零工經濟（gig economy），先行服務了 Prime Now 的顧客需求，而它現在也負責 Amazon 一般的配送了。[4] 就像 Uber 賦予駕駛所謂「騎士」（riders）的任務，Instacart 將顧客加上「購物者」的角色，Amazon Flex 的 Android 應用程式會將「物流士」（Flexers）導向所在地一定範圍內的送貨地點。

Flex 有意思的理由有二：第一是它在最後一哩雇用獨立承包商加入「零工經濟」行列此一決策，沒辦法完全證明這就是 Amazon 所期待、最以顧客為中心的最後一哩快遞解決方案。誠然，它為 Amazon 提供點到點的掌控權，藉由它的貨態追蹤

應用功能，得以將最後一哩的資訊讓顧客知悉。但是，物流士使用他們自己的車輛，且在一開始沒有佩戴任何證件以識別他們是為 Amazon 工作的情況，招致社區裡一些守望相助的活躍人士憂心並強烈反彈，表示他們對這些上門的陌生人「感到毛骨悚然」。[5] 與 Uber 一樣，Amazon 也不得不為前物流士對承包商的訴訟提出辯護，這些物流士主張，以自家車進行服務後扣除相關成本，他們領取的薪水會低於最低工資。部分原告是 Amazon 官方經由 Amazon 物流和當地快遞公司再分包出去的，他們主張 Amazon 應支付他們全職員工的薪資，因為他們不在倉庫內工作，又受 Amazon 密集地監督，Amazon 也提供他們顧客服務培訓課程。[6]

也許在被 Amazon 收購的全食超市裡任職的員工可在下班後進行配送，以減輕因零工經濟模型而落人口實的風險，正如沃爾瑪自陳它在 2017 年進行的試驗一般。另一項精省電商履約成本的嘗試是，沃爾瑪不僅可以利用其大量的實體商店，推廣網路訂購、實體通路取貨業務，還開始把腦筋動到自己為數眾多的商店員工身上，透過他們進行宅配服務。沃爾瑪提供額外薪資給進行配送的員工，他們會使用一個能指引他們為顧客送貨的應用程式，每次出勤最多十筆訂單。「這是有道理的，」沃爾瑪美國電子商務總裁暨執行長馬克‧洛爾在一篇部落格文章中提到。「我們已有卡車將訂單項目從履行中心輸送到商店以便顧客取貨，這些卡車也可用來將宅配到府的訂單項目，帶到距離目的地最近的商店，而願意配送的員工可在登記後，將包裹送抵顧客家中。」[7]

◎第三方物流業者的配合

特別提到 Flex 的第二個理由是，Amazon 靠向零工經濟的舉措，顯示其物流履行策略的用意為：降低對美國郵政署（US Postal Service）、FedEx 和 UPS 等第三方包裹配送服務的依賴。請記得，二十個不同的合作夥伴目前每年為 Amazon 運送約六億個包裹，其中美國郵政署、FedEx 和 UPS 占比最多。成本管理顯然會是優先考量，而 Amazon 可藉由掌握整條供應鏈點到點的狀況來達到成效。將最後一哩委任給第三方等於放棄掌握供應鏈中能最確實接觸顧客的部分，並違背它因顧客需求而驅動的教條。美國郵政署從過去開始對 Amazon 的配合，也被最近唐納・川普（Donald Trump）的 Twitter 流彈掃到，有些人認為這是對傑夫・貝佐斯以及他持有《華盛頓郵報》（簡稱華郵）所有權不假辭色的攻擊，因為華郵一直對美國總統威脅提供不利報導的記者此行為持批判態度。在一篇 Twitter 中，川普稱 Amazon 的「郵務詐欺」（Post Office scam），他寫道：「據報導，美國郵政平均每為 Amazon 送出一個包裹，就會虧損一點五美元。」[8] 雖然這件事和 Amazon 支付的稅金都一直受川普批評，而且最終可能會成為共和黨總統更全面的反托拉斯行動中的一部分，但產業普遍認為，造成美國郵政署困境的原因與 Amazon 的關係不大。部分估算指出，美國郵政署的包裹配送費率低於市價，而 Amazon 無疑有可能商議出更好的價格；但其收入下降事實上是因為直接郵件（direct mail）需求的成長趨緩而不是包裹遞送。[9]Amazon 還與 FedEx 和 UPS 就其對手美國郵政署的業務量起過爭執。但 FedEx 和 UPS 也反過來批評法律[10]

要求他們從包裹配送此類競爭性業務中獲益所需的固定成本比率——他們主張，在競爭性業務已從十年前占總收益的 11% 上升至 30% 的現狀下，規定最低固定成本比率 5.5% 是不足的。

其他競爭挑戰來自直接零售競爭對手，沃爾瑪和 Target 百貨。2017 年年底的報告顯示，沃爾瑪告訴多家物流服務承包商，如果它們也與 Amazon 配合，就可能會選擇不與它們合作，[11] 這就是美國電商銷量成長所帶動的，對第三方履行資格的需求。沃爾瑪對使用 AWS 的供應商採取相似的態度。Target 百貨於 2017 年年底，以五點五億美元收購的雜貨市集暨當天到貨平台 Shipt，被視為直接挑戰 Amazon 達成當日到貨的能力，同時也為零售連鎖店提供了更強的能力來克服有關網路訂購、實體通路取貨的庫存管理挑戰。在一份與收購有關的公司部落格文章中，Target 百貨的營運長約翰‧莫利根（John Mulligan）引用稱，此次收購是一系列措施的一部分，用意是讓顧客「在 Target 百貨裡購物能更輕鬆、更可靠和更方便」。相關措施包含讓從商店內出貨給顧客的服務擴大到全國一千四百多家商店，還推出必需品隔天必到貨服務 Target Restock 和送貨到顧客車上的 Drive Up 履行服務，以及收購最後一哩運輸技術公司 Grand Junction。[12] Target 百貨公司宣稱，其目標是在 2018 年初將當天到貨服務在約半數 Target 百貨商店中推行。

我們已經看到 Prime 和 Prime Now 如何為飛輪提供動能，以及 Amazon Prime 儲物櫃、Amazon 生鮮和 Amazon 衣櫃等新產品，如何為更全面的 Amazon 生態系增加規模和廣度。但我們也開始探索這些新產品如何對 Amazon 的供應鏈和履行物流造成更大壓力，所有這些拓展必須由不斷成長的配送和履行網

路來支持。

> 我在全國有一千八百個迷你倉庫，四百六十個特殊的後台已轉換為線上訂單履行中心。經過交叉培訓以便能在銷售區或後台作業的員工，會從商店的貨架或庫存中為線上訂單揀貨，包裝好後放到店裡。UPS 集貨完成後，會將包裹送到輻輳式配送中心。
>
> 布萊恩・康乃爾（**Brian Cornell**），
> **Target** 百貨公司執行長，**2018** 年[13]

Amazon 為 Prime 打下傳統履行中心和物流網路模型的基礎，並使用前述的第三方物流服務。但它仍不斷創新，利用其強大的 AWS 運算能力來提升自身協調龐大物流網路的能力，進而達成更高水準的自動化、效率和生產力。它透過西雅圖（Seattle）和德拉瓦（Delaware）的兩個履行中心起家，在接下來的二十年中，將其不動產拓展到在全球持有超過二點五億平方呎的資料中心和履行中心空間。

不斷發展的資訊科技架構

探究 Amazon 的資料中心，會發現這個龐大的運算資源很少被討論到，因為人們最關心的是 Amazon 的業務、開發人員的工具和奠基於運算能力之上運作的網路流量。隨著世上一些

最大的媒體和社群網路、媒體串流服務、出版商和零售商都在
AWS 雲上作業，要評估此服務的網路流量則非常困難。據網路
顧問公司 DeepField Networks 估計，該比例占世界網路流量的
三分之一——而且那是早在 2012 年時的數字。[14]Amazon 對其
AWS 資料中心的基礎建設也特別守口如瓶，從未提供任何設施
的參訪行程。其網站僅顯示資料中心大概的鄰近位置，以「區
域」來劃分，而每個區域至少包含兩個「可能地點」，這些地
點就是少部分資料中心的所在地。Amazon 盡可能將這些資料中
心設在基地台附近，這些基地台會傳輸內容流量，還建立可產
生一百兆瓦以上電力的專屬變電所——足以為每個地點中成千
上萬個密集的伺服器供電，以全球的規模來看則達數百萬個。
2006 年，Amazon 在美國維吉尼亞州北部建立了第一個 AWS
資料中心，是這個基礎建設的核心，到 2018 年，Amazon 在全
球就擁有五十個可用地點，而它藉子公司 Vadata Inc. 的名義來
管理這些資料中心。

◎ Amazon 物流的興起

　　與快速擴充其全球資料中心基礎建設，用來打造 AWS 服務
的模式大致相同，Amazon 使用類似的閃電戰戰術，透過經營
Amazon 物流，以建置和支持它的最後一哩實體履行網絡。雖然
它最初的兩個履行中心是在 1997 年成立的，但自 2005 年以來，
它一直積極擴張自己的供應鏈和物流覆蓋範圍，加上 Prime 的
推出，現在 Amazon 在全球的房地產有超過 80% 用在資料中心
和約七百五十個倉儲設施上。而它在 2008 至 2010 年間於北美

推展履行中心的策略，就是沿著那些為零售業提供最優惠減稅條件的州別發展。

但是，在 2013 年，隨著每個州都開始實施公平稅收政策，Amazon 已將發展重點移轉到能服務更多都會地區的地點，以最小化最後一哩的運輸成本，並培育 Prime Now 鴻圖的發展。從事供應鏈、物流和配送顧問業務的 MWPVL 國際公司（MWPVL International Inc.），其總裁暨創辦人馬克・吳爾弗拉（Marc Wulfraat）在給筆者的一封電子郵件中寫道：「如果把美國的都會人口按降冪排序，你可以看到 Amazon 明顯地已將履行中心建立在靠近主要都會市場的地點。」Amazon 經營各種不同類型的履行和配送中心，分別處理小型可分類、大型可分類、大型不可分類、特殊節日用服飾、鞋類和小零件與退貨商品，以及第三方物流外包用設施。它還有一個溫控和保冷儲存雜貨配送中心的網絡，來處理其 Amazon 儲物櫃和 Amazon 生鮮的營運。[15]

同樣在 2013 年，Amazon 和美國其他許多零售商爭奪顧客為聖誕節進行的最後一刻花費卻無法準時送貨，因為許多顧客將到貨時間延到 12 月 23 日晚上十一點，並且幾乎被一波突增的需求給癱瘓——在那次假期開始前的週末，訂單數量年增率為 37%。[16]

許多人指責 UPS 應該要對那次最後一哩到貨負起一部分的責任，它在當年聖誕節前的週一當日，需透過其空運運輸配送大約七百七十五萬個包裹。

Amazon 為了回應 2013 年的教訓，和緊接在後的 Prime Now 需求，在它擴張倉儲服務網的最新階段中，其租賃模式也

強調出設立最後一哩倉儲，以拉近與消費者的距離。Amazon 現在將其物流倉儲建設分為四類：

★履行中心：一座大型倉庫（通常約一百萬平方呎），可以接收整批物品、儲存並單獨分拆運送。

★入倉和出倉分揀中心（Sortation Centres，簡稱 SCs）：在 2013 年的送貨慘況後，Amazon 開始為如 UPS 和 FedEx 等物流服務商，以及週六和週日使用的美國郵政署配送服務，增設預先分揀包裹的分揀中心（分揀中心通常與履行中心相鄰和／或透過輸送帶串接到履行中心）。這些分揀中心依郵遞區號進行包裹分類，以利負責最終配送的物流服務商處理每個包裹。從這開始，物流服務商會執行最後一哩配送給顧客。另外，分揀中心也會將包裹運送到 Amazon 大量的配送站網絡（Delivery Station Network），此處代表 Amazon 物流網絡中的最終節點。最後，分揀中心可代表一個以上的履行中心處理一整個區域的包裹。

★重分配履行中心（Redistribution Fulfillment Centre，簡稱 RFC）或入倉越庫作業（Inbound Cross Dock，簡稱 IXD）網絡：Amazon 在某些地區開設了處理 B2B 的電子商務的設施，以供應到個別履行中心的網絡中。例如，位於加州，稱為「ONT8」的倉庫——Amazon 使用附近機場的代碼加上設施建造的順序數字來命名，是其他 ONT（安大略國際機場的代稱）倉庫和加州履行中心的重分配履行中心。這些設施位於主要港口附近，以最小化從港口入倉到設施的地面運輸費用。

★ Prime Now 轉運站（Hubs）和配送站網絡：有的履行中心
離都會區夠近，足以提供 Prime Now 服務（例如在喬治亞
州的亞特蘭大）。在其他地區，Amazon 會開設一個專屬
的 Prime Now 轉運站（如伊利諾州的芝加哥）。轉運站還
權充一個都會區配送站附帶的子設施，投入配送站網絡服
務。這些較小、一百平方呎的設施，為透過在地快遞公司
和 Amazon Flex 物流士配送的包裹進行分揀和派遣。

2014 年在全美設置的區域型分揀中心，讓 Amazon 的物流
網絡得以增加對包裹出倉運輸的掌控。專家承認這些建設是擺
脫對 UPS 和 FedEx 依賴的關鍵推動因素，讓包裹可以改由美國
郵政署、在地快遞公司和 Amazon 配送。

不動產需求

興起的電子商務，受 Amazon 無法阻擋的擴張助長——在
美國和歐洲尤甚（目前正向亞洲和印度次大陸蔓延），正使
工業不動產市場升溫。城市土地學會（Urban Land Institute）
2018 年的新興趨勢報告，將履行中心和倉儲列為兩大最具投
資潛力的項目，其平均建物高度尺寸為滿足電商履行的需要，
從二十四呎增加到三十四呎。Amazon 稱其倉庫在繁忙的季節
假日，每天可能運送超過一百萬件商品，而完成一個一般的
Amazon 包裹只需要一分鐘的人工。[17] 也就是說，Amazon 因其
倉庫的勞動環境而受到嚴厲批評，例如嚴格的員工安檢和追蹤
程序、長工時和在上廁所和休息時間都沒有彈性的情況下，未

將移動至相關地點所花費的時間納入考量，以及相對低的薪資水平。因此，在 2013 年，德國工會以 Amazon 倉庫員工的工資為訴求進行罷工。[18]

> 未來的工廠（或倉庫）將只有兩名員工：一個人和一條狗。那人負責養狗，而狗是不讓男人靠近設備。
>
> 　　　　　　沃倫・班尼斯（Warren Bennis）[19]

別忘了，正如我們在自動化發展的探索中提到的，Amazon 在 2012 年以七點七五億美元的價格買下製造機器人的 Kiva Systems 公司。收購完成後，為了迎戰 2014 年假期的業務，Kiva 增加了大約一萬五千台機器人到美國十個履行中心。目前的估計顯示，Kiva 機器人現在占 Amazon 勞動力的五分之一，並且還降低 20% 的倉儲營運成本。機器人負責將一個專用貨架「單元」（pods）沿著預先規劃的網格路線移動到工作區，Amazon 揀貨人員會在那裡挑選、包裝和準備裝箱的商品，將它們放到每秒可處理四百多筆訂單的輸送帶網路上。Kiva 的倉儲管理軟體會對照每筆訂單的包裹尺寸是否正確，再貼上運輸資訊的標籤。

據稱，由 Amazon Robotics 系統管理的部分流程，比用人工揀貨的生產力提高了五到六倍，還不需成人尺寸的走道，比傳統、非自動化倉儲省了一半的空間。它們的靈活度還代表著可以根據銷售狀況，經常重新配置倉儲空間，故能更快速地取

出高流通率的商品。不過，Amazon 的機器人只能處理符合它們運輸單元貨架尺寸的較小型商品，相較於傳統零售和批發的倉庫，其多數庫存是透過堆高機搬運後堆放在棧板上。對於較大型的商品，有被稱為「機器裝載」（robo-stows）的大型機器手臂（由提勒科技公司 Thiele Technologies 製造）處理，在 Amazon 較大型的履行中心中移動和堆疊箱子。另一項倉儲技術是視覺系統，可以在短短三十分鐘內卸貨和接收整拖車的貨物，而在 2017 年，Amazon 成立一個團隊來指揮自動駕駛車技術的運用，部署自動駕駛堆高機、卡車和其他可推進現有自動化基礎的車種。

有著如此龐大的供應鏈和履行物流網路，以及不斷提高性能和降低到貨成本與時間的驅力，Amazon 或許也就順勢進入了運輸市場。根據產業研究，運輸和物流可能是電商公司下一個價值十億美元的商機。 來自世界銀行（World Bank）、波音（Boeing）和金谷公司（Golden Valley Company）的數據指出，包括海運、空運和陸運在內的全球運輸市場價值為二點一兆美元。影響層面如此之大，讓得利於電商蓬勃發展，包裹運送業務迅速成長的傳統運輸公司，面臨來自 Amazon 和其他像阿里巴巴、京東和沃爾瑪等節節升高的壓力。迄今為止，Amazon 及其競爭對手一直專注於打造最後一哩的物流履行能力，但正逐漸改為瞄準履行供應鏈的中段和第一哩。

Amazon 首先在 2014 年為國際賣家提供外包整合服務，利用批量折扣來降低進口到美國的稅率。在 2015 年底，迅速地接連推出相關服務，當時 Amazon 正協商承租二十架波音 767 飛機為自家空運服務，同時已經在中國註冊提供海運服務，並添

購數千輛貨櫃車在各配送設施間運輸貨物。[21]Amazon 中國隨後註冊提供海運服務，主要是推動中國賣家使用其運送服務給 Amazon 美國的顧客，此舉也讓 Amazon 控制中國和美國間的重要貿易路線。Amazon 海運公司（Amazon Maritime, Inc.）也持有美國聯邦海事委員會（US Federal Martime Commission）的營運許可證，為非船主承運商（non-vessel-owning common carrier，簡稱 NVOCC）。

Amazon 作為運輸服務商

2016 年，Amazon 獲得認購國際空中運輸航空公司（Air Transport International）高達 19.9% 的股票選擇權，並開始安排二十架波音 767 飛機加入營運。一年後，Amazon 推出第一架品牌貨機，並宣布 Amazon 航空公司（Amazon Air）將設辛辛那提／北肯塔基國際機場（Cincinnati/Northern Kentucky International Airport）為主要的轉運站。Amazon 還獲得四千萬美元的稅收優惠，用於建造占地九百二十英畝的設施，其中包含一座三百萬平方呎的分檢設施，和可供超過一百架貨機使用的停機坪，總成本估計為十五億美元。根據提交的現場分揀設施計畫，預計在 2020 年完成四百四十英畝土地的建設，其餘四百七十九英畝將在 2025 到 2027 年間的第二階段開發；最終，Amazon 計畫是由轉運站裡的一百架飛機，每天營運兩百多個航班來運送貨物。此舉也與在較小機場建造一系列貨物處理設施的措拖互相搭配，以成功串接在肯塔基州希布倫（Hebron）的空運分揀中心與有履行中心的主要城市。MWPVL 國際公司將

這些稱為「空運分揀中繼站」（air sortation hubs）。它們位於機場跑道附近，用來處理和接收運往希伯倫航空轉運站的貨運包裹。

除了當天和一小時到貨的顛覆性措施、經營自己物流服務運輸系統、貨櫃車船隻和飛機，和減少對第三方供應商的依賴以外，Amazon 也在 2017 年為貨運司機推出第一款應用程式，為了讓他們在 Amazon 的倉庫更容易進行包裹裝貨和卸貨。[22]Amazon 也被認為還在開發一款類似的應用程式，可媒合卡車司機與貨物，讓 Amazon 可以直接接觸到全國數百萬名卡車司機。另一個略出人意表的創新，是 Amazon 在 2015 年申請的一項專利，該專利是有關配備有 3D 印表機的貨運卡車，使它們在前往顧客所在地的途中生產產品。[23]Amazon 在 2018 年又進一步申請一項 3D 專利，涉及了承接顧客訂製 3D 列印產品的訂單，完成製造生產後，配送給顧客或由顧客來取貨，完全切割掉製造商的可能性。[24]

Amazon 物流

如果 Amazon 真的在尋求跳過履行過程裡的中間商，以及對其供應鏈有點到點的控制權，那就不可能把任何擴張全球物流服務覆蓋範圍的舉措，視為置身於 Amazon 物流的延伸服務之外。Amazon 物流從儲存、揀貨、裝載和運送商品，以及處理由第三方賣家在 Amazon 市集銷售的退貨項目，當然也包含 Amazon Pay。Amazon 物流的賣點是優化終端顧客購買體驗的最佳方式，但它也可以達到 Amazon 嚴格的送貨和到貨時程，

並考量將其加入符合 Prime 標準商品之列。值得注意的 Amazon 物流服務的發展有：2010 年在德國、2012 年在加拿大、2013 年在西班牙、2015 年在印度，和最近 2018 年在澳洲的推展。

部分被不斷成長的物流速度和交易規模所推進，讓 Amazon 一直致力於加強 Prime Now 服務以滿足最後一哩，在 2015 與 2016 年間，透過 Amazon 市集銷售和使用 Amazon 物流的活躍賣家人數成長了 70%，不過 Amazon 並沒有揭露從物流服務產生的收入數字；另外，Amazon 代表第三方賣家銷售的商品數量在同一時期翻了一倍。從 B2B 的角度來看，我們也應該考慮 Amazon 企業版（前身為 Amazon 在 2012 年成立的 Amazon Supply，到 2015 年正式更名 Amazon Business）的影響。這個在 Amazon 網站上主打 B2B 商品的競爭市場，服務多樣商品類別的企業採購需求，如筆記型電腦、桌上型電腦、印表機、辦公用品、辦公家具、手工具、電動工具、安全設備、辦公室廚房必需品和清潔用品。一年後，Amazon 揭露 Amazon 企業版創造了十億美元的營收，服務四十萬名企業顧客。從這個角度觀之，並考慮到 Amazon 物流和 Amazon 企業版兩者所處理的龐大商品數量，再加上 Amazon 最近進軍空運、陸運和海運的舉措，讓它顯然已是主要的全球物流服務商。

不過就算這樣，Amazon 也進行可以直接從賣家那裡快速發貨的服務試驗，以免自身的倉庫被過多庫存癱瘓。這項服務在 2017 年推出時稱為「Stellar Flex」，並在印度和美國西岸進行測試，將 Amazon 物流服務覆蓋範圍從各履行中心拓展到賣家倉庫。最新的服務於 2018 年成形，叫做 Amazon 物流原地版（FBA Onsite），給 Amazon 更多彈性和對最後一哩的掌控

權，同時透過減少貨量和避免履行中心壅塞來節省成本。這樣的成功隨之而來的是，某些業內人士透露，Amazon 是自己和 Amazon 物流成功的受害者，因為造成的產能問題，到 2017 年年底前 Amazon 削減了接單量。此外，一些估計數據顯示，讓賣家在自己的倉儲中保存商品，可以節省高達 70% 的成本。因此，將 Amazon 物流拓展到賣家倉儲設施，或許是為 Amazon 日益增長的物流需求增加產能和規模的另一項配套。

Amazon 也嘗試了退貨流程，我們之前提到過，退貨流程對所有電商公司的利潤都有重大影響，產業估計顯示，有 30% 的線上購物商品會遭退貨。而在 2017 年年底公開的一項小規模試驗計畫，是 Amazon 與柯爾百貨公司的合作，由柯爾在美國的百貨公司銷售 Amazon 的硬體裝置，也處理 Amazon 顧客的退貨。這家零售商的店員會將符合條件的商品包裝好並免費運回 Amazon 的履行中心。[25] 柯爾百貨公司董事長、總裁暨執行長凱文‧曼塞爾（Kevin Mansell）在合作幾個月後評論：「我們斷言：這種體驗非常棒，大家有在使用這項服務。顧客如果回饋，會認為這是很好的體驗，他們使用這項服務。但非常重要的是，此服務帶動來店人流，所以我們將尋求拓展這樣的服務。」[26]

為爭奪最後一哩的競賽

相較沃爾瑪，它不斷擴張的運輸和物流業務很大一部分是因成本精簡而推動，為了在以龐大的全球門市網絡履行電子商務業務，而產生不斷增加的成本中找到平衡點。這家雜貨商已開始承租貨櫃，從中國輸出製成品，並更全面地使用本章先前

提到的置物櫃和店內取貨的方式，以降低送貨成本。2017 年，沃爾瑪美國創新發展總監克里斯蒂·布魯克斯（Cristy Brooks）勾勒出沃爾瑪如何也在更大型的門市中解決上架問題。缺貨一直是這家零售商近年來迫切處理的問題，它所謂的「頂層庫存系統」（Top Stock system）是將庫存商品安放在銷售櫃位的頂層貨架上，沃爾瑪聲稱，這使它維持「更充足的貨架，同時迅速地對庫存品一目了然」。根據布魯克斯表示，這樣的好處包括減少沃爾瑪為臨時的庫存承租拖車，並釋放出後台倉儲空間，使沃爾瑪得以整合線上雜貨提貨等服務，釋出的空間也用於員工訓練。布魯克斯以位於北卡羅來納州莫里斯維爾（Morrisville）的門市為例，說明在實施頂層庫存後，該門市在兩個月內倉儲庫存減少了 75%，並利用增加的空間成立了一間員工培訓的學院。[27] 沃爾瑪還搶先 Amazon 和柯爾百貨公司的退貨合作計畫一步，於 2017 年末，更新了沃爾瑪應用程式，調整了門市的線上退貨流程。此調整的用意在於，讓沃爾瑪線上銷售的部分商品，如健康和美容商品，可以不需要前往門市就能立刻退款。[28]

Amazon 早已為向第一方和第三方購買的部分商品提供即時退款，且低於一定價值的商品不需要實體退貨。不過沃爾瑪一直試圖透過這一退貨計畫在履行競爭方面保持同步，該計畫建立在沃爾瑪的線上雜貨取貨、取貨站和免費兩天到貨服務的基礎上──特別強調最後一項服務無需會費就能享有。

阿里巴巴已開始承租船上的貨櫃，與 Amazon 的海運策略雷同。這意味著，阿里巴巴物流（Alibaba Logistics）現在可以協助其市集上的第三方賣家進行第一哩運輸。阿里巴巴的物流

模式值得跟 Amazon 的一比。2003 年，阿里巴巴與其他八間金融服務和物流公司聯合推出中國智能物流骨幹網（China Smart Logistic Network），也被稱為菜鳥網絡（Cainiao）。如今，菜鳥物流網絡由十五家以上主要的第三方物流（3PL，Third-Party logistic 的簡稱）或物流公司所組成，由阿里巴巴在 2017 年以八點零七億美元的投資，從持有該公司的 47% 的股份增加至 51%，掌握控股權。這家中國巨擘當時表示，在未來五年內，將投資一千億人民幣（一百五十億美元）至全球物流能力上。目標是達到利用無人機和機器人技術，創造出二十四小時內將貨物運送到中國的任一地方、七十二小時內運送到世界任一角落的物流能力。

考慮到菜鳥網絡每天履行五千七百萬次配送，阿里巴巴在其國內市場絕對的主導地位，代表它可以對該地區的物流網絡發揮重大影響。與 Amazon 非常相似，阿里巴巴將這種能力建立在技術投資的基礎上，提供能跨網絡達成有效指揮履行流程所需的供應鏈透明度和整體數據。儘管美國是全球最大的消費經濟體，為 Amazon 的全球業務提供了基礎，但它的市占率只占美國已經成熟的電商市場中的一小部分。相較之下，在中國這個全球第二大、成長最快速的消費經濟體中，傳統貿易仍占 78% 以上，而阿里巴巴的市占率超過 60%。

阿里巴巴的競爭對手京東，也一直忙於打造自己的物流網路，且使用與 Amazon 相似的模式。在 2017 年底，京東在中國各地建立一個由七個履行中心和四百八十六個倉庫組成的物流網絡，還有數千個在地的配送和提貨點。根據報導指出，京東也在考慮於洛杉磯興建一座履行中心，作為拓展物流服務至美

國的前哨站。最值得注意的是，2018 年春季，京東投入一輛連結中國與歐洲的貨物列車以運送貨物，貨物一註冊和裝載到車上，就可以向國內顧客開賣。第一輛中鐵快運（China Railway Express）列車，行駛一萬公里，從德國漢堡運送到中國中部的陝西省省會西安，京東將該地作為其跨境進口（cross-border imports）最重要的一個物流轉運站，較海運替代方案的交期少三十五日，又較空運的運輸成本便宜 80%。

京東物流（JD Logistics）國際供應鏈總經理劉漢，在當時一份聲明中說：「從德國到中國，我們使用一列專為京東運送貨物的火車，大幅縮短歐洲零售商和供應商的上市時間，並以更便宜的價格為我們的消費者提供更多商品選擇。隨著對京東的歐洲進口商品的需求飆升，我們預計今年稍晚將推出例行服務，期待這列火車在未來幾個月和幾年裡能服務更多趟。」

◎全食超市和未來發展

在檢視過快遞的效果，及其在各大洲對履行需求和能力的影響後，我們將討論最後一項 Amazon 履行策略的主要領域。讓我們回溯這一章的開頭──除了書店之外，Amazon 沒有其他重要的實體零售據點，所以無法提供像是網路訂購、實體通路取貨等全面的線上到線下服務，像其美國競爭者沃爾瑪和 Target 百貨公司，或其他遍布歐洲和亞洲的對手所提供的一樣。直到 2017 年，Amazon 才買下全食超市，而不只是收購其四百五十多間門市，還收購了全食超市為服務這些門市而建立的零售雜貨配送網路。

> 當你轉念（把商店）想成身兼倉庫時，它們就已經有利潤了，它們早就在那裡，商品正以滿滿一卡車的量運進去。這是商品調度上架最有效率的方式。
>
> 馬克·洛爾，沃爾瑪美國電子商務業務執行長 [29]

　　如第 7 章中的討論，收購主要聚焦在為全食超市各主要區域市場的零售店提供易腐商品的物流網路，將支援更多第三方和自有品牌的商品種類，同時全食超市的倉儲網路將讓 Amazon 能直接接觸到更多的都會零售店點。然而，一些報導強調，部分商店的停車位被指定分配給 Prime Now 的物流車，而在商店內揀貨的工人正與現場顧客競奪商品和空間，令既有顧客非常不滿。

　　值得一提的是，在撰寫本書之際，全食超市依舊透過 Instacart 履行訂單。在收購時，全食超市占 Instacart 業務的近 10%，還持有這家第三方物流服務商的少數股份。但現在全食超市是 Instacart 最大競爭對手的子公司，大家難免要問：Amazon 會出售全食超市在 Instacart 的股份，或是也把 Instacart 買下？考慮到 Amazon 這次收購後一開始享有的線上到線下的成果，加上其附帶的最後一哩配送和履行優勢，難免有盛傳的推測指出，Amazon 可能也在歐洲尋找類似的收購對象，用馬克·洛爾的話來說，就是能為 Amazon 提供「身兼倉庫」的另外一千三百家店。Amazon 與多家歐洲零售商達成的履行協議，更為這些市場猜測搧風點火，包括法國的佳喜樂集團旗下的

Monoprix 超市、英國的莫里遜超市和 Celesio 藥房、西班牙的迪亞天天超市以及德國的羅斯曼藥妝連鎖店。

但是，以 Amazon 目前的供應鏈和商店網路策略、繼續增加供應包括時尚和雜貨商品種類的措施，以及藉由自動補貨和 Alexa 來驅動需求的手段之外，Amazon 在物流領域的下一個目標是什麼？能確定的一件事是，Amazon 很可能會繼續創新，以持續在最後一哩打破紀錄、縮短到貨時段，並以較現在更快的到貨速度取悅顧客。

創新的遠距技術

既然現在已探索了 Amazon 的最後一哩鴻圖，我們可以開始討論其他有趣的領域發展，不僅有關履行，還有傳統商店模式以外的立即滿足感。Amazon 的寶藏卡車讓 Amazon 應用程式用戶在註冊後，會收到寶藏卡車已抵達附近的通知，並取得每日優惠和獨家產品。寶藏卡車於 2016 年 2 月在西雅圖開始營運，目前已拓展到美國和英國三十個主要城市。2017 年推出的另外兩項快遞履行計畫—— Amazon 生鮮取貨（Amazon Fresh Pickup）和 Amazon 即刻取貨（Amazon Instant Pickup），現在也可以從它們完整的脈絡來理解。第一項計畫是，訂閱年度 Amazon Prime 服務的會員，每月再為「追加生鮮服務」（Fresh Add-on）額外支付十五美元，就能在十五分鐘內前往取貨，正如第 7 章中提到的一樣。後一項計畫的風險則更大，因為內容是訂購後兩分鐘內就可以從 Amazon 置物櫃中取貨。同樣地，顧客必須是 Prime 會員，因為他們才可以在 Amazon 即刻取

貨的地點附近重新整理應用程式，以查看可買的商品。這些商品包括小型的必需品，如手機充電器、飲料和零食，以及包括 Kindle 閱讀器和 Echo 智慧音箱在內的 Amazon 商品，皆由一名 Amazon 員工在顧客下單後的兩分鐘內將這些商品放入 Amazon 置物櫃。第一個這樣的即刻取貨置物櫃被安裝在大學校園附近，以配合經常變化的來客。在這兩種情況下，Amazon 的預期出貨專利──本書前面曾將之作為 Amazon 人工智慧發展的一個例子進行過探討，可能就對這兩項計畫的成功至關重要，尤其是與 Amazon 正在開發的都會型 Prime Now 轉運站和配送站網絡結合時更是如此。

此外，在 2017 年，Amazon 推出用 Amazon 鑰匙（Amazon Key）技術的送進家門裡和送進後車廂內的送貨服務，它提供給三十七個符合條件的美國都市地區裡的 Prime 會員一個選項，能讓 Amazon Flex 的服務商使用單次進入密碼將包裹送進他們家裡。在服務剛上線時，Amazon 要求顧客持有特定製造商的智慧門鎖，以及一個支援此功能的 Amazon 雲端監視攝影機（Cloud Cam security camera）。為確認到貨和防止潛在的詐騙指控，當物流士使用密碼進入顧客家中，直到送貨完成離開後，攝影機會全程錄影，並將此過程的照片傳送到顧客的智慧型手機。Amazon 鑰匙應用程式還支援遠距鎖門和開門，用戶可以使用它來產生虛擬鑰匙。但在 2018 年，Amazon 以十億美元收購了智慧攝影機和門鈴製造商 Ring，在此服務與更全面的智慧家庭領域中加碼投入。為了能有一天讓未成功投遞的包裹走入歷史，並將 Ring 智慧門鈴上的攝影機和音響設備與逐漸增加的 Alexa 聲控智慧連線家庭生態系串接起來，這項投資很可能會加

速擴張 Amazon 送貨進家門服務的範圍。

　　Amazon 鑰匙的送進後車廂版本，讓支援此功能的車輛車主可以利用他們的汽車後車廂來收取包裹，只要他們與 Amazon 鑰匙的送進家門裡版本在相同的服務區域。顧客必須把車停在公共區域，但無需其他的硬體設備，和送貨進家門一樣，顧客也有四個小時的到貨時段。[30] 無論是送貨進家門還是送進後車廂，是否足夠受歡迎到可以克服隱私和安全方面的顧慮還有待觀察。但是，作為置物櫃概念及其「最後一哩」優勢的延伸，Amazon 多年來一直在開發必要的技術，並可開拓出先進者優勢。未來的發展或許是 Amazon 會充分利用可能促成的聯盟，將 Alexa 語音助理預先安裝進汽車的操作系統。

　　就 Amazon 希望以更快速度履行訂單的歷程而言，無人機技術是最後的拓荒區。傑夫‧貝佐斯透露，計畫在 2013 年底將無人機送貨商業化；2016 年底，Amazon 宣布 Prime Air 完成了首次全自動無人機配送。在沒有飛行員的情況下，從劍橋（Cambridge）地區的一個 Prime Air 履行中心起飛，從網路下單到送貨完成只花了十三分鐘。[31] 符合運送條件的物品，其重量必須少於五磅，小到足以裝入無人機的貨箱，所在位置為提供 Prime Air 服務的履行中心十英哩以內的距離。除了在英國劍橋的研發中心之外，Amazon 還在美國、奧地利、法國和以色列等地有同樣設置。這些計畫顯露出 Amazon 履行鴻圖的規模，但目前仍只是一個概念，因為還不清楚可能的相關法規限制。

　　與此同時，阿里巴巴自己的食物外賣應用程式餓了麼（Ele.me），最近開始在中國使用無人機送餐，而京東也透過這塊廣袤大陸的地理規模，開發擴大使用無人機。2017 年，京東宣布

它正計畫建設一百五十座無人機運輸機場，代表它對無人機技術的重大策略承諾。京東的無人機目前可裝載的重量高達五十公斤，不過據傳它正在研發可負重五百公斤的機型。不過，這筆投資將只資助京東在偏遠又多山的四川省進行範圍有限的應用，因為在那裡，遠距無線電遙控通訊是最有效的。電池續航能力也進步，延長到目前的無人機幾乎可以連續飛行。但實際上，目前最先進的商用無人機，平均飛行時間上限為一百分鐘左右，而飛行距離約為三十五公里。儘管存在這些限制，但考慮到京東研發這項履行技術將有助於降低 70% 的運輸成本，推進無人機配送的驅力就不言可喻。

無論誰在此次大規模無人機部署的競賽中獲勝，可以肯定的是——這將不會是掌握成本最低、速度最快的最後一哩競賽中，最後的一項創新。

1.Nick Harkaway (2012) Amazon aren't destroying publishing, they're reshaping it, *Guardian*, 26 April. 連結：https://www.theguardian.com/books/2012/apr/26/amazon-publishing-destroying [最後瀏覽日：2018 年 11 月 5 日]。

2.Patrick Sisson (2017) How Amazon's 'invisible' hand can shape your city, *Curbed*, 2 May. 連結：https://www.curbed.com/2017/5/2/15509316/amazon-prime-retail-urban-planning [最後瀏覽日：2018 年 6 月 6 日]。

3.Thomas J Holmes (2005) The diffusion of Wal-Mart and economies of density, *Semantic Scholar*, November. 連結：https://pdfs.semanticscholar.org/947c/d95a37c55eefb84ccab56896b4037f5c2acd.pdf [最後瀏覽日：2018 年 6 月 6 日]。

4.Sam Machkovech (2015) Amazon Flex will pay you '$18-25 per hour' to deliver Prime Now packages, *Arstechnica*, 29 September. 連結：https://arstechnica.com/information-technology/2015/09/amazon-flex-will-pay-you-18-25-per-hour-to-deliver-prime-now-packages/ [最後瀏覽日：2018 年 5 月 17 日]。

5.Consumerist (2016) Amazon Flex Drivers are kind of freaking customers out, *Consumer Reports*, 7 October. 連結：https://www.consumerreports.org/consumerist/amazon-flex-drivers-are-kind-of-freaking-customers-out/ [最後瀏覽日：2018 年 6 月 7 日]。

6.Ananya Bhattacharya (2015) Amazon sued by delivery drivers, *CNN Tech*, 29 October. 連結：http://money.cnn.com/2015/10/29/technology/amazon-sued-prime-now-delivery-drivers/ [最後瀏覽日：2018 年 6 月 7 日]。

7.Marc Lore (2017) Serving customers in new ways: Walmart begins testing associate delivery, *Walmart Today* (Blog), 1 June. 連結：https://blog. walmart.com/innovation/20170601/serving-customers-in-new-ways-walmart-begins-testing-associate-delivery [最後瀏覽日：2018 年 6 月 7 日]。

8.Donald Trump (2018) Amazon US Postal Service tweet, @realDonald Trump, 31 March. 連結：https://twitter.com/realDonaldTrump/status/980063581592047617 [最後瀏覽日：2018 年 6 月 7 日]。

9.Michael Gold and Katie Rogers (2018) The facts behind Trump's tweets on Amazon, taxes and the postal service, *New York Times*, 29 March. 連結：https://www.nytimes.com/2018/03/29/us/politics/trump-amazon-post-office-fact-check.html [最後瀏覽日：2018 年 6 月 7 日]。

10.《郵政歸責及強化法案》（US Postal Accountability and Enhancement Act 2006）。

11.James Jaillet (2017) Walmart pressures its carriers against doing business with Amazon, *ccjdigital*, 17 July. 連結：https://www.ccjdigital.com/walmart-pressures-its-carriers-against-doing-business-with-amazon/ [最後瀏覽日：2018 年 5 月 17 日]。

12.Target (2017) Here's how acquiring Shipt will bring same-day delivery to about half of Target stores in early 2018, a bullseye view (Blog), 13 December. 連結：https://corporate.target.com/article/2017/12/target-acquires-shipt [最後瀏覽日：2018 年 6 月 7 日]。

13.J Waldron (2016) Bullseye! The Power of Target's Fulfilment Strategy, *eTail*, 20 June. 連結：https://etaileast.wbresearch.com/bullseye-the-power of-targets -fulfillment-strategy [最後瀏覽日：2018 年 10 月 8 日]。

14.Deepfield Networks (2012) How big is Amazon's Cloud? *DeepField Networks*, 18 April. 連結：https://blogdeepfield.wordpress.com/2012/04/18/how-big-is-amazons-cloud/ [最後瀏覽日：2018 年 6 月 10 日]。

15.Marc Wulfraat (2018) Amazon Global Fulfilment Centre Network, *MWPVL International Inc.*, June. 連結：http://www.mwpvl.com/html/amazon_com.html [最後瀏覽日：2018 年 6 月 19 日]。

16.Klint Finley (2013) Christmas delivery fiasco shows why Amazon wants its own UPS, *Wired*, 30 December. 連結：https://www.wired.com/2013/12/amazon -ups/ [最後瀏覽日：2018 年 6 月 10 日]。

17.Patrick Sisson (2017) 9 facts about Amazon's unprecedented warehouse empire, *Curbed*, 21 November. 連結：https://www.curbed.com/2017/11/21/166 86150/amazons-warehouse-fulfillment-black-friday [最後瀏覽日：2018 年 9 月 9 日]。

18.Jim Edwards (2013) Brutal conditions in Amazon's warehouses threaten to ruin the company's image, *Business Insider UK*, 5 August. 連結：http://www. businessinsider.com/brutal-conditions-in-amazons-warehouses-2013-8?IR=T [最後瀏覽日：2018 年 6 月 10 日]。

19.Wikiquote（無日期）Warren Bennis. 連結：https://en.wikiquote.org/wiki/ Warren_Bennis [最後瀏覽日：2018 年 9 月 23 日].

20.Cooper Smith (2016) The Future of Shipping Report: Why big ecommerce companies are going after the legacy shipping industry, Morgan Stanley, June. 連結：https://read.bi/2JxXJMC [最後瀏覽日：2018 年 6 月 6 日]。

21.Jay Greene and Dominic Gates (2015) Amazon in talks to lease Boeing jets to launch its own air-cargo business, *Seattle Times*, 17 December. 連結：https:// www.seattletimes.com/business/amazon/amazon-in-talks-to-lease-20-jets-to-launch-air-cargo-business/ [最後瀏覽日：2018 年 6 月 10 日]。

22.Eugene Kim (2017) Amazon quietly launched an app called Relay to go after truck drivers, *CNBC*, 16 November. 連結：https://www.cnbc.com/2017/11/16/ amazon-quietly-launched-an-app-called-relay-to-go-after-truck-drivers.html [最後瀏覽日：2018 年 6 月 17 日]。

23.Amazon Technologies, Inc. US Patent Application (2013) Providing services related to item delivery via 3D manufacturing on demand, US Patent & Trademark Office, 8 November. 連結：https://bit.ly/1aQfBvU [最後瀏覽日：2018 年 6 月 10 日]。

24.Amazon Technologies, Inc. US Patent Application (2018) Vendor interface for item delivery via 3D manufacturing on demand, US Patent & Trademark Office, 2 January. 連結：http://pdfpiw.uspto.gov/.piw?Docid=09858604 [最後瀏覽日：2018 年 6 月 10 日]。

25.Amazon 也在收購全食超市後，為 Amazon 官網的顧客於超市內推出同樣的服務。

26.Elizabeth Gurdus (2018) Kohl's CEO says 'big idea' behind Amazon partnership is driving traffic, *CNBC.com*, 27 March. 連結：https://www.cnbc.com/2018/03/27/kohls-ceo-big-idea-behind-amazon-partnership-is-driving-traffic.html [最後瀏覽日：2018 年 6 月 20 日]。

27.Cristy Brooks (2017) Why smarter inventory means better customer service, *Walmart Today*, 16 August. 連結：https://blog.walmart.com/business/20170816/why-smarter-inventory-means-better-customer-service [最後瀏覽日：2018 年 6 月 20 日]。

28.Walmart (2017) Walmart reinvents the returns process (blog post), *Walmart*, 9 October. 連結：https://news.walmart.com/2017/10/09/walmart-reinvents-the-returns-process [最後瀏覽日：2018 年 6 月 20 日]。

29.Andrew Nusca (2017) 5 moves Walmart is making to compete with Amazon and Target, *Fortune*, 27 September. 連結：http://fortune.com/2017/09/27/5-moves-walmart-is-making-to-compete-with-amazon-and-target/ [最後瀏覽日：2018 年 9 月 13 日]。

30.Amazon (2018) Press release: Buckle up, Prime members: Amazon launches in-car delivery, *Amazon*, 24 April. 連結：http://phx.corporate-ir.net/phoenix.zhtml?c=176060&p=irol-newsArticle&ID=2344122 [最後瀏覽日：2018 年 6 月 10 日]。

31.Amazon (2016) First Prime Air delivery (video). 連結：https://www.amazon.com/Amazon-Prime-Air/b/?ie=UTF8&node=8037720011 [最後瀏覽日：2018 年 9 月 9 日]。

結論：
Amazon已達顛峰？

> Amazon 現在是大企業，我知道我們會被放大檢視。
>
> 傑夫・貝佐斯，2018 年 [1]

　　從創立初期開始，顧客就持續是 Amazon 使命中所有行動的核心，這也導致它為顧客提供幾乎所有種類的商品。Amazon 充分順應被隨時可購物者接受的普及技術介面、隨時隨地可連網和自主運算的潮流，成為世界上最突出的零售力道之一。

　　我們對 Amazon 的飛輪模型和數位生態系的檢視，證明了在揭露與其競爭的零售業者的缺陷方面，Amazon 身負重任。空間過剩、業績不佳、數位化程度過低加以未整合電商通路的零售商店將繼續驅除良幣，落得餵養 Amazon 競爭野心的下場。

　　但 Amazon 到現在以來巨大的成長不可能不引起華盛頓的注意，有關這家零售霸主的話題甚囂塵上。就連貝佐斯自己也意識到，像他這樣一個龐大的帝國吸引更多的政府審查是正常的。

　　根據琳娜・坎（Lina Khan）發表在 2017 年的《耶魯法學雜誌》（*Yale Law Journal*）中，極具影響力的〈Amazon 的反壟斷悖論〉（Amazon's Antitrust Paradox）一文指出，Amazon 曾避免引起立法者的注意，因為目前的反壟斷法「大部分著眼於消費者的短期利益來評估競爭，而不是生產者或市場整體的健全度；反壟斷原則認為，只有低價才是良性競爭的證據。」[2]

　　很難以更高的價格或更低的品質證明 Amazon 對消費者造成任何損害，榨取顧客對 Amazon 成為全球最以顧客為中心的

公司使命毫無益處。而這種策略也不會使得 Amazon 在 2018 年的市場價值，超過它最大的傳統實體零售對手沃爾瑪的二點五倍。儘管沃爾瑪 2017 年的總營收和淨利約為 Amazon 的三倍，但市場價值的差異仍在。「這就像貝佐斯先描繪一幅反壟斷法的地圖，然後設計出順利繞過這些法律的路線，進而標定出公司的發展藍圖。Amazon 以如傳教士般的熱情看待消費者，舉著當代反壟斷的大旗，向壟斷之路前行。」坎說道。

Amazon 的主導地位是有代價的——這是多數一般零售商無法承受的，而現今越來越多人呼籲為數位時代重新立法。川普的推文可能會吸引眾人的目光，但 Amazon 現在正面臨兩黨的強烈抵制。在極右派，川普的前顧問史蒂夫・班農（Steve Bannon）呼籲，要像公共事業一樣監管科技龍頭，因為它們對 21 世紀的生活來說已變得如此重要；而民主黨領導人則在 2018 年推動更進一步的反壟斷制裁行動，作為他們「良政」（Better Deal）經濟政策平台的一部分。民主黨參議員伯尼・桑德斯（Bernie Sanders）在 2018 年表示：「我們正看著這間大到不可思議的公司幾乎涉足商業中的每個領域，所以我認為審視 Amazon 的實力和影響力很重要。」[3]

Khan 認為掠奪性定價（predatory pricing）和垂直整合，與分析 Amazon 的稱霸之路高度相關——而目前的學說低估了這些做法的風險。從貝佐斯說服了他的早期投資者將眼光放長遠，「成長優先於利潤」的策略會獲得收益的那一刻起，最初的競爭環境就已經不同了。Amazon 一直是球員兼裁判。結果到了現在？已經沒人能看到它的車尾燈。

隨著 Amazon 不斷多角化新服務領域和顛覆整個產業，

只會更加強化它的競爭優勢。畢竟，這是 Amazon 飛輪的最主要目標。但是多少才算太多呢？不僅是對監管機關如此，對消費者也是這樣。沒有其他零售商能如此成功地將自己融入消費者的生活和家庭中。Amazon 已經變得無處不在。因著其生態系，Amazon 是一種不可或缺的資源，是許多購物者的一種生活方式——但隨著 Amazon 進入雜貨、時尚、健康醫療和金融等面對消費者的新產業，其品牌彈性將受到考驗。消費者會為了方便而犧牲很多東西（比如價格和隱私），但我們相信，如果 Amazon 變得太強大、太普遍，消費者的觀感會快速改變。我們是否正接近 Amazon 的顛峰？

與此同時，Amazon 的平台已經成為電商的領頭羊。Amazon 是世上最大的商品搜尋引擎，它的演算法推廣自家的產品；它的各種裝置——從 Echo 智慧音箱到一鍵購物鈕，無縫地將購物流程導入其平台。Amazon 可以接觸到世上其他零售商無法相比的數據資訊。數十年來，它不受與傳統實體零售同行相同稅法的掣肘，而它的零售業務有來自 AWS 等利潤率更高的部門提供補貼，且在未來廣告業務將繼續成長，成為另一個高收益的利潤來源。你不需要是一個反壟斷法的專家，就能發現 Amazon 已在不平等的競爭環境中獲得了回報。

那，接下來呢？Amazon 會被分拆嗎？它能將 AWS 部門分拆出來，以安撫監管機關和零售競爭對手嗎（有越來越多的零售商拒絕請鬼拿藥單）？我們認為，反壟斷活動是目前 Amazon 的發展所面臨的少數具體威脅之一。但其飛輪業務模型也具有內建的應對能力：也就是以技術為基礎概念，以服務為本的結構，每個元件或模組同享由三樣支柱提供的內部核心服務。這

也是為什麼我們預測 Amazon 的服務收入將很快超過其零售業務的原因之一。

我們可以一方面指望那幾位零售商能讓 Amazon 的資金好好流動一番（提示：它們都位於亞洲）。Amazon 是，也永遠都會是一間科技公司，再來才是零售商。但了解 Amazon 如何應用其專業技術，以從最具功能性的購物體驗中消除阻力，可以幫助競爭對手跟上腳步。我們相信，如果零售商能堅守這五個基本原則，它們就能與 Amazon 共存：

❶禍福相倚：不要試圖以 Amazon 之道，還治 Amazon 之身。
❷差異化：超越銷售本身。
❸創新：將既有的實體商店視為資產而非負債。
❹別單打獨鬥。
❺迅速行動。

這並不是說在過程中不會有什麼短期痛苦。隨著零售業因應數位時代而重整，我們必須做好準備，迎接新一輪的商店倒閉、破產、裁員和整合。時間是關鍵──無法調適的零售商不會再有第二次機會，因為當前的情勢是殘酷的。最終，在數位化轉型中倖存的零售商，將是那些緊跟著顧客，確保自身在 Amazon 時代仍對他們有價值的業者。

1. Kavita Kumar (2018) Amazon's Bezos calls Best Buy turnaround 'remarkable' as unveils new TV partnership, *Star Tribune*, 19 April. 連結：http://www.startribune.com/best-buy-and-amazon-partner-up-in-exclusive-deal-to-sell-new-tvs/480059943/ [最後瀏覽日：2018 年 11 月 2 日]。

2. Lina Khan (2017) Amazon's antitrust paradox, *Yale Law Journal*, 3 January. 連結：http://digitalcommons.law.yale.edu/cgi/viewcontent.cgi?article=5785&context=yl [最後瀏覽日：2018 年 7 月 7 日]。

3. CNN (2018) Sen. Bernie Sanders: Amazon has gotten too big, *YouTube*, 1 April. 連結：https://www.youtube.com/watch?v=-AxDWOR_zaQ&feature=share [最後瀏覽日：2018 年 7 月 8 日]。

企業傳奇23

Amazon無限擴張的零售帝國：雲端╳會員╳實體店，

亞馬遜如何打造新時代的致勝生態系？

2020年8月初版　　　　　　　　　　　　　　　　定價：新臺幣420元
有著作權·翻印必究
Printed in Taiwan.

著　　　者	Natalie Berg	
	Miya Knights	
譯　　　者	陳　依　亭	
叢書編輯	陳　冠　豪	
特約編輯	沈　如　瑩	
內文排版	江　宜　蔚	
封面設計	萬　勝　安	

出　版　者	聯經出版事業股份有限公司	副總編輯	陳　逸　華
地　　　址	新北市汐止區大同路一段369號1樓	總編輯	涂　豐　恩
叢書主編電話	(02)86925588轉5315	總經理	陳　芝　宇
台北聯經書房	台北市新生南路三段94號	社　　長	羅　國　俊
電　　　話	(02)23620308	發行人	林　載　爵
台中分公司	台中市北區崇德路一段198號		
暨門市電話	(04)22312023		
台中電子信箱	e-mail：linking2@ms42.hinet.net		
郵政劃撥帳戶	第0100559-3號		
郵撥電話	(02)23620308		
印　刷　者	文聯彩色製版有限公司		
總　經　銷	聯合發行股份有限公司		
發　行　所	新北市新店區寶橋路235巷6弄6號2樓		
電　　　話	(02)29178022		

行政院新聞局出版事業登記證局版臺業字第0130號

本書如有缺頁，破損，倒裝請寄回台北聯經書房更換。　　ISBN　978-957-08-5577-7 (平裝)
聯經網址：www.linkingbooks.com.tw
電子信箱：linking@udngroup.com

國家圖書館出版品預行編目資料

Amazon無限擴張的零售帝國：雲端×會員×實體店，
亞馬遜如何打造新時代的致勝生態系？/ Natalie Berg、Miya
Knights著．陳依亭譯．初版．新北市．聯經．2020年8月．360面．
14.8×21公分（企業傳奇23）
譯自：Amazon: how the world's most relentless retailer will continue to
revolutionize commerce
ISBN　978-957-08-5577-7（平裝）

1.亞馬遜網路書店（Amazon）　2.電子商務　3.企業經營

490.29　　　　　　　　　　　　　　　　　　　109010544